한 국 해

KOREA SEA

고래바다

왜 동해 아닌 한국해인가?
한국해 KOREA SEA

초판 1쇄 발행 2024년 05월 10일

지은이 강효백
펴낸이 장현수
펴낸곳 메이킹북스
출판등록 제 2019-000010호

디자인 최미영
편집 최미영 이정아
교정 안지은
마케팅 김소형

주소 서울특별시 구로구 경인로 661, 핀포인트타워 912-914호
전화 02-2135-5086
팩스 02-2135-5087
이메일 making_books@naver.com
홈페이지 www.makingbooks.co.kr

ISBN 979-11-6791-538-2(93910)
값 25,000원

ⓒ 강효백 2024 Printed in Korea

잘못된 책은 구입하신 곳에서 바꾸어 드립니다.
이 책의 전부 또는 일부 내용을 재사용하려면 사전에 저작권자와 펴낸곳의 동의를 받아야 합니다.

홈페이지 바로가기

메이킹북스는 저자님의 소중한 투고 원고를 기다립니다.
출간에 대한 관심이 있으신 분은 making_books@naver.com으로 보내 주세요.

왜 동해 아닌 한국해인가?

한국해
KOREA SEA
고래바다

강효백 지음

왜 동해가 아니고 한국해인가?

18세기 이전, 일본해는 세계 지도에 없었다!
철저한 사료와 지도, 고증으로
명쾌하게 풀어낸 한국해의 당위와 진실

메이킹북스

▲ **한국만 GULF OF COREA** 1873년, 19세기 후반 대영제국 최고 전성시대 빅토리아 여왕 수석 지도학자인 제임스 월드(James Wyld) 제작, 한국과 일본 사이의 바다(이른바 '동해')를 한국의 내해로 파악하여 〈한국의 만(GULF OF COREA)〉 소유격 전치사 'OF'까지 모두 대문자로 표기했다. 대마도를 한반도와 같은 초록색으로 채색하여 한국 영토로 표기했을 뿐만 아니라 한국 남부 해역은 한국의 해협(Strait of Corea), 한국 서부 해역은 한국군도(Corean Archipel) 등 한-일간과 한-중간 바다 거의 모든 해역을 한국의 바다로 표기했다.

섬은 고지(高地)다.
독도는 '한국해'라는 우리 바다 산의 우리 고지다.
한국해 산꼭대기 독도 한국 고지를
수호하기 위해서는
가장 먼저 산 이름을 일본의 별칭 '동해' 버리고
'한국해'로 바로잡아야만 한다.

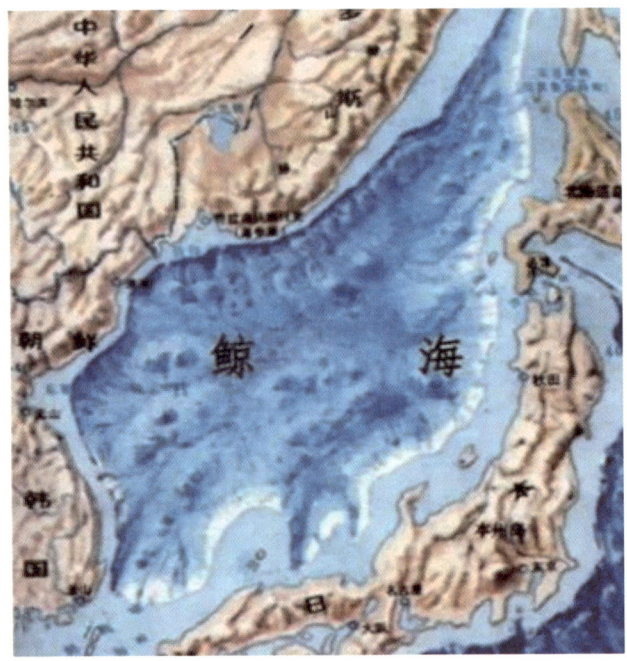

▲ **경해(鯨海)** 한국해는 19세기 말까지 고래 밀집도 세계 최고 해역이었기에 고래바다, 경해(鯨海)로 불렀다. 뿐만 아니라 전체 해역 평면 형태도 고래 모습과 매우 비슷하다.

▲ **경해鯨海(고래바다)** 삼국 시대부터 조선말까지 역대 한국과 중국 왕조의 한일간의 바다의 공식 명칭은 경해(鯨海)였고 동중국해는 동해東海로 통했다.

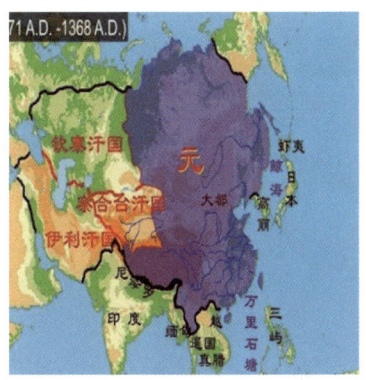

▲ **경해(鯨海)** 대원제국(1271-1368)은 한일간의 바다를 경해(鯨海 고래바다)로 불렀다.

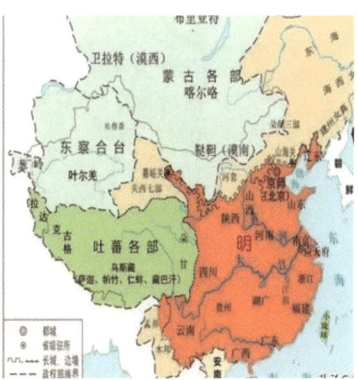

▲ **경해(鯨海)** 명명(1368-1644)은 한일간의 바다를 경해로, 동중국해와 황해는 동해, 남중국해는 남해로 불렀다.

▲ **경해(鯨海 고래바다)** 淸(1644-1911)은 한일간의 바다를 '경해', 황해와 동중국해를 '동해', 남중국해를 '남해', '북해'로 칭했다.

▲ **동해(東海 동중국해)** 현대 중국은 자국의 동해(동중국해)와 혼동을 피하기 위해 부득이 한국해를 일본해로 칭하고 있다.

▲ **한국해 MER DE CORÉE 메르 드 고례** 1723년 프랑스 최초 한국해 표기 지도, 루이 14세 시대 지도학자이자 18세기 가장 정확한 지도제작가로 유명한 기욤 드릴Guillaume de Lisle 제작, CORÉE는 프랑스어로 '고례'로 발음된다. 일본 혼슈 동북부 'cap de Goree(고래 곶)'는 이와테현 쿠지(久慈)시, 쿠지의 어원도 쿠지라(일본어 고래)에서 나왔다.

▲ **COREA는 미국 포경선 이름이자 한국의 국호**, 미국인들은 고래라는 살아 있는 유전(油田)을 찾아 태평양을 종횡으로 항해하고 다녔고 결국 고래 밀집도 세계 최고 해역 한국만(COREA GULF)에서 한국과도 만나게 되었다.

<서양 고지도 한일간 바다 표기 일람표>
한국해(한국만 86): 318점, 일본해(일본만 0): 212점, 동해: 0점

구분		주요 표기	17까지	18C	19C	합계	
한국해SEA		SEA of COREA, MER DE CORÉE	4	167	61	232	318
한국만GULF		GULF of COREA. Golfeèdi CORÉE	0	22	64	86	
일본해SEA		SEA of JAPAN, Japanisches Meer	0	19	193	212	212
일본만GULF			0	0	0	0	
동양해		Mare Oriental, Orientalische Meer	39	23	2	64	
중국해		Mare Cin, Sinese Zee, Sinicum	26	12	1	39	
기타 명칭		MARE EOUM, Mangi, Tartaria	57	15	8	80	
기재 없음			97	29	17	143	
병기	한국해, 일본해	Merde Corée Mer du Japan	0	2	5	7	15
	동양해, 한국해	Mer Oriental ou Mer du Coree	2	4	0	6	
	동부의, 한국해	EASTERN or COREA SEA	0	2	0	2	
동해		EAST SEA	0	0	0	0	
합계			225	295	352	892	

▲ 서양 고지도 한일간 바다 표기: 대한민국 외교부, 국립해양조사원, 국토지리정보원, 동북아역사재단, 일본 외무성, 일본 해양보안청 홈페이지, 일본왕실 특정역사 공문서관, 경희대학교 혜정박물관(고지도 전문박물관), 예일대학 도서관, 캠브리지대학 도서관, 영국 국립도서관, 서던캘리포니아대학 동아시아지도 컬렉션, 미국의회도서관, 러시아 국립도서관, 프랑스국립도서관 약 1,200여 점의 지도들을 일일이 실제 확인 검증(복제지도와 중복출판지도 제외)과정을 거쳐 필자가 직접 작성했다.

1669년『하멜표류기』 출간 이듬해 네델란드에서 출간된 <오사카 에도 나가사키 지도>.
한일간의 동쪽 바다도 한국해 MER DE CORÉE
한일간의 남쪽 바다도 한국해 DE CORRER ZEE

▲ 한국해 표기 미국의회도서관 소장 https://www.loc.gov/

▲ 한국해 SEA OF COREA 1710년 영국 최초의 한국해 표기 지도. 존 세넥스 John Senex 제작

▲ 동부 또는 한국해 EASTERN or COREA SEA 영국의 존 세넥스 1721년 제작. '동해(EAST SEA)'로 단독 표기된 20세기 이전 서양 제작 지도는 단 한 점도 없다.

▲ 한국해 MER DE CORÉE 1732년 프랑스 기요메 다네Gulliaume Danet의 〈아시아 전도〉에 한국해 MER DE CORÉE와 한국해협 'Détroit de Corée이 표기되었다.

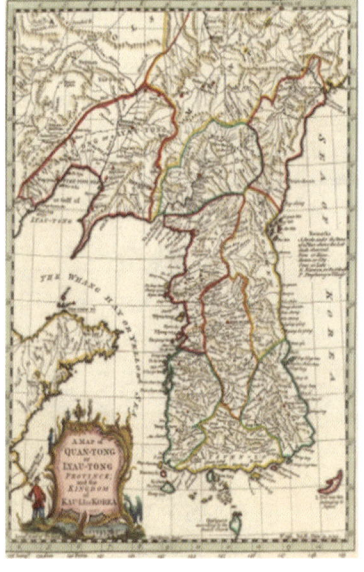

▲ 한국해 SEA OF KOREA 1749년 프랑스 당빌리에d'Anville 제작, 한일간의 바다를 한국해 SEA OF KOREA로 표기했을 뿐만 아니라 남만주 지역을 한국영토로 표기.

▲ **한국해 KOPEЙCKOE MOPE** 1734년 러시아 최초 한국해 표기 지도, 러시아 지도 제작가 키릴로프 Kilrilov가 제작, 러시아 국립 문서 보관소가 소장하고 있다. 일본해로 표기한 러시아 지도는 78년 후, 1812년에 처음 제작되었다.

▲ **한국해 COREAN SEA** 1768년 영국 W. Russell 경이 제작한 지도를 1790년대 지구본에 각인

▲ **한국해 Sea of Korea** 영국의 왕실수석지도학자 키친(T. Kitchin)이 1770년 제작한 지도로 한일간의 바다는 한국해(Sea of Korea)로 일본 동쪽 태평양은 동대양(EASTERN OCEAN)으로 표기.

▲ **한국해 SEA OF COREA**, 영국 『브리태니커 백과사전(Encyclopædia Britannica)』 1771년 초판본의 한국해 표기, 옥스포드대학 보들리안 도서관 소장

▲ 한국해 Sea of Korea 1794년 영국 Robert Wilkinson 제작.

▲ 한국해 COREAN SEA 1799년 영국 런던 대표 지도 제작 출판사 Harris and Son 출간. 한일간의 바다를 COREAN SEA 한국해, Str of COREA 대한해협으로 표기

▲ 한국해 SEA OF COREA 1792년 미국 초대 대통령 조지 워싱턴(1789-1798년 재임)의 최측근 지도제작가 아모스 두리틀Amos Doolitte 제작, 1840년까지 미국의 한국해 표기 지도 60점, 일본해 표기 지도 9점

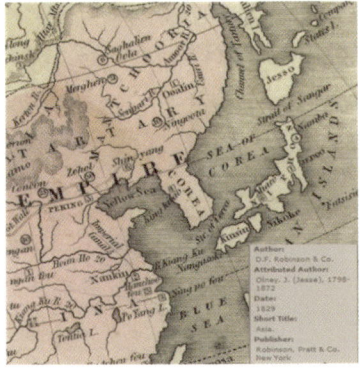

▲ 한국해 SEA OF COREA 1829년 D.F. Robinson 미국 뉴욕

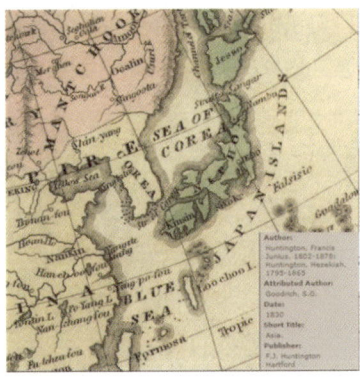

▲ 한국해 SEA OF COREA 1830년 F.J. Huntington 미국 펜실베이니아 하트포드 발행

▲ 한국해 SEA OF COREA 1835년 Thomas Gamaliel, 미국 보스턴

▲ 한국해 SEA OF COREA 1840년 Greenleaf Jeremiah 미국 버몬트 브래틀보로, 19세기 미국 제작 지도는 동한국해는 한국해SEA OF COREA, 동중국해는 청해BLUE SEA로 표기했다.

18~19세기 영국, 미국, 프랑스, 독일, 이탈리아, 아일랜드 제작 지도
한국만 COREA GULF 86점: 일본만 JAPAN GULF 0점

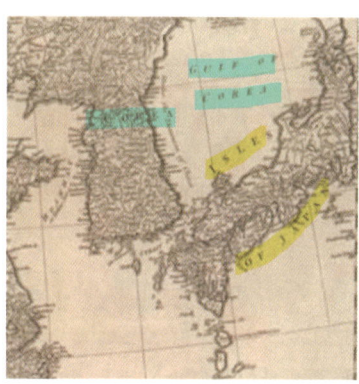

▲ **한국만 'GULF OF COREA'** 1740년 영국 R.W. Seale 제작. 한일간의 바다를 한국의 내해나 다름없는 한국만(GULF OF COREA)으로 표기한 세계 최초의 지도, 한국 육지 영토엔 국호 COREA 명기된 반면 일본은 국호 표기 없이 일본열도 ISLES OF JAPAN 로 표기되어 있다.

▲ **한국만 'COREA GULF'** 1790년 토마스 보웬 Thomas Bowen 제작. 18세기 영국 대표 지도 제작가문인 Bowen 가문은 한일간의 바다를 한국의 내해나 다름없는 한국만 COREA GULF으로 정확히 표기했다.

▲ **한국만 GULF OF COREA** 대영제국이 1805년 트라팔가 해전에서 승리하여 세계 패권을 차지한 지 3년 후인 1808년, 윌리엄 페든Willam Faden 조지 3세의 왕실 수석 지도학자 제작, 한일간의 바다를 GULF OF COREA, Strait of Corea로 표기, 대마도와 남만주도 한국 영토로 표기된 매우 의미깊은 지도다.

▲ **한국의 만 MERRBUSEN VON COREA** 1808년 독일의 G. Schneider 제작. 19세기 초 도약하기 시작한 독일이 한일간의 바다를 한국의 내해와 다름없는 '한국의 만'으로 파악한 진귀한 지도다.

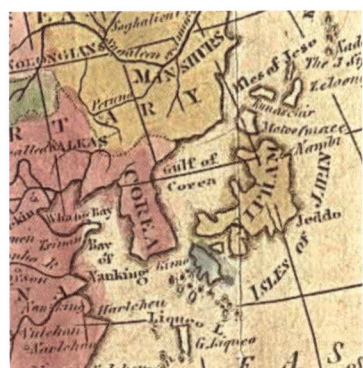

▲ **한국만 Gulf of Corea** 1808년 R.Booke, 아일랜드 더블린 발행.

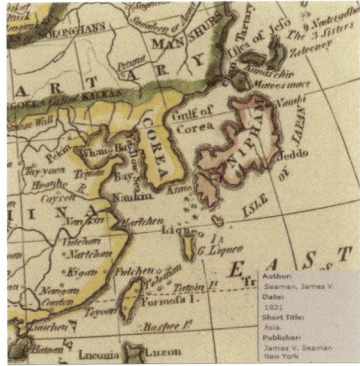

▲ **한국만 Gulf of Corea** 1821년 Seaman James 미국 뉴욕 발행

▲ 한국만 GULF OF COREA 1821년 Morse, H, Worcenter.
미국의 포경선이 MARGO호가 사상 최초로 동한국해와 북태평양에서 포경을 마치고 미국 뉴잉글랜드로 귀항한 1821년, 1년간 '한국만' 표기 지도가 5점이나 출간되었다.

▲ 한국만 GULF of COREA, 1845년 미국 뉴욕 William C. Woodbridge 미국 포경업 중심도시인 보스턴에서 발행

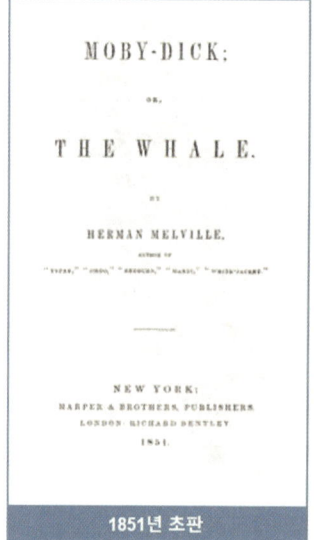

▲ 〈MOBY-DICK〉 초판 1851년 허먼 멜빌, 미국 뉴욕 출간

▲ 한국만 GULF OF COREA 1851년
Thomas Cowperthwait 미국 필라델피아 발행, 〈모비딕〉의 포경선 피쿼드호가 고래를 잡은 해역의 위도는 북위 40도, 필라델피아와 한국 함흥 해역 위도 북위 40도와 일치한다.

▲ '조선해 朝鮮海' 1809년 다카하시 가케야스(高橋景保) 제작 〈일본변계약도〉. 일본국 공식지도

▲ '조선해 朝鮮海' 나카지마 슈도(中島翠堂) 1853년 〈지구만국방도〉 한국과 일본 사이 바다 정중앙에 '조선해', 일본열도의 동측에 '대일본해' 표기.

▲ 조선해(朝鮮海) 1862년 히로세 호안(廣瀨保庵)의 〈환해항로신도〉. '조선해'가 한일간의 바다 정중앙에 표기되어 있다.

▲ 조선해(朝鮮海) 1882년 〈대일본조선지나3국전도〉 한국 동측에 조선해(朝鮮海), 일본 서측에 일본서해(日本西海), 일본 동측에 일본동해(日本東海) 표기

▲ '조선해(朝鮮海)', 1894년 〈일청한삼국전도〉 시게유키(鈴木茂行) 제작, 청일전쟁 당시 일본군용 지도로 쓰였다.
한국 동부 바다에 '조선해', 일본 서부 바다에 '일본해', 중국 동부 바다에 '동해(東海)' 표기.

▲ '東海'를 야후재팬에 검색하면 약 4억 3백만 건이 나온다. 이처럼 동해는 일본의 핵심이자 일본 그 자체이다.

▲ 東海: 일본의 고유명사, 일본국의 미칭(美稱)
https://ja.wiktionary.org/wiki/

▲ 東海: 일본의 별칭(異稱).
일본 디지털 대사전 デジタル大辞泉 (小学館)

▲ 한국의 해협 'Kanaal van Kôrai' 1832년 재일본 독일인 교수 필리프 프란츠 폰 지볼트Philipp Franz Balthasar von Siebold가 제작한 지도 〈일본변계약도〉. 울릉도와 독도가 대한해협 내로 표기되어 있다.

▲ 한국의 해협 STRAIT OF COREA 1875년 영국 런던, 유용지식확산학회Society for the Diffusion of Useful Knowledge(SDUK) 제작. 독도와 대마도를 한국 영토로 표기했다.

▲ 한국 지도 CARTE DE LA CORÉE 1894년 프랑스 수로부 제작 지도, 한국해에 경계선을 그려 울릉도와 독도는 조선 영토, 시마네현의 오키도는 일본 영토로 표기했다. 한국해 전체 해역의 80% 이상을 한국 해역으로 표기했다. 바다 이름이 한국해이니 당연한 표기로 판단된다.

▲ IRISH SEA 영국의 식민지배를 수백년간 받았던 아일랜드도 자국의 동쪽 바다를 아일랜드해(IRISH SEA)로 칭하고 칭해진다.

▲ SEA OF JAPAN(East Sea)
한국정부는 1992년부터 일본해(SEA OF JAPAN)와 동해(East Sea) 병기를 국제사회에 요청해왔다.

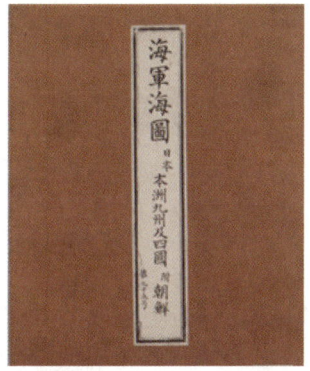

▲ **독도는 한국령** 출처: 일본제국 해군해도집(1891년 명치 23년) 일본왕실 궁내청 특정역사공문서서관

▲ **영국 해군& 영국 수로부** 1870년 공동제작 일본 전도: 이 지도에는 독도가 포함되어 있지 않음. 일본제국 해군은 1891년 이 지도를 그대로 사용하였다.

▲ Sea of Japan - Wikipedia

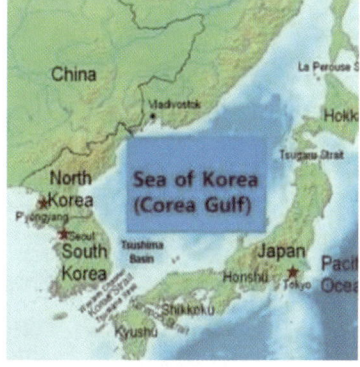

▲ Sea of Korea(Corea Gulf) 표기로 원상회복

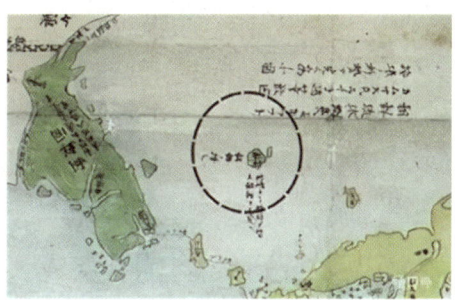

▲ **독도는 조선 영토.** 19세기 일본 제작 지도. 울릉도와 독도를 진한 초록색으로 채색하여 조선 영토로 표기. 2006년 7월 필자가 일본학술 사이트에서 확보했으나 2006년 9월 아베신조 총리 집권 직후 실종되었다.

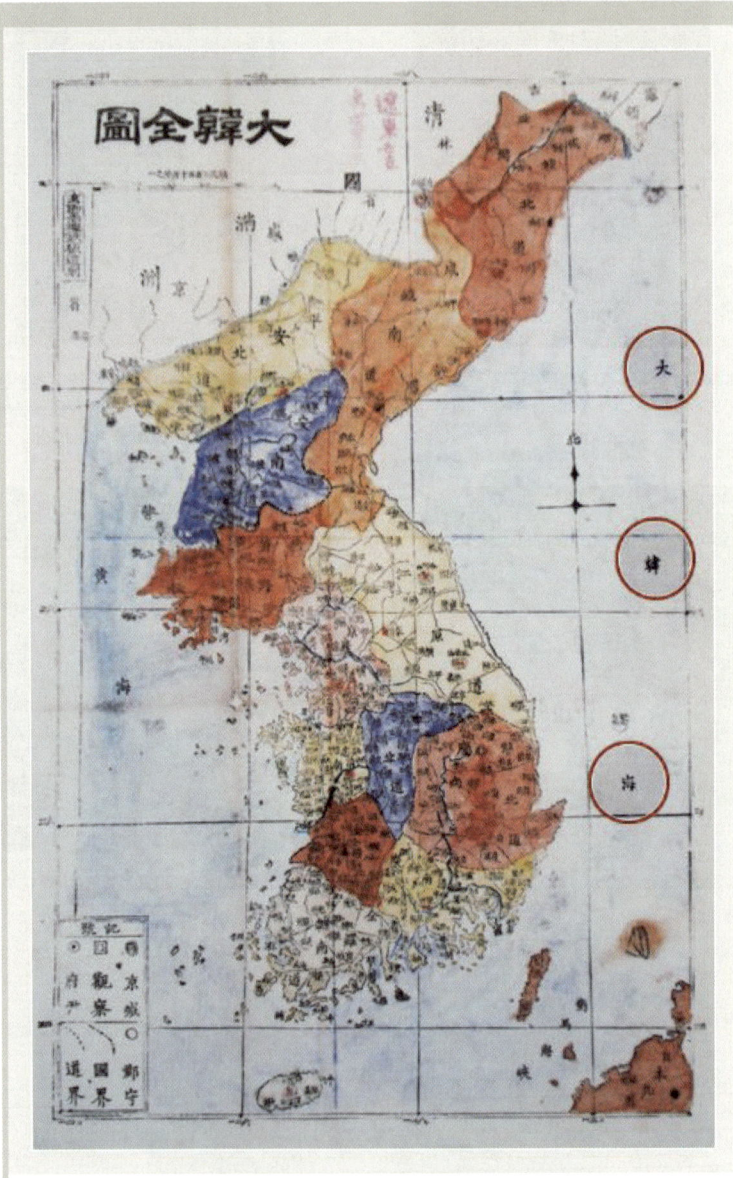

▲ **대한해(大韓海)** 대한제국 고종황제 퇴위 한 달 전인 1907년 6월, 현성운(玄聖運)이 철판 조각 제작한 축척 1:350만 〈대한전도〉. 대한제국의 동쪽 바다, 즉 한반도와 일본 열도 사이의 바다 명칭이 대한해(大韓海)로 명기되어 있다. '대한해' 표기 지도는 헤이그 밀사 파견사건과 함께 일제에 의한 고종황제의 강제 퇴위를 가져온 주요 원인의 하나가 되었다.

▲ 대한해협 KOREA STRAIT 1945년 미국 워싱턴 National Geographic 제작 「Map of Korea and Japan」 대마도가 한국영토로 표기되어 있다. 바다 이름이 남해가 아니라 대한해협(KOREA STRAIT)이기 때문이다.

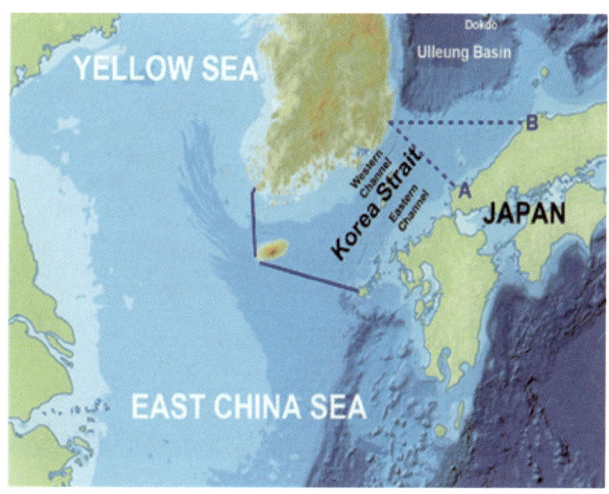

▲ 대한해협 Korea Strait 국제수로기구(IHO) 「대양과 해양의 경계」에 등재된 대한해협의 범위. 일제강점기부터 한국에서만 '남해'로 부르고 있다.

동해(EAST SEA) 버리고 한국해(SEA OF KOREA)로 불러야만 할 이유

국제수로기구(IHO) 등재 '국호+SEA' 6개 해역 일람표
국호국 배타적경제수역(EEZ) 점유비율

	전체면적 만km²	해역면적 만km²	국호국 EEZ 점유 비율	연안국
필리핀해	570	322	58%	필리핀, 미국령괌, 팔라우, 대만, 일본, 인도네시아
노르웨이해	138	71	52%	노르웨이, 아이슬란드, 덴마크, 그린란드, 영국
아일랜드해	4.7	2.4	53%	아일랜드, 영국
남중국해	350	189	54%	중국, 베트남, 필리핀, 말레이시아, 캄보디아, 싱가포르
동중국해	125	77	62%	중국, 한국, 일본, 대만
일본해	**105**	**63**	**61%**	**일본, 한국, 북한, 러시아**

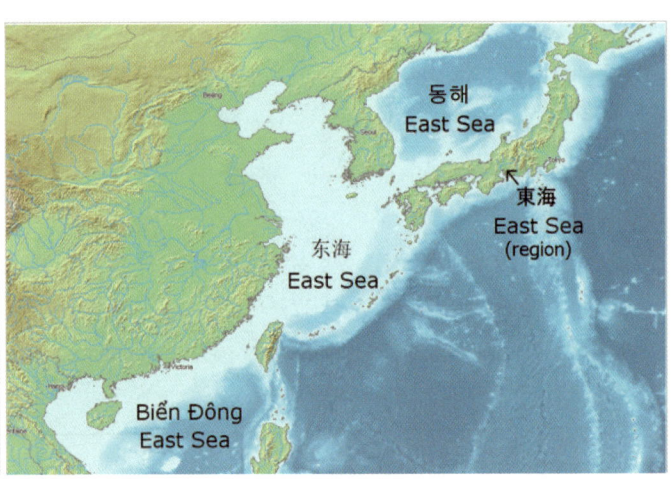

▲ 동서고금을 막론하고 특히 동아시아에는 자국(한국 중국 일본 베트남)의 동쪽 바다를 국내에서 '동해'로 부르는 해역이 여러 곳이다. 우선 명확히 해두어야 할 사실은 한국과 일본 사이의 바다 이름에 관한 분쟁은 양측이 국내에서 사용하는 명칭에 관한 것이 아니라, 국제적으로 통용되는 표준 명칭에 관한 것이다.

들어가는 말

나는 의문한다. 고로 존재한다. 학문은 세상의 모든 마침표를 물음표로 바꾸는 데서 시작한다.

정박 중인 배는 안전하지만 배의 목적은 그곳이 아니다. 지식이 멈추어 선 곳, 전제를 해 버린 곳에서부터 새롭게 출발하고자 한다. 근본적인 의문을 던지고자 한다. 낚싯바늘을 닮은 갈고리 모양의 무수한 '?'들을 낡은 도그마와 지식의 바다에 주낙으로 드리우고자 한다. 당연하게 '사실'로 받아들여지던 것에 의문을 제기해 볼 때, 이전에는 보지 못했던 새로운 세계가 열린다. '과연 그럴까? 왜 그렇지? 더 나은 최선은 없는가?'라는.

동해-한국해-고래바다-한국만 진화의 12단계는 다음과 같다.
동해에 의문을 품었던 전 6단계와 동해를 한국해로 바로잡자는 분명한 의지를 가지기 시작한 후 6단계로 나뉜다.

나는 한국해 해변에서 태어나고 자라나 청년기엔 한국해 시인을 꿈꾸었고 장년기엔 한국해와 인접한 타이완과 상하이에서 일했다. 중노년기엔 한국해 논문과 책을 썼다. 그야말로 한국해에서 한국해로 이르는 여정이었다.

전 6단계

1단계:
열린 물 갈피마다 튀어오르는 네 생각은/ 어쩌면 한 무리 새떼로 푸드득 날아/ 빈 가슴 어느 섬 기슭에 초승달로 걸리겠다. - 〈바닷가에서〉, 1981 샘터 시조상 수상작

부산 해운대와 송정 바닷가에서 위 겨레시를 쓰면서 열린 물 갈피마다 튀어오르는 내 생각은, **'왜 이 바다를 한국해로 부르지 않고 동해로 부르는가?'** 하는 것이었다.

2단계: 1992년 7월 외교부 동북아1과(일본과) 근무 시 도쿄-오오사카-나고야 일본 동해지방 지방 출장. 우리나라 경부선에 해당하는 일본 동해선(도쿄-오오사카) 신간선을 타는 등 일본 핵심부 방방곡곡 도처에 널린 '東海' -동해시, 동해촌, 철도, 도로, 표지, 지명, 공원, 거리, 상호, 학교, 회사, 단체 명칭, 표어, 현수막 등등을 보며 생각했다. **왜 일본의 '동해'가 우리나라 동해보다 현저하게 많을까?**

3단계: 1995~1999년 상하이 총영사관 근무 시절, 중국인들은 상하이 앞바다는 물론 중국 동쪽 바다 즉 동중국해를 '東海'로 표기하고 '동하이'로 불렀다. 관할 지역인 강소성 연운항시 동해東海현 출장시 동해현장은 브리핑에서 중국에는 주로 동쪽에만 바다가 있어 동중국해와 황해를 기원전 16세기부터 '동해'라고 불러왔다고 자랑했다. 그때 떠오르는 물음표, **동해가 중국 고유의 바다 이름이자 해안에 위치한 육지 지명**

은 아닐까?

4단계: 1999~2003년 베이징 주중국 대사관 근무 시절. 당시 국가 주석 장쩌민, 후진타오가 거주하는 중국의 백악관, 자금성 동쪽의 중남해(中南海)가 바다 이름이 아니라는 사실, 중남해 북쪽에 위치한 관광지 북해(北海)공원 역시 바다 이름이 아니라는 사실, 그보다 내가 중국인들에게 왜 동해를 일본해로 부르냐 따지자, 자국의 동해 즉 동중국해와 헷갈릴까 봐 울며 겨자 먹기로 부른다며 반문하길 **한국인은 한일간의 바다를 왜 동한국해로 부르지 않나?**

5단계: 2008~2011년 "한중해양 경계획정 문제: 이어도를 중심으로" 논문과 『중국의 습격-한중일 해양삼국지』책 집필 시 중국은 제주-이어도 해역을 동해로 부르고 일본과 베트남도 자국의 동쪽 바다를 아주 오래전부터 동해로 부른다는 사실을 확인했다. **그런데 왜 우리나라만 동해가 우리의 고유명칭이라고 할까?**

중국측 이어도 기점 변화

들어가는 말

6단계: 2012년 6월 해군참모총장 초청 계룡대 해군본부 초청 강연 시 최윤희 당시 해군참모총장(3개월 후 합참의장으로 승진)은 황기철 당시 해군참모차장(3개월 후 해군참모총장으로 승진)을 비롯한 해군 제독들과 영관급 이상 장교들이 운집한 가운데 소개 말씀 "강효백 교수는 서희 장군보다 위대하다. 세 치 혀도 쓰지 않고 글 한 줄로 우리나라 제주 이어도 해역을 1만 ㎢ 넓혔으니."

칭찬은 고래뿐만 아니라 고래바다 한국해도 춤추게 했다

그러나 여기까지는 동해라는 바다 이름에 대한 의문과 불만뿐이었다. 7단계부터 고려와 고래와 한국만을 연결하고 동해를 한국해로 바로잡자는 차원으로 도약했다.

후 6단계

7단계: 2016~2018년 일본 별칭 동해를 한국해로 바로 부르자.

고충석 제주대학교 총장겸 이어도 연구회장 초청, 특강시 이어도 연구회 발행 해양전문학술지 〈이어도 저널〉 뒤표지에 인쇄된 지도, 한국의 동쪽 바다 남쪽 바다 제주-이어도 해역 가릴 것 없이 온통 한국해

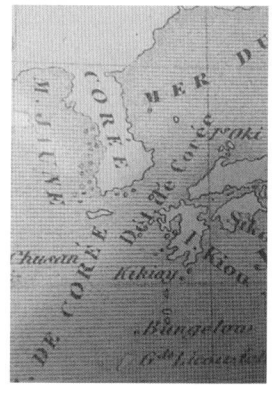

MER DE CORÉE, Del de Corée로 도배된 참 희한한 지도를 보는 찰나! 아아아, 벼락같은 깨달음이었다.

동해(East Sea)가 아니라 한국해(SEA OF KOREA)로구나!

나 강효백은 이미 1점 해저암초 이어도 통찰 고증 하나만으로 한국 해양영토를 1만평방㎢ 이상 확장했다(2009년 지리교과서 해양지도 교체). 그런 내가 세계 각국의 한국해 지도로 독도를 중심으로 한 100만㎢ 이상 대한민국 해양영토(관) 회복을 위한 통찰 고증을 못한다면 쓰겠는가?

8단계: 2019~2020년 『두 얼굴의 무궁화』와 『애국가는 없다』 책 집필 시, 무궁화는 일본의 동해지역(도쿄-오사카-나고야)에 만발하고, 아이치 미에 기후 시즈오카 등 도카이東海 4현은 일본 열도에서 물 좋기로 유명하고, 일본 전체 인구의 약 75%가 태평양과 면한 동해도 지역에 거주하고 있는 등 동해는 태평양을 가리키는 동시에 일본의 별칭이라는 사실을 재삼 확인했다.

9단계: 2021년 4월, 'COREA', 'KOREA', 'SEA'를 구글에 넣고 검색한 결과, SEA OF COREA, KOREA SEA, 'MER DE CORÉE, Zee van Corea, Mare di COREA, КОРЕЙСКОЕ МОРЕ 등 서양 각국에서 제작된 200여 점의 한국해 표기 지도들을 발견하고 대경실색했다.

10단계: 2022년 10월, 『정사로만 입증한 고려사』 집필에 전념할 때, 터놓고 지내는 오랜 친구 하나로부터

"이상한 변호사 우영우는 고래만 이야기하고 이상한 교수 강효백은 고려만 이야기한다"는 놀림을 받는 순간,

고려와 고래, 앗! 발음도 비슷하고 뭔가 있지 않을까 싶어 동서고금의 문헌과 자료를 심층 탐색한 결과 고려와 고래는 어원이 같을 뿐만 아니라 20세기 이전까지 한국과 중국에서는 '고래바다(경해鯨海)'라 했으며 옛 한국어를 비롯 현재 프랑스어, 튀르키예어, 웨일즈어 등으로 고려를 '고례'로 발음한다는 다이아몬드 같은 사실을 발굴했다.

11단계: 2023년 전반기, 우리 정부가 한결같이 추구해온 동해(EAST SEA) 표기 서양 고지도는 1점도 없다는 사실, EASTERN or COREA SEA 표기 지도 단 2점에서 뒤의 COREA SEA를 못 본 척 앞의 EASTERN만을 동해 표기 증거로 들어온 행태에 몹시 실망하고 씁쓸했다. 19세기 일본에서 제작한 '조선해(朝鮮海)' 표기 지도 27점과 대한제국 시절 제작 '대한해(大韓海)' 표기 지도 2점을 추가 발견했다.

12단계: 2023년 후반기, 1740년~1873년 영국·미국·프랑스·독일·이탈리아·아일랜드 제작 한일간의 바다를 한국의 내해나 다름없는 한국만(COREA GULF)으로 표기된 지도가 86점이나 되는 반면 일본만(JAPAN GULF)표기 지도는 단 1점도 없다는 놀라운 사실을 파악했다.

5천만 국민 모두 집단으로 귀신에 홀렸던 건가? TV 뉴스의 앵커와 전문가들이 'Sea of Corea' 표기 서양 고지도들을 가리키며 "보세요! 여기엔 '동해'로 적혀 있어요!"와 비슷한 장면을 여러 번 시청했건만, 왜

그 누구도 이상하다고 생각 못 했을까?

사랑이라 쓰고 슬픔이라 읽는다. 기사라 쓰고 소설이라 읽는다. '~라 쓰고 ~로 읽는다', 요즘 유행하는 패러디 화법인가?

아일랜드와 필리핀의 동쪽 바다는 아일랜드해, 필리핀해라 하는데 우리나라만 한국의 동쪽 바다를 한국해라 하지 못하고 동해로 부르는 까닭은 무엇인가?
우리는 아버지를 아버지라 부르지 못한 서자 홍길동보다 못난 건가? 그래도 홍길동은 아버지를 같은 성씨 홍 대감으로 불렀는데, 한국인들은 "韓國海"를 성씨가 완전히 다른 '東海(일본 별칭)'로 부르고 동해로 해달라고 울부짖고 있으니….

한일간의 바다 면적은 남한 육지영토의 10배에 달하는 약 105만 ㎢로서 세계 12대 큰 바다(Larege Sea)이자 세계 3대 큰 만(Big Gulf)이다.

일은 반드시 이름을 바르게 한 후 이루어진다. - 삼봉 정도전

정명正名은 이름을 바르게 하는 것이다, '정명'은 곧 '사실(fact)' 존중이다. 2500년 전 공자는 세상을 바로잡는 데 가장 중요한 것으로 정명, 즉 이름을 바로잡는 것을 꼽았다. 달리 말하면 이름이 바르지 않은 용어 사용이 세상을 어지럽힌다는 말이다. 공자 사상이 지금도 동양 사회에서 견고하게 군림하는 것은, 그가 정명을 통한 '개념'에 철저해서다. 공자는 '술이부작(述而不作)', 즉 '있는 그대로의 사실을 기록하되 지

어내서 쓰지 않는다'는 정신에도 투철했다. 가짜와 거짓에 정면으로 맞선 것이다.

특히 바다 이름이 그렇다. 가장 먼저 명확히 해두어야 할 사항은 한국과 일본 사이의 바다 이름에 관한 분쟁은 양측이 국내에서 사용하는 명칭에 관한 것이 아니라, 국제적으로 통용되는 표준 명칭에 관한 것이라는 점이다.

부동산은 등기로써, 동산은 인도로써, 바다는 그 나라의 이름을 붙임으로써 물권 변동의 효력이 발생한다. 마치 명인 방법과 비슷하다. 나무의 껍질을 벗기고 이름을 새기면 이름을 새긴 자의 소유가 되는 것과 같은 이치다.

특정 국가의 이름이 붙은 바다나 만, 이를테면 필리핀해, 노르웨이해, 아일랜드해, 타이만, 멕시코만, 오만만 등 해양의 관할권의 대부분은 그 특정 국가가 차지한다.

까치를 까마귀라 불러도 된다. 사슴을 말馬이라 불러도 된다. 그러나 한국해를 동해로 부르면 절대 안 된다. 독도는 물론이고 남한 땅 전체의 10배에 해당하는 연해주부터 대한해협(한국에서만 '남해'로 칭함) 역ㄴ자 바다 모두 잃기 때문이다.

옛날 우리 선조들이 우리나라를 동국東國이라고 칭했듯 옛 일본의 지식인들은 자국을 '동해東海'로 표기하고 불렀다. 더구나 1880년대부터 일본의 군국주의, 제국주의가 한껏 고조되던 시기에 '동해'는 동양신흥국 아시아 중심국가로서의 대일본제국과 동의어가 되었다.

1910년 8월 29일 한일병탄 이후 일제는 한국의 고유 지명을 별 의

미 없는 동서남북 방위를 붙여 백악을 북악으로, 삼각산을 북한산으로, 목멱산을 남산으로, 국제 통용 바다 이름 한국해를 동해로, 대한해협을 남해로, 황해를 서해로 변조 개칭했다. 일제 강점기부터 동해는 일본의 별칭이자 일본이 지배하는 식민지 한반도의 동쪽에 있는 바다라는 뜻 이중의 고약한 의미가 내포된 바다 이름이 되어 오늘에 이르고 있다.

즉 일본이 한국을 침탈하는 과정에서 '한국해'는 '일본해'로 변조되고 자연히 '한국해의 독도'는 '일본해의 다케시마竹島'로 바뀌었다. 일본이 '한국해'에서 '일본해'로 변조한 반면, 우리는 거꾸로 고유 명칭인 '한국해'에서 방위개념이자 일본의 별칭 '동해'로 퇴보한 것이다.

우리 정부는 1992년 동해 영문 표기를 'East Sea'로 확정하고 국제사회에서 '일본해Sea of Japan'와 병기될 수 있도록 노력해 왔다. 이 과정에서 정부는 'East Sea' 표기 문제로 모든 역량을 결집시켜 가시적인 효과를 거두려는 데 치중했다.

동해의 영문 표기를 우리만의 고유 명칭인 걸로 착각하고, '동해'에 집착하여 이를 번역한 'East Sea'로 확정한 것 자체가 문제인 것이다. 국가 간 경계 지점의 지명은 국제 통용 해양 명칭이 아닌 국내 지명을 표기한다는 우물 안 개구리식 강박관념에 경도되어 왔다.

'East Sea'와 같은 방위 지명은 그 바다가 속한 지리적 위치를 명시하지 못하는 한계를 지니고 있다. 막연히 동쪽 바다라는 의미 이외에

어떠한 지리정보를 제시하지 못한다. 반면 '일본해Sea of Japan'는 국명을 바다 지명에 결합시킴으로써 분명하게 일본의 해역임을 보여주고 있다.

18세기 말 실학자 위백규魏伯珪가 1770년에 쓴 『신편표제찬도환영지新編標題纂圖 寰瀛誌』에서 "대명해(大明海; 동중국해) 태평해(太平海; 태평양) 동홍해(東紅海; 캘리포니아만) 발로해(勃露海; 페루해), 파니해(把尼海; 인도네시아 반다해) 백서아해(百西兒海; 브라질 동부해)는 모두 동해이다"라고 했다. 본말이 이처럼 전도됐는데도 우리는 고작 한다는 게 '동해' 이름 찾기다. 그것도 우리만의 한국해(KOREA SEA)로 총력을 다해 추진해도 모자랄 판국에 일본해 아래에 끼워서 병기해달라고 애걸하고 있다. 더구나 대한민국의 고유영토 독도가 이른바 일본해의 다케시마로, 대한해협이 쓰시마해협으로 널리 알려지고 있는 상황에서 국적 불명의 동해 찾기로 역행하고 있는 것이다.

'한국해'를 '동해'로 부르자는 것은 마치 대한민국 국호를 제쳐 두고 '동나라'로 부르자는 것과 같은 고약한 궤변이다.

한일간의 바다를 '동해(East Sea)'로 표기한 20세기 이전 세계 지도는 단 1점도 없다.

유럽과 미국 제작 지도 318점 SEA of KOREA, COREA GULF의 KOREA, COREA를 '동'으로 읽어오고, 동양해 MER ORIENT와 중국의 동해 표기 MARE EOUM을 한국의 동해(EAST SEA)로 읽어오고 일본 제작 지도 조선해朝鮮海 27점을 일본의 미칭美稱 '동해'로 읽어오고, '동부의 또는 한국해Eastern or Corea Sea'라고 쓰인, 18세기 초 영국에서 제작된 단 두 점의 지도를 내세우면서, 그것도 뒤의 주어 한국해엔 선택적 맹인, 문맹 행세하면서 앞의 관형어 '동부의'를 동해(East Sea)로 읽어온 이유는 도대체 무엇인가?

섬은 고지(高地)다. 독도는 '한국해'라는 우리 바다 산의 고지다. 한국해 산꼭대기 독도 한국 고지를 수호하기 위해서는 가장 먼저 산 이름을 일본의 별칭 동해 버리고 한국해로 바로잡아야만 한다.
일본의 별칭을 버리고 한국해로 부르면 독도뿐만 아니라 한일간의 온 바다가 한국 바다인데 쩨쩨하게 독도만 우리 땅이라고 징징대지 말자.

더구나 남한 육지 면적의 10배에 달하는 한일간의 바다는 국제법상 연안국 한국의 내수(內水)로서 인정되는 '역사적 만灣'이다. 일반적으로 만은 연안이 모두 같은 나라에 속하고, 입구의 폭이 일정한 거리(24해리) 이하이며, 그 연안이 깊숙이 들어가 있는 경우에 한하여 연안국의 내수로 인정된다. 그러나 역사적 만은 이와 같은 조건을 구비하지 않아도 내수로 인정한다. 한국만GULF OF COREA 표기 지도 86점(영국 41점, 미국 33점, 프랑스 8점, 독일 이탈리아 아일랜드, 제작지 미상 각 1점)1740년~1873년 세계최강대국 대영제국을 비롯하여 미국 프랑스 독일 등 서구 열강은 한일간의 바다를 한국의 내해 한국만으로 파악했다. 반면에 일본만으로 표기한 지도는 단 1점도 없다.

일본 별칭 동해를 버리고 한국해로 불러야 하는 현실적 핵심 이유는 다음 두 가지다. 첫째, 남한 육지 영토 면적의 10배에 해당하는 대한민국 해양영토 주권을 회복할 수 있다. 둘째, 국제해양법에 근거하여 독도 동쪽 200해리까지 한국의 영해와 배타적경제수역을 주장할 수 있어 독도 문제를 진취적으로 해결할 수 있다.

한국해 명칭 수호는 단순한 국제 표기를 둘러싼 외교적 문제로 볼 일이 아니다. 해양을 제패한 백제와 발해제국, 신라 말엽과 고려제국 같은 해양대국을 건설했던 한반도 역사를 계승하는 국가 자존에 관한 문제다. 면면이 이어져 내려오는 우리 영해의 이름조차 지켜내지 못하면서 '21세기 해양강국'을 외치는 건 공허한 구호에 지나지 않는다.

국제사회에 통용되는 명칭은 반드시 우리가 사용하는 명칭으로 표기되지는 않는다. 우리나라를 우리는 '대한민국(또는 한국)'이라 부르지만 외국인들은 '코리아KOREA'라 부른다.

현실적으로 19세기 후반까지 국제통용 해양명칭인 한국해 또는 한국만으로 원상회복은 어렵다. 따라서 협상 과정에는 한국해(Sea of Korea) 또는 한국만(Korea Gulf)단독 표기를 강력주장하면서 협상의 궁극 목표이자 마지노선, 동한국해EASTERN KOREA SEA 또는 한국해Sea of Korea와 일본해Sea of Japan 병기를 관철할 것을 제안한다.

우선 이 책을 쓰도록 나에게 생명을 주신 신과 부모님께, 또한 그 생명을 보람차게 해주신 여러 스승님께 감사드린다. 이 책을 출판할 수 있도록 용기와 동력을 부여해주신 고충석 전 제주대학교 총장, 최윤희 전 합참의장, 황기철 전 해군참모총장, 문일석 브레이크뉴스 대표, 김동규 독도지킴이 세계연합회장, 정길화 한국국제문화교류진흥원장, 양승국 법무법인 로고스 대표 변호사, 안국진 월간바다낚시 대표를 비롯한 강호제현 그리고 '일본해(동해)'를 '한국해'로 바로잡아야 한다는 나의 지론에 동의를 표한 마크 밀리Mark Milley 미국 제20대 합참의장을 비롯 세계 각국의 벗들이 이 책에 각별한 관심과 애정을 주신 것에 대해 지면을 통해서나마 깊은 감사의 말씀을 드린다.

끝으로 이 책을 출판해주신 메이킹북스의 장현수 대표와 꼼꼼하게 원고를 다듬어 준 안지은, 최미영 편집부장에게 감사의 인사를 표한다.

2024. 1.
경희대학교 서울캠퍼스에서
강효백

목차

들어가는 말   025

Ⅰ. 고려바다와 고래바다

  1. 바다는 5층 빌딩, 국호가 붙은 바다의 5대 장점   044
  2. 한일간의 바다 5대 특징   050
  3. 고려, 고래, 한국만(COREA GULF)은 세 쌍둥이   057

Ⅱ. 경해 vs 동해

  1. 바다와 이름   068
  2. 삼한 시대부터 조선 말까지 고래바다   074
  3. 중국은 지금도 경해(鯨海)로 부르고 있다   084
  4. 동해는 지구상에 무수히 많다   089
  5. 『삼국사기』의 동해는 어디인가?   091
  6. 광개토대왕 비문의 '동해고'는 바다 이름인가?   096

7. 조선 시대 지도 속 동해는 어디일까?　　　　100
8. 중국의 동해는 어디일까?　　　　　　　　　107
9. 베트남의 동해는 어디일까?　　　　　　　　112
10. 일본의 동해는 어디일까?　　　　　　　　 115
11. '동해'는 일본의 미칭(美稱)　　　　　　　121
12. 명성황후 시해 교사범이 성을 '동해'로 간 이유는?　123
13. 東은 일본의 약칭, 東자 성씨 30개　　　　125
14. 일본 동해대학은 말한다. 일본과 동해는 동의어라고　128
15. 일본을 동해(태평양)로 쫓아내라 - 안창호　130
16. 누가 언제부터 왜 한국해를 동해로 부르게 했나?　132
17. 여기 바다의 음모가 서리어 있다 - 이육사　137

III. 한국해와 한국만 지도

1. 나라 이름이 붙은 바다 지도의 힘　　　　　142
2. 『걸리버 여행기』, 동해도 일본해도 아닌 한국해　145
3. 서양 고지도, 한국해 318점, 일본해 212점, 동해 0점　148
4. 동양해(MARE ORIENTALE)가 '동해'인가?　154
5. MARE EOUM이 한일간의 바다 '동해'인가?　156
6. EASTEREN or COREA SEA가 '동해'인가?　159

7. 서양 각국의 한국해 vs 일본해 최초 표기 지도   162
8. 포르투갈·이탈리아, '한국해' 표기의 시작   168
9. 네덜란드, 17세기 한일간의 바다를 한국해로 도배   171
10. 프랑스, 18세기 한국해 황금시대를 열다   174
11. 영국, 19세기 후반에도 한국해 표기 지도   177
12. 미국, 1840년까지 한국해 60점 vs 일본해 9점   180
13. 독일, 양보다 질- 한국의 만, 한국의 해협   186
14. 러시아, 한국해를 동해로 부르는 한국 이해 불가   189
15. 일본, 1910년까지 조선해 표기 지도 27점   192
16. 이토 히로부미 비롯 구한말 일본정부 '조선해' 표기   205
17. 한국만 86점 vs 일본만 0점   209
18. 한국만은 한국의 역사적 만, 한국의 내해   215
19. 천하무적 국호가 붙은 만의 힘   221

IV. 고래사냥과 한국해

1. 고래와 반구대, 물 반 고래 반 한국해   228
2. 『하멜 표류기』와 네덜란드 한국해 지도   232
3. 프랑스 포경선 리앙쿠르호와 독도   235
4. 영국의 포경 산업 – 한국해, 대한해협, 독도   239

5. 'COREA'는 미국 포경선 이름이자 한국의 국호　　　243
6. 미국 포경선의 조업지는 일본해가 아닌 한국해　　　246
7. 『모비 딕』의 포경선이 고래사냥한 한국만　　　251
8. 일본이 귀신고래를 최우선 멸종시킨 까닭은?　　　259

V. 팩트체크와 대책

1. 한일간의 바다 이름에 대한 논쟁　　　268
2. 한국 외교부가 한국해로 주장하지 않는 이유　　　283
3. 창해와 청해가 한국해의 대안인가?　　　289
4. 동해 버리고 한국해로 불러야만 할 이유　　　296
5. 황해 이름은 황해도에서 유래되었다　　　299
6. 세계는 대한해협, 한국에서만 남해　　　302
7. 일제강점기 이전 우리나라 남해는 동중국해　　　305
8. 주권국 대한민국 바다 이름: 한국해, 황해, 대한해협　　　309

※ 마크 밀리 전 미국 합참의장, '일본해(동해)'를
　 '한국해'로 바로잡아야　　　312

참고문헌　　　314

"자 떠나자 동해바다로 신화처럼 숨을 쉬는 고래 잡으러"
- 〈고래사냥 (송창식)〉

1절은 "자 떠나자 고래바다로 역사처럼 숨을 쉬는 고래 잡으러"

2절은 "자 떠나자 KOREA바다로 미래처럼 숨을 쉬는 고래 잡으러"

로 개사되어야 한다. 이제 그 이유를 말하겠다.

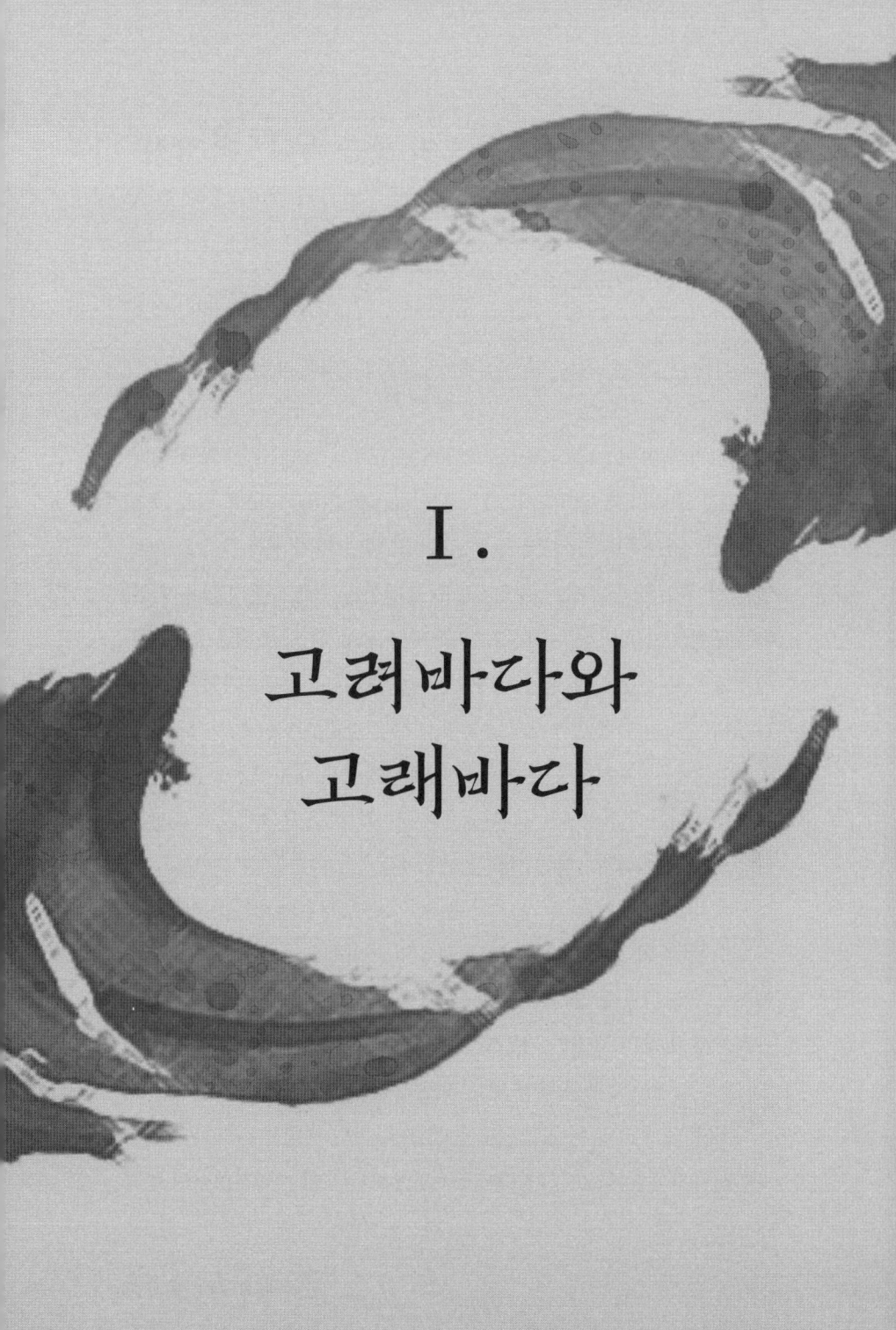

I.
고려바다와 고래바다

1. 바다는 5층 빌딩, 국호가 붙은 바다 5대 장점

1) 바다는 5개 층으로 이루어진 초거대 빌딩

바다를 제압하는 자는 언제인가 제국마저 제압하기에 이른다.- 키케로

최초의 생명의 약동은 바다의 파랑(波浪)이다. 바다는 '뭍의 어머니'며, 인류 생존의 토대이다. 바다는 제한을 싫어한다. 바다엔 담도 벽도 울타리도 없다. 바다엔 도로가 따로 없다. 바다 자체가 누구나 통할 수 있는 길이다. 바다에 사는 물고기들도 경계선을 모르고 살지 않는가. 바다는 활동하기 좋아하는 메신저이다. 바다는 이 해안 저 해안에 부딪쳐 세계의 흐르는 물을 다 안아 본다. 바다는 개방자요 세계주의자이다.

바다는 마치 어머니가 자녀를 낳아 기르듯 자유무역을 낳아 기르는 것과 같다. 비옥한 논밭과 평원은 인간을 토지에 속박시키지만 드넓고 변화무쌍한 바다는 인류로 하여금 이윤을 추구하게 하고 무역에 종사하게 한다. 바다는 물이라기보다는 진출할 시장이자 확보해야 할 영토이다.

인류의 역사는 바다와 밀접한 관계를 가지고 흥망성쇠를 거듭해왔다. 칭기즈칸의 몽골제국 등 드문 경우를 제외하고는 해양세력이 내륙세력을 압도해왔다. 21세기 오늘날 과학기술 발달과 해양의 잠재가치 재평가로 바다는 무한한 자원과 전략적 역량의 원천으로 부각되고 있다. 갈수록 세계 각국은 해양 영토 확보에 매진하고 있다.

우리들의 뿌리 깊은 고정관념 속에는, 나라의 영역을 바다와 하늘을 포함시키지 않은 뭍의 넓이, 육지영토만으로 생각하는 착시현상이 관습

처럼 남아 있다.

현대는 해양의 시대이다. 일찍이 미국의 국무장관을 지낸 존 헤이(John Milton Hay, 1838~1905)는 19세기 말에 이렇게 말했다.

"지중해는 과거의 바다이다. 대서양은 현재의 바다이다. 태평양은 미래의 바다이다."

혜안과 선견지명이 있는 해양사관의 핵심을 간파한 말이다. 영토의 개념에는 육지, 바다, 하늘이라는 세 가지 요소가 모두 포함된다.

드넓은 수평의 바다를 드높은 수직의 공간으로 일으켜 세우면 5개 층을 이룬다.[1]

맨 꼭대기 층부터 시작하면 첫째, 바다 위로는 공활한 하늘이 있다.

둘째, 바다의 표면(surface of Sea)이 있는데, 주로 선박의 항해에 사용된다. 이는 상품과 사람의 운송, 군사적 이용 등 통상, 교통, 군사 면에서 필수적인 요소이다.

셋째, 수역(water-column)은 엄청난 생물자원을 지니고 있다. 각종 어패류, 해조류 등 수산물과 소금이 인간생활에 얼마나 중요한가를 생각해 보면 될 것이다. 그리고 수자원과 군사적인 잠수함의 이용 등 매우 중요한 구실을 하고 있다.

넷째, 해저표면(Seabed)을 들 수 있다. 특히 현대 산업사회에서 중요한 망간, 니켈, 구리, 코발트 등이 깊은 해저에 엄청난 규모로 깔려 있어서 제3차 해양법 회의에서 가장 중요한 의제가 되었다.

다섯째, 지하층인 해저(subsoil)에는 석유와 천연가스는 물론 일명 불타는 얼음이라 불리는 가스하이드레이트(gashydrate)가 대량으로 묻

---

[1] 강효백, 『중국의 습격-류큐로 보는 한·중·일 해양 삼국지』, Human&Books, 2012, pp.17-19.

혀 있다. 특히 동한국해에는 2007년 11월 세계에서 다섯 번째로 심해저 가스 하이드레이트의 대규모 부존이 확인된 곳이다. 울릉분지를 비롯한 심해저에는 가스하이드레이트가 약 6억 t 이상 매장되어 있는 것으로 예상하고 있다.[2]

이처럼 육지가 하늘과 땅 표면, 지하 1층으로 이루어진 3층 주택이라면 바다는 하늘, 바다표면, 수역, 해저표면, 지하층 해저 등 5개 층으로 이루어진 지구의 71%에 해당하는 초거대 빌딩'이라고 할 수 있다.

<한중일 각국 영토 및 관할수역 면적 대비>

국가	① 영토 면적(km²)	② EEZ 포함 관할 수역 면적(km²)	②/①
한국	99,500	348,478	3.5배
중국	9,600,000	1,355,800	0.14배
일본	370,370	3,862,000	10.4배

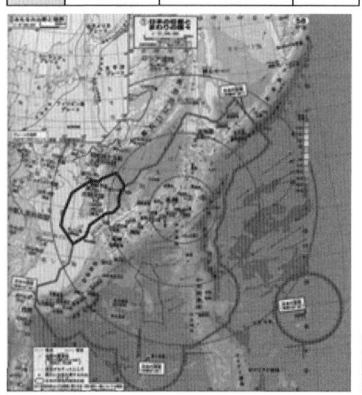
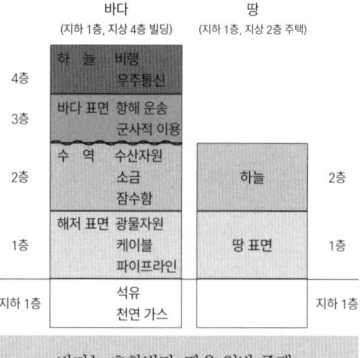

▲ 한중일의 육지영토와 해양영토 면적 대비, 바다는 호화빌딩, 땅은 일반 주택

---

2) 동해서 초대형 '가스 하이드레이트층' 발견 〈대한민국 정책포털〉 2007.11.23.

2) 바다 이름의 5대 필요성

바다에는 다음 다섯 가지 이유로 이름이 필요하다.[3]

첫째, 명확한 식별이 가능하다. 바다에는 많은 다른 지역이 있으며, 각각의 바다에는 특정한 특성과 생태계가 있다. 바다에 이름을 부여함으로써 특정 지역을 명확하게 식별할 수 있다. 그러나 동해 서해 남해 등 동서남북 방위 이름이 붙은 바다는 명확한 식별이 어려운 단점이 있다.

둘째, 바다 이름은 해당 지역의 지리적 특성을 반영한다. 예를 들어, "한국해"라는 이름은 바다가 한국 영토에 소속되어 있음을 나타내며, "황해"라는 이름은 바다가 한국의 황해도 주변에 위치해 있음을 나타낼 수 있다.[4]

셋째, 바다 이름은 해당 바다의 자연 환경과 자원을 알 수 있다. 예를 들어, "태평양"이라는 이름은 그 바다의 규모와 폭이 크다는 것을 나타낼 수 있으며, "경해(고래바다)"라는 이름은 그 바다가 고래가 많이 서식하는 바다임을 알 수 있다.

넷째, 바다 이름은 특정 지역의 특징을 반영할 수 있다. 예를 들어, "동중국해"라는 이름은 중국 동쪽에 위치한 바다임을 나타내며, "아라비아해"라는 이름은 아랍 반도 주변에 위치한 바다임을 나타낼 수 있다.

---

3) 강효백, "중국의 해양공세와 이어도 문제" 이어도저널(13), 2017, pp.18-25.
4) 한상복, "황해의 명칭에 대한 고찰", 황해연구(5),1993, pp.1-4.

다섯째, 바다의 이름은 특정 지역의 문화와 정체성과 연결된다. 바다는 많은 사람들에게 중요한 상징적인 의미를 가지고 있으며, 바다의 이름은 그 지역의 역사, 문화, 전통과 관련된 이야기를 담고 있다.

바다의 이름은 이러한 이유로 인해 필요하며, 그 바다에 대한 이해와 보호를 촉진하는 역할을 한다.

3) 나라 이름이 붙은 바다의 5대 장점

부동산은 자기 명의로 등기해야 자기 소유권이 입증된다. 마찬가지로 5개층으로 이루어진 초거대 부동산 바다를 지배하고 활용하려면 바다에 자기 나라 이름이 붙어야 한다.

나라 이름이 붙은 바다는 다음 다섯 가지 특별한 장점이 있다.[5]

첫째, 해당 국가의 영토로 인정받으며 국제법상 주변 해역에서 주권을 행사할 권리를 보장받는다. 국제적인 입장에서 그 나라의 영토를 대표하는 요소로 인식된다.

둘째, 해당 국가의 국가적 안보와 자주성의 중요한 요소로 작용한다. 이를 통해 국가의 확장적 기회를 제공하거나 국가적 위해에 대처할 수

---

5) 강효백, "한·중 배타적 경제수역·대륙붕법제 비교연구-대륙붕법 입법을 겸론", 동북아논총 72호, 2014. pp.5-22.

있다. 또한 전략적으로 중요한 위치를 확보하여 군사적으로나 경제적으로 그 나라에 중요한 자원과 교역로를 제공한다.

셋째, 해당 국가가 다양한 자원을 지배하고 어업, 해양 자원 개발, 해양 생태계 보호 등 다양한 목적으로 바다를 활용할 수 있다. 그 나라의 경제 및 생태계에 적극적인 영향을 미치며, 이를 통해 자연자원을 보호하고 지속가능한 개발을 유도하거나 조율할 수 있다.[6]

넷째, 해당 국가의 국제 교역 및 외교적 활동에 중요한 역할을 하며, 다른 국가와의 협력을 주도할 수 있게 함으로써 그 나라에 더 많은 기회를 제공하고 국가 간의 관계에 유리한 영향을 미친다.

다섯째, 해당 국가의 역사 및 문화와 밀접하게 관련된 중요한 심볼로 작용하며, 국가적 자부심 및 독립성의 중요한 증거로서 기능한다. 이러한 바다는 그 나라의 문화와 정체성을 나타내는 중요한 요소로 인식된다.[7]

이처럼 나라 이름이 붙은 바다는 여러 장점을 가지고 있어 그 나라의 발전과 번영을 지원하는 중요한 자원으로 평가된다.

---

6) https://www.studycountry.com/wiki/how-are-seas-named
7) https://www.rmg.co.uk/stories/topics/who-owns-ocean
The naming of seas: The associated problems and their resolutions economictimes. 2017.8.5.

2. 한일간의 바다 5대 특징

1) 바다 이름에 관한 분쟁이 극심한 해역

한일간의 바다는 지구상 모든 바다중 이름과 관련한 분쟁이 가장 치열한 바다이다. 이 바다는 대한민국, 북한, 일본, 러시아 등 4개국의 주권과 관할권이 미치는 해역으로, 이들 연안국의 영해와 배타적 경제 수역으로 구성되어 있다.[8]

대한민국에서는 "동해East Sea", 일본에서는 "Sea of Japan日本海" 명칭 사용을 주장하며, 한국과 일본 양측이 대립하여 왔다.

이 분쟁은 양측이 국내에서 사용하는 명칭에 관한 것이 아니라, 국제적으로 통용되는 표준 명칭에 관한 것이다. 한국에서는 동해가 역사적으로 '동양해(Oriental Sea)' 또는 '한국해(Sea of Korea)'로 불려 왔으므로 '동해(East Sea)'로 불러야 한다고 주장한다.[9] 반면 일본은 '일본해 (Sea of Japan)'가 19세기부터 국제적으로 통용된 이름이며 이를 그대로 써야 한다고 주장한다.[10]

---

[8] https://www.britannica.com/place/Sea-of-Japan
[9] 이 대목에서 위화감을 느낀 이가 적지 않을 것이다. 한국인이라면 한국해로 불러왔으므로 한국해로 불러야 한다고 주장하여야 정상 아닌가?
[10] 19세기 전반까지 국제적으로 통용된 이름은 한국해(Sea of Japan)이다. https://

현재 대부분의 국제지도와 문서에서는 이 해역을 '일본해Sea of Japan'라는 명칭을 단독으로 사용하거나 일본해Sea of Japan에 동해 East Sea를 괄호 안에 병기하고 있다.

전 세계 해역의 이름을 지정하는 국제수로기구(nternational Hydrographic Organization, IHO)는 2012년 이 지역을 계속해서 '일본해'로 부르기로 결정했고, '일본해'와 '동해'라는 두 가지 명칭을 사용하자는 한국의 요청을 거부했다.[11]

2) 고래 모양의 세계 12위 큰 바다

한반도와 일본 열도, 연해주 및 사할린 섬에 둘러싸인 바다의 표면적은 약 105만㎢로서 남한 육지 면적의 10배에 달한다. 국제수로기구의 《대양과 바다의 경계LIMITS OF OCEANS AND SeaS》에 등재된 66개 해역[12] 중 필리핀해, 아라비아해, 남중국해, 카리브해, 지중

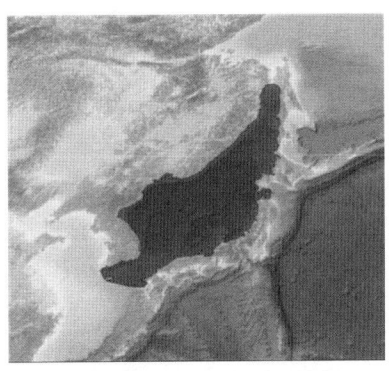

▲ https://www.marineregions.org/gazetteer.php?p=details&id=4307

---

www.geocurrents.info/blog/2012/06/22/the-on-going-japan-Seaeast-Sea-naming-controvers

11) "IHO rejects Japan's proposal to rule out East Sea name" Yonhap News Agency, 26 April 2012.

12) https://epic.awi.de/id/eprint/29772/1/IHO1953a.pdf

해, 기니만, 오오츠크해, 멕시코만, 노르웨이해, 동중국해, 그린란드해에 이은 열두 번째 넓은 대형 바다(LARGE SEA)이다.[13] 국제수로기구에 등재된 해역의 범위는 기존의 한일간의 바다에다가 우리가 남해라고 부르는 대한해협, 즉 서쪽으로 전라남도 진도부터 제주해협과 부산광역시 해운대구까지 사이의 바다를 포함한다. 전체 해역 평면이 고래 모양을 한 고래같이 광대한 바다이다.[14]

3) 동양의 지중해, 세계 3대 대형만

한국해는 만(gulf)의 형태인데 해(sea)로 표기되고 19세기까지 만으로 불리다가 현재는 해로 불리는 동서고금 유일한 바다이다.

해(sea)와 만(gulf)은 둘 다 바다와 연관된 지형용어이나 차이가 있다.

해(sea)는 부분적으로 섬, 군도, 반도로 둘러싸여 있고, 표면이 넓은 바다에 인접하거나 넓게 열려 있다.

만(gulf)은 바다에서 육지로 들어가는 커다란 입구로, 해안선으로 둘러싸여 있고 항해가 가능한 크고 움푹 들어간 해역이다.[15]

한일간의 바다는 바다가 육지쪽으로 들어와 있으며 해협을 통해 다른 해양으로 연결되는 반폐쇄성 해역으로 전형적인 만의 형태이다.[16]

---

13) https://en.wikipedia.org/wiki/List_of_Seas
14) https://en.wikipedia.org/wiki/Namhae_(Sea) https://en.wikipedia.org/wiki/Korea_Strait
15) https://www.britannica.com/science/gulf-coastal-feature
16) "Tides in Marginal, Semi-Enclosed and Coastal Seas – Part I: Sea Surface Height". ERC-Stennis at Mississippi State University

지중해와 마찬가지로 육지에 둘러싸여 있어 조수의 차이가 거의 없는 한일간의 바다는 기니만과 멕시코만 다음으로 넓은 대형 만(BIG GULF)이다.[17]

1740년부터 1873년까지 영국·미국·프랑스·독일·이탈리아·아일랜드 등 서양 각국은 이 해역을 만으로 파악, 지도들에 〈한국만〉으로 표기하였다. 따라서 한국'만'으로 불리다가 일본'해'로 불리는 동서고금 유일무이한 해역이다.

4) 속이 깊은 항아리 형태의 바다

평균 깊이 1,752m 최대 깊이 4,568m인 깊은 바다에 속하지만 제주해협과 대한해협, 간몬해협, 쓰가루 해협, 라페루즈 해협, 타타르 해협 등 이 해역으로 통하는 모든 해협의 수심은 100m 이하로 얕다.[18] 이처럼 진입 해협의 수심은 얕으나 해역 평균 수심은 깊은, 입구는 얕으나 속이 깊은 항아리 모습의 바다는 세계 해역에서 유례를 찾아볼 수 없다. 입구는 얕지만 속이 깊은 항아리 모양의 바다는 물이 느리게 이동하며, 생물이 안정적으로 서식하게 해준다. 이러한 특이한 형태의 바다는 생물체들에게 안전한 서식지를 제공하고, 생태계의 다양성과 안정성을 유지하는 데 중요한 역할을 한다.[19]

---

17) https://en.wikipedia.org/wiki/List_of_gulfs

18) "All the straits are rather shallow, with a minimal depth of the order of 100 meters or less" A. D. Dobrovolskyi and B. S. Zalogin Seas of USSR. Sea of Japan, Moscow University (1982)

19) https://www.noaa.gov/ocean.html

5) 고래 이야기가 가장 많은 바다

한국해는 국제수로기구의 《대양과 바다의 경계》에 등재된 세계 66개 해역을 전수 비교 분석해본 결과 고래 이야기가 가장 많은 바다이다.

한국해는 동서고금의 수많은 바다 이름 중 유일무이하게 포유류 동물, 그것도 지구상에서 가장 거대한 포유류 동물, 고래바다로 불렸다. 이 바다 이외에 동물 이름이 붙은 바다는 오스트레일리아 북동부에 인접한 바다 산호해(Coral Sea)뿐이다.[20] 한국 울산 반구대 암각화가 인류 사상 최초의 고래사냥 유적이라는 사실[21]에서 알 수 있듯 한국해는 고래가 가장 많이 살던 해역[22]으로 옛 한국과 중국에서는 경해(鯨海 고래바다)로 불렀다. 다음은 영문, 국문, 중문 일문 위키피디어백과 공통 게재 사항이다.

1) 영문: 그 바다의 이름은 원래 고래바다였다.[23]
2) 한국: 역사적으로는 '경해(鯨海 고래바다)'가 가장 먼저 나온다.[24]
3) 중국: 중국에서 경해鯨海로 불렀다.[25] 지금도 경해로 부른다.

---

20) https://www.britannica.com/place/Coral-Sea

21) Lee Sangmog, Chasseurs de baleines : la frise de Bangudae (Corée du Sud), Paris, Éd. Errance,, 2011, p.126.

22) The earliest depictions of whaling are the Neolithic Bangudae Petroglyphs in Korea, which may date back to 6000 BC. Roman, Nelson, Sarah M. The Archaeology of Korea. Cambridge University Press, Cambridge, 1993, pp. 151-154.

23) The Sea is called originally Jīng hǎi (鯨海, 'Whale Sea') in China

24) https://ko.wikipedia.org/wiki/%EB%8F%99%ED%95%B4

25) 刘迎胜. 鯨川与鯨海小考:古代东亚图籍中的日本海——韩日有关日本海东海名称争议的中国视角. 元史及民族与边疆研究集刊.2007 5(1) p.36.

4) 일본: 중국에서 옛 명칭은 경해 고래바다였다.[26]

네덜란드, 프랑스, 미국, 러시아 포경선은 17세기부터 19세기 말까지 고래를 잡기 위해 이 바다를 순항했다.

대부분은 대한해협을 통해 바다에 들어가고 라페루즈 해협을 통해 떠났지만 일부는 쓰가루 해협을 통해 들어오고 나갔다.[27] 그들은 주로 참고래와 향유고래를 표적으로 삼았지만 어획량이 감소하자 혹등고래를 잡기 시작했다. 또한 대왕고래와 긴수염고래를 잡으려고 시도했지만 이 종들은 항상 죽임을 당한 후에 가라앉았다.[28]

특히 미국의 포경선들은 고래라는 살아 있는 유전油田을 찾아 태평양을 종횡으로 항해하고 다녔고 결국 고래 밀집도 세계 최고 해역 한국해에서 한국과도 만나게 되었다.[29]

1848년과 1849년의 성수기 동안 총 170척 이상의 미국의 포경선(1848년에는 60척 이상, 1849년에는 110척 이상)이 고래를 잡았다.[30]

한국 땅을 처음 밟은 네덜란드인, 영국인, 프랑스인, 미국인 모두 고래사냥과 관련이 있다. 이들과 관련된 기록을 간략히 정리하면 다음과 같다.

---

26) 中国における古称は, 鯨海(けいかい)であった.
27) Splendid, of Edgartown, 17 April 1848, Nicholson Whaling Collection (NWC); Fortune, of New Bedford, 12 March 1849, ODHS; Sea Breeze, of New Bedford, 14 April 1874, GWBL.
28) George Washington, of Wareham, 16 May 1849, ODHS; Florida, of Fairhaven, 5 May 1860, in One Whaling Family (Williams, 1964).
29) Henry Kneeland, of New Bedford, 1 September 1852, in Enoch's Voyage (1994), pp. 153-154.
30) https://www.britannica.com/place/Sea-of-Japan

19세기 미국 포경선의 조업 중심 해역 - 한국만(COREA GULF)

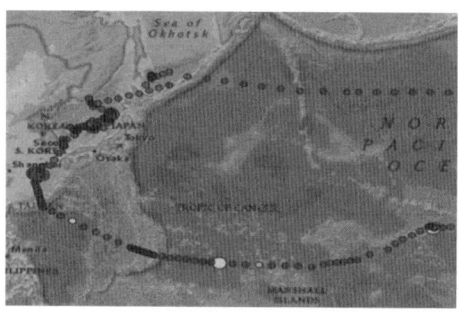

▲ 미국 포경선 항로 Whaling Voyages of America
미국의 포경선들은 대한해협을 통하여 한국해에 들어와서 고래를 포획한 후 라페루즈 해협으로 나갔다.
https://googlemapsmania.blogspot.com/2019/09/whaling-voyages-of-america.htm

- 1653년 8월 15일 네덜란드 스베르호 하멜 등 38명(10여 명 포경 선원) 제주도 모슬포 표착
- 1798년 10월 13일 영국 군함 프로비던스호 부산 용당포 상륙, 원산만 등 고래떼 발견 기록
- 1851년 4월 4일 프랑스 포경선 나르발호 전남 나주 비금도 좌초
- 1855년 7월 2일 미국 포경선 투브라더스 4명 선원 강원도 통천 해안가 상륙

3. 고려, 고래, 한국만(COREA GULF)은 세 쌍둥이

'고려'의 어원은 '골'에서 나왔다.

왜 한국과 중국의 영문 국호가 각각 KOREA, CHINA인 줄 아는가? 고려高麗와 진秦이 한국과 중국 최초 통일 국가라서 그렇다.[31]

'고려'는 어떤 의미를 지니고 있을까? 고려는 천년을 전해 내려오는 실제 존재하였던 '동방의 유토피아, 이상향'의 이름이다. 알다시피 '코리아'(COREA)라는 이름은 국제무역항 개성 벽란도와 중국 동해안의 천주泉州와 이집트의 나일강 하구를 오가던 아라비아 상인들에 의하여 인도와 중동, 유럽 등 세계 전역에 알려지게 된 것이다.[32]

또한 '고려'는 중국의 4대 발명 가운데 하나라고 주장하는 진흙활자(개살구도 살구냐, 너도밤나무도 밤나무냐, 필자는 진흙활자는 활자로서의 자격이 없다고 생각한다)를 당혹스럽게 만드는, 세계가 공인하는 세계 최초의 금속활자를 창출해낸 나라 이름이다.

어디 이뿐인가. 도자기(china)의 나라 차이나(CHINA)조차도 흉내조차 낼 수 없었던, 고려의 상감청자, 송나라 최고급 종이의 10배 이상으로 거래되었던 고려의 종이高麗紙 등 정신 문화와 물질 문명의 극치를 이룬 '실존하였던 지상천국'이다, 고려라는 이름은.[33]

자기 학대, 자기 비하로 얼룩진 식민사관의 슬픈 역사의 상처가 너

---
31) 杨雨蕾,『韩国的历史与文化』, 广州: 中山大学出版社, 2011, pp. 45-47.
32) 김병로 (2020), "고려 혹은 대한조선: 통일국가의 명칭에 관하여", 『통일정책연구』 29 (1): pp.89-114.
33) 강효백,『정사로만 입증한 고려제국사』, 말벗, 2023, p.12.

무 깊고 오래 가서 그렇지, 실상은 해상 세력의 영웅 왕건이 건국한 '고려'(高麗, KOREA)는 기존의 후삼국을 재통일한데다가 고구려의 후예이자 용솟음치는 바다라는 나라 이름을 지닌 '발해渤海'와 신라 말엽 그 일몰의 바다를 찬란히 빛낸 장보고의 해상왕국, 이 둘을 합하여 이어받은, 즉 '3국+2α'의 통일왕국이자 '동방의 무역대국'이었다.[34]

speculations for the breakdown of Goguryeo as a name, the most common being *go* meaning "high", "noble" and *guri* meaning "castle", related to the word ▓▓ used during medieval Goryeo meaning "place".

▲ 출처: https://en.wikipedia.org/wiki/Goryeo 스캔

대한민국의 공식 국호는 REPUBLIC of KOREA, 한글로 번역하면 고려공화국이다. 고려高麗는 고구려高句麗에서 따온 이름이다. 고려는 동명성왕이 세운 고구려를 계승하자는 뜻으로 정한 국호이다. '고려'는 고구려 장수왕 평양 천도 427년 이후 불리어온 대한민족 정식 국호다. 원래 궁예가 건국한 나라 이름도 고려高麗였으나 이후 마진摩震을 거쳐 태봉泰封으로 변경되었다. 왕건은 궁예를 몰아내고 나라 이름을 고려로 환원했다.

KOREA라는 호칭의 근원이 고구려임은 변함이 없다. 코리아의 어원이 왕건의 고려라고 해도 그 고려라는 명칭이 고구려를 계승하면서 전달된 국호이기 때문이다. 영문과 불문 위키백과사전 및 세계 언어 사전은 고려의 어원을 '장소'를 의미하는 '골'이라는 단어와 관련이 있다고 명기하고 있다.[35]

---

34) 강효백, 『동양스승 서양제자』, 예전사, 1992년, pp.287-298.
35) related to the word gol used during medieval Goryeo meaning "place" lié au mot gol utilisé pendant le Goryeo médiéval signifiant https://places.behindthename.com/name/goryeo

훈민정음 창제 이듬해 발간된 한국 최초의 운서 1448년 『동국정운東國正韻』에서 고려는 중세 한국어 발음으로 고ᇢ령·로 발음된다.[36] 예일식 표기로는 kwòwlyéy이다. 현대식 한글로 표기하면 '고례'이다. 한글 중세어 ㅗ는 wò, ㅖ는 yéy, 따라서 고려의 중세 발음은 고례이고 이는 고래와 거의 같은 발음임을 알 수 있다.[37]

한글 자모	ㅏ	ㅓ	ㅗ	ㅜ	ㅡ	ㅣ	ㅐ	ㅔ	ㅚ	ㅟ	ㅑ	ㅕ	ㅛ	ㅠ	ㅒ	ㅖ	ㅘ	ㅙ	ㅝ	ㅞ	ㅢ
예일 표기법	a	e	o	wu	u	i	ay	ey	oy	wi	ya	ye	yo	yu	yay	yey	wa	way	we	wey	uy

▲ 출처: 위키백과 예일로마자표기법 스캔 https://ko.wikipedia.org/wiki/%EC%98%88%EC%

고래의 어원도 '골'에서 나왔다.

인기 TV 드라마 "이상한 변호사 우영우"를 다시 보기 하다가 단서를 포착했다.

"고래의 어원은 '골'에서 왔습니다. 골은 골짜기, 고랑 등에서처럼 움푹 파인 곳에 사용하는 말입니다. 고래의 숨구멍은 등 쪽에 있고, 수면에 올라왔을 때 숨을 내뿜으면 물방울들이 튕기는 모습을 보며 등에 골이 있는 동물이라고 불렀을 가능성이 높습니다. 정확한 어원을 알기는 매우 힘들지만, "골짜기(谷)

---

36) https://namu.wiki/w/%EA%B3%A0%EB%A0%A4
37) 예일 로마자 표기법(Yale Romanization)은 제2차 세계 대전 중에 미군이 동아시아의 언어를 로마자로 표기하기 위해 만든 체계이다. 예일 표기법은 한국어, 일본어, 중국 북방어, 광둥어의 네 가지 언어를 표기한다.
https://ko.wikipedia.org/wiki/%EC%98%88%EC%9D%BC_%EB%A1%9C%EB%A7%88%EC%9E%90_%ED%91%9C%EA%B8%B0%EB%B2%95

I. 고려바다와 고래바다

에서 물을 뿜는 입구"에서 고래라는 이름이 생겼다는 설이 가장 유력합니다.[38]

〈나무위키〉와 〈한국향토문화전자대사전〉도 '이상한 변호사 우영우'와 비슷하게 설명하고 있다.

또한 중국 연변의 조선족 학자 안옥규가 펴낸 『사원사전』엔 고래는 골짜기를 뜻하는 '골'에 접미사 '애'가 붙어서 이루어진 말이다.[39] 라고 정의되어 있다.

그 외 민간 어원에서는 중국에서 수입된 도교 설화에 연관을 짓는데, 용이 낳은 아홉 아들 중 셋째인 포뢰蒲牢는 바닷가에서 사는데, 유독 "바다에서 사는 어마어마하게 큰 어떤 생물"을 무서워해서 그 생물만 보이면 놀라 큰 소리로 울었는데, 그 생물의 이름을 "두드릴 고(叩)"에 포뢰의 이름에서 딴 "뢰"를 붙여 고뢰라 하고 이것이 후에 고래로 변했다 하는데 이는 억지로 끼워맞춘 이야기이다. 여기서 '경鯨'은 모비 딕을 예전에는 "백경白鯨"이라고 했던 것과도 관련이 있다.

▲ 〈코리아, 은둔의 나라〉 표지

---

38) ENA 수목드라마, 〈이상한 변호사 우영우: 제6회 내가 고래였다면〉 2022.7.14. 21:10~22:30, 우영우는 위 대사에 이어 독백한다. "고래 사냥법 중 가장 유명한 건 새끼부터 죽이기야. 연약한 새끼에게 작살을 던져 새끼가 고통스러워하며 주위를 맴돌면, 어미는 절대 그 자리를 떠나지 않는대. 아파하는 새끼를 버리지 못하는 거야. 그때 최종 표적인 어미를 향해 두 번째 작살을 던지는 거지. 고래들은 지능이 높아. 새끼를 버리지 않으면 자기도 죽는다는 걸 알았을 거야. 그래도 끝까지 버리지 않아. 만약 내가 고래였다면, 엄마도 날 안 버렸을까?"

39) 안옥규, 『詞源辭典』, 동북조선민족출판사, 1989, p.89.

《삼국사기 고구려편》에서 3회나 기록될 정도로 고래가 많이 나기로 유명한 함경도와 연해주 해안 지방 방언은 고래를 '골'이라고 발음한다.[40] 따라서 고래의 어원도 '고려'와 같이 '골'에서 왔음을 알 수 있다.

실제 일제 강점기 전까지 한국해는 고래 서식지로도 유명했다. 19세기말 두 미국인이 목격한 해안가 고래떼와 고래 잡는 주민들의 모습이 기록으로 생생히 남아 있다.

1882년 6월 7일 아침 부산으로부터 원산을 향해 70마일쯤 올라왔을 때 우리는 큰 새떼를 목격했다. 아울러 수많은 고래들이 몰려들어 같은 물고기를 포식하고 있는 게 아닌가! 해안가에서도 고래들이 헤엄치고 있었다. - 조지 포크 George Foulk 조선 주재 미국 대리공사.[41]

함경도 해안을 탐사했다. 내륙과 해안 마을에 사는 수많은 한국 주민들은 고래를 사냥하고 있었다. 바닷물 속에 들어가 줄을 지어 고래를 잡는 그들의 모습은 마치 논 속에 왜가리들이 길게 줄지어 서 있는 것처럼 보인다. 그들은 수십 마리의 고래 떼들을 수심이 얕은 해안으로 몰아넣는 방식으로 고래를 포획한다. 이 거대한 생물의 몸에는 유럽 각국의 포경선의 작살이 꽂혀 있는 것이 발견된다. 이는 1653년 한국의 최남단에서도 하멜과 난파된 네덜란드인들에 의해 목격된 바 있다. 금년부터 일본의 고래 사냥꾼들은 이 거대한 바다 포

---

40) https://www.reportworld.co.kr/humanities/h710709
41) 조지 포크(George Foulk): 해군 무관 출신 조선 주재 미국 대리공사. 1882년 6월 3일부터 9월 8일까지 일본에서 출발하여 조선의 부산항과 원산항을 거쳐 시베리아와 유럽을 거쳐 미국으로 돌아갔다.

유류를 포경선에서 기계식 작살로 쉽게 잡는 방식을 쓰기 시작했다.[42]

– 윌리엄 엘리오트 그리피스 William Elliot Griffis[43]

한국만COREA GULF의 'GULF'도 '골'에서 나왔다.

국어사전에서는 만灣을 이렇게 설명한다. "바다가 육지 쪽으로 깊이 들어간 지형을 말한다. 육지가 바다 쪽으로 뻗은 '곶'의 상대어로 사용된다." 만灣의 순 우리말은 '물골'이다. 전라남도 무안군의 무안은 '물안'에서 온 말이다.[44] 즉 한국만韓國灣은 한국의 물골이다.

캠브리지 영문사전에서도 만(gulf)을 "바다의 일부로, 땅 안으로 침투하고 포용하는 것" 또는 "두 개의 다른 땅 사이에 있는 물 골짜기"로 정의하고 있다.[45]

'gulf'는 골짜기라는 뜻의 라틴어 "colfos"와 그리스어 "kolpos"에서 유래되었다. 원래는 "파도 사이의 도랑, 헐렁한 옷의 주름", "유방의 골"을 의미했다. 지리학적 의미로 "육지로 들어간 큰 물 지역"은 1400년경 영어에서 사용되었으며, 옛 영어 "sæ-earm"을 대체했다. 라틴어

---

42) Griffis, William Elliot, COREA: The Hermit Nation, Charles Scribner's Sons,1911. p.260.

43) 윌리엄 그리피스(William Elliot Griffis.1843-1928).
 미국 저술가·동양학자·목사. 필라델피아 출생. 1870년 초청에 의해 일본에 건너가 도쿄대학교수로 있으면서 각종 문헌과 현지답사를 통해 한국 연구에 길잡이 역할을 하였다. 특히 〈은둔의 나라 한국(Corea, The Hermit Nation)〉 속에서 우리나라에 대한 깊은 통찰과 풍부한 역사적 증언을 남겼다. 이홍직 : 〈국사대사전〉(백만사.1975)

44) 〈이윤선의 남도인문학〉 남도만(南道灣) 물골따라 명멸한 수많은 도시와 문명, 전남일보 2022.1.22.

45) https://dictionary.cambridge.org/dictionary/english/gulf

"sinus"도 처음에는 "유방의 골"을 의미하다가 나중에는 "만"을 의미하게 되었다. 중세 라틴어에서는 "체내의 곡선 또는 구멍"을 의미했다.[46]

공교롭게도 지난 수천 년간 인류는 바다가 육지 쪽으로 깊이 들어간 만에서 고래를 잡았다. 고래들은 주로 만에서 서식을 많이 하는데다가 육지에서 멀리 떨어진 난바다에 사는 고래일지라도 만으로 몰면 빠져나갈 방법이 없기 때문이다.

프랑스어와 튀르키예어로 고려는 '고레'로 발음된다.

세계 최초의 고래사냥 유적지 8,000년 전 반구대를 가장 잘 자세히 설명하고 있는 프랑스는 고래CORÉE를 고레(GO-LE)로 발음한다.

고려高麗의 튀르키예어 표기는 'KORE'이고 이는 '고래'와 거의 같은 '고레'로 발음된다.[47]

'한국'을 구글번역기에 입력하고 각국 언어의 발음을 들어보면 놀랍게도 프랑스어와 튀르키예어의 그것처럼 '고래'와 비슷하게 들리는 언어가 많다. 웨일즈어와 바스크어[48]로는 고래아(gorea)로 발음된다. 네

---

46) https://redkiwiapp.com/ko/english-guide/words/gulf
47) 튀르키예는 돌궐(突厥)의 후예로, 돌궐의 중국 발음은 '투케'이다. 또한 튀르키에어는 한국어와 같은 우랄 알타이어계이다. 대만의 대학교에서는 한국어·튀르키예어과가 있는데 1학년 때는 같이 배우다가 2학년 때부터 한국어 전공과 튀르키예어 전공으로 나눠 배우고 있다.
48) 서양에서 포경업이 가장 먼저 발달한 곳은 프랑스의 바스크 지방이다. https://

덜란드어, 노르웨이어, 핀란드어, 그리스어, 아이슬란드어 라트비아어, 갈리시아어로는 '고례아'로, 루마니아어와 에스토니아어는 '고례아아'로, 덴마크어는 '고헤야'로, 포르투갈어와 우크라이나어로는 '고례이아'로 발음된다.

표시 / 발음	Corea(Corée)	Korea(Kore)
고래	프랑스어 Corée	터키어 Kore
꼬래아	스페인어 Corea 이탈리아어	
고래아	웨일즈어, 바스크어 gorea	네덜란드어, 노르웨이어, 핀란드어, 그리스어 Κορέα
고래아아	루마니아어 Coreea	에스토니아어 Korea
고래이아	포르투갈어	우크라이나어 Корея
고래우		아이슬란드어 Kóreu
고애야		덴마크어 Korea
코리아		영어 Korea
코레아아		독일어 Korea
코리이아		스웨덴어 Korea
카리에야		러시아어 Корея
쿠리이야		아랍어 Kuriaكوريا

프랑스의 '고려해' 지도 고래곶은 일본의 고래시

기욤 드릴(Guillaume de Lisle, 1675-1726)이 파리에서 1723년

---

www.britannica.com/topic/whaling

제작한 아시아 지도에서 한일간의 바다를 고려 바다 즉 한국해 MER DE CORÉE(발음도 '고래')[49]로 표기했다.

일본 동북부의 표기 "Cap de Goree(발음도 '고래')" 고래곶은 지금 어디일까?

고래곶은 바로 예로부터 바로 조선업과 고래고기 산지로 유명한 일본 이와테岩手현의 쿠지(久慈, くじ)시이다. 일본의 유명 언어학자 히타치 타카지로日置 孝次郎 교수는 쿠지시의 어원은 '고래'라고 확인했다. 쿠지는 아이누어로 고래 모습을 한 만곡한 모래언덕이라는 뜻이다.[50]

고래는 일본어로 'くじら(쿠지라)'라고 하는데 어원도 갈라진 틈 골에서 나왔다.

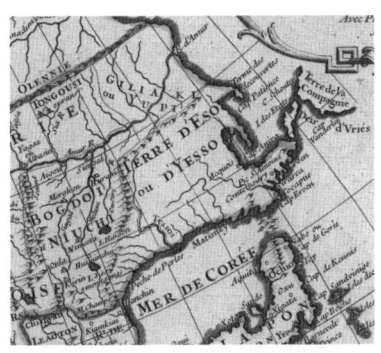

▲ 메르 드 고례 MER DE CORÉE 한국해 1723년 프랑스 최초 한국해 표기 지도, 루이 14세 시대 지도학자이자 18세기 가장 정확한 지도 제작가로 유명한 기욤 드릴(Guillaume de Lisle) 제작, CORÉE는 프랑스어로 '고례'로 발음된다. 일본 열도 북부 'cap de Gorea'는 포경업으로 유명한 일본의 쿠지(久慈)시, 쿠지시의 어원도 쿠지라(일본어 고래)에서 나왔다.

'크지라'는 전라도에서 사용하는 방언으로 '크다'를 의미하는데 '크지라'가 일본으로 건너가 쿠지라(고래)가 되었다고도 한다.[51]

---

49) https://www.britannica.com/biography/Guillaume-Delisle
50) https://www.city.kuji.iwate.jp/
51) 한창화, 『우리말 어원의 일본어 단어』, 좋은땅, 2022, pp.7-8.

일본 별칭 동해 버리고 한국해로 부르는 순간
독도는 물론 한일간의 바다 전체가 한국 바다 100%인데,
허구한 날 쩨쩨하게 독도만 우리 땅이라고 징징대지 말자!

II.
경해 vs 동해

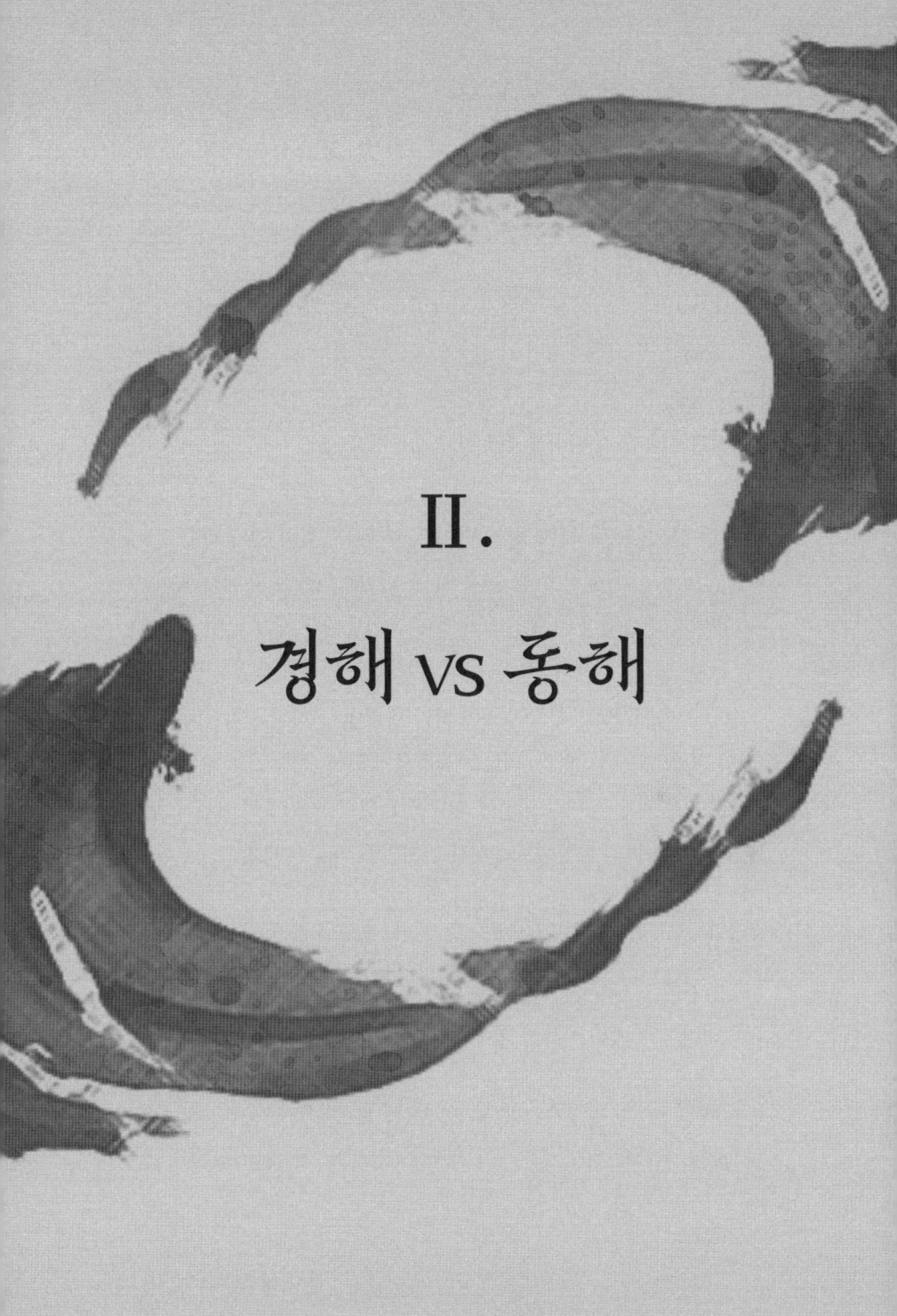

1. 바다와 이름

바다 이름의 시작과 변화

인류가 바다의 이름을 부르기 시작한 시기는 정확하게 알려져 있지 않다. 그러나 바다라는 개념 자체는 인류의 역사와 매우 오래 전부터 밀접하게 연결되어 왔다. 인류가 물고기를 잡거나, 무역을 하거나, 새로운 땅을 발견하려 할 때 바다를 이용했기 때문이다.

바다의 이름을 부르기 시작한 것은 고대 문명 시대로 추정된다. 예를 들어, 고대 그리스인들은 지중해를 '우리의 바다'라는 의미의 'Mediterraneus'라고 불렀다. 고대 이집트인들은 홍해를 'Great Green'이라고 불렀다.[52] 옛 한국인과 중국인들은 고래가 많이 사는 한반도 동쪽 바다를 고래바다라는 의미의 경해(鯨海)라고 불렀다.[53]

이러한 명명 관행은 시대 변화에 따라 변화했다. 바다 이름은 종종 정치적인 변화와 연관이 있다. 새로운 국경선의 형성, 국가 간의 갈등, 식민지 세력의 변화 등은 바다 이름에 영향을 미쳤다. 지리학의 발전과 세계지도의 수정은 바다 이름에도 변화를 가져왔다. 새로운 발견된 항로나 섬들은 새로운 지리적 개념이나 명칭을 가져왔다.

국가 간에 교류가 거의 없던 중세까지 동서양을 막론하고 대개 타국의 먼 바다엔 특별한 이름이 없었다. 주로 연근해엔 동서남북의 방위나

---

52) https://unstats.un.org/unsd/geoinfo/ungegn/docs/_data_icacourses/_HtmlModules/_Documents/D03/Documents/D03-02_Ormeling.pdf
53) 刘信君, "中国历史文献中有关日本海(鯨海)名称考辨", 社会科学辑刊 2012(4), pp.27-45.

지역명과 민족명을 붙인 이름을 붙였다.

15세기~17세기 대항해시대[54] 이후 서양 각국에서는 동양의 바다에 구체적 목적지를 알 수 있는 나라 이름과 지역 이름 또는 탐험가의 이름을 붙여 인도양·한국해·중국해·일본해·필리핀해·타타르해·라페루즈 해협 등으로 부르기 시작했다.[55] 동서남북의 방위 이름을 붙이면 어느 바다인가를 특정할 수 없기 때문이었다.

**<동·서·남 한국해, 동일본해, 동중국해
각국의 바다 이름 변화 일람표>**

해역	시대	한국	일본	중국	유럽 미국
동한국해	15세기 이전	경해	北海	鯨海	-
	16~17세기	경해	북해	경해	동양해 중국해
	18세기 전반	경해	북해	경해	한국해
	18세기 후반	경해	조선해 북해	경해	한국해 한국만
	19세기 전반	경해	조선해 북해	경해	한국만 일본해
	1850~1910년	경해 대한해	일본서해	경해	일본해 한국만
	1910~1945년	동해	일본해	경해	일본해
	현대	동해	일본해	일본해	일본해
서한국해	20세기 이전	황해	황해	흑수양	황해
	현대	서해	황해	황해	황해

---

54) 대항해시대를 가능케 한 중요한 기술적 발전은 나침반의 채택과 선박 설계의 발전이었다. 나침판은 신라에서 비롯되었으며 해상을 통한 무역이 발달한 신라의 발명품으로 알려져 있다. 이를 11세기부터 중국에서 나침반을 항해에 이용하기 시작했고, 인도양의 아랍인 교역상들도 사용했다. 나침반이 유럽으로 전래된 것은 12세기 말에서 13세기 초였다.Needham, Joseph (1986). The Shorter Science and Civilisation in China, Volume 3. Cambridge University Press. p.176.

55) https://link.springer.com/referenceworkentry/Origin of Sea Names

남 한국해	20세기 이전	조선해협	조선해협	조선해협	한국해협
	현대	남해	대마해협	한국해협	한국해협
동 일본해	20세기 이전	동대양	일본동해	동대양	동대양 태평양
	현대	태평양	동해 태평양	태평양	태평양
동 중국해	20세기 이전	남해,동해	동해,동지나해	동해	청해, 동중국해
	현대	동중국해	동지나해	동해	동중국해

가장 먼저 명확히 해두어야 할 사실은 한국과 일본 사이의 바다 이름에 관한 분쟁은 양측이 국내에서 사용하는 명칭에 관한 것이 아니라, 국제적으로 통용되는 표준 명칭에 관한 것이라는 점이다.

옛 일본은 동한국해를 북해로, 동일본해를 동해로 불렀다

한국은 19세기 말까지 한일간의 바다를 경해鯨海 즉 고래바다로 불렀다. 일본은 19세기 중반까지 한일간의 바다(혼슈 서부해역)를 북해北海, 혼슈 동부해역(태평양)을 동해東海, 큐슈 서부해역을 서해西海, 시코쿠 남부해역을 남해南海로 불렀다.

『일본서기日本書紀』 6권에는 3세기 말 수진천황 2년에, 한반도에서 온 도노가 아라사 등이 현재의 시마네현의 해로를 헤매었고 쓰루가에 이르렀다는 기록이 있다.[56]

『일본서기』 720권에는 '금재해북도중今在海北道中'이라는 글귀가 있는데 이는 북해로 오늘날 한일간의 바다를 가리킨다.

---

56) 『日本書紀』卷第6, 垂仁天皇2年是歲条. 尾島憲之·直木孝次郎·西宮一民·蔵中進·毛利正守『日本書紀』1 (新編日本古典文学全集2), 小学館, 1994, pp.300-302.

『출운풍토기出雲風土記』에는 시마네 아키카 분봉 이즈모 신몬 등 서일본해 연안 5개 군의 해산물을 가리키면서 각각 북해北海 특산이라고 기록하고 있다.[57]

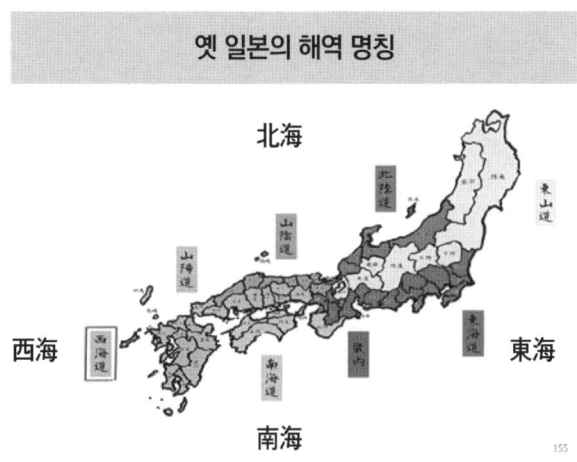

1667년 사이토 간스케의 〈은주시청합기隱州視聽合記〉에는 '오키(隱岐)섬은 북해 가운데 있다.'라는 문구가 있다.

일본에서 북해가 표기된 주요 고지도는 1842년 이케다 토리의 〈월후국세견회도越後國細見繪圖〉, 1849년 마쓰우라 다케시로의 〈하이국연역도蝦夷國沿革圖〉 등이 있다.

일본에서 북해는 혼슈 서쪽 바다를 가리키는 용어로서 20세기 초까지 일본인들의 마음속에 살아 있다.[58]

---

57) 瀧音能之,『古代出雲を知る事典』, 東京堂, 2010, pp.52-64.
58) 심정보, "일본고지도에 표기된 동해 해역의 지명", 한국고지도연구 5(2), 2013, pp.20-21.

II. 경해 vs 동해

 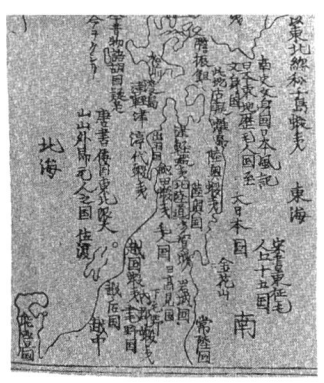

▲ 北海(혼슈 서쪽 바다) 월후국세견도(1842년) 〈월후국세견회도〉에서 월후국은 율령제에 근거하여 설치된 지방행정 현재의 니가타현에 해당한다. 니가타현의 사도(左渡)섬 남쪽에 북해로 표기되어 있다.

▲ 北海(혼슈 서쪽 바다), 東海(혼슈 동쪽 바다) 하이국연혁도(1894년) 이 지도에서 알 수 있듯 20세기 이전까지 일본인은 대개 동일본해를 '동해'로, 동한국해를 '북해'로 지칭했다.

동해, 서해, 남해는 바다 이름이 아니라, 육지 지명이다.

먼 옛날 동북아 바다엔 이름이 없었다. 해海가 붙은 지명地名은 문자 그대로 바다 海명이 아니라 땅 地명이었다.

『설문해자』와 『강희자전』에서 海의 뜻을 찾아보면 놀랍게도 바다보다도 해양에 인접한 육지 부분과 경계를 가리키고 있다. 海는 바다의 의미보다 호수와 국경의 의미로 더 많이 쓰여왔다.[59]

한국의 동쪽 바닷가에 동해시가 있고 남쪽 바닷가에 남해군이 있다. 중국의 동쪽 바닷가에 동해東海현이 있고 남쪽 바닷가에 남해南海구가 있고 베트남의 북쪽 바다에 북해시[60]가 있다.

---

59) lake, border, sea;ocean large vessel many;very big 海字的汉语字典释义 康熙字典(汉)许慎撰 , (清)段玉裁注《说文解字》注 . 郑州 . 中州古籍出版社 . 2006 p.545.

60) https://baike.baidu.com/item

일본의 동쪽 바다(태평양 쪽) 연안에 동해시가 있고 일본의 큐슈 서쪽 바다 연안에 서해시가 있고 북쪽 바다엔 북해도가 있다.[61]

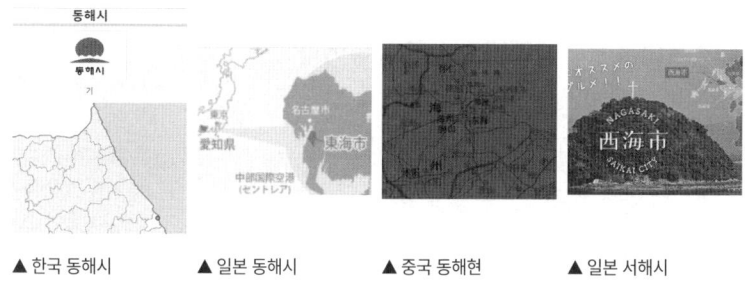

▲ 한국 동해시   ▲ 일본 동해시   ▲ 중국 동해현   ▲ 일본 서해시

▲ 동해, 서해, 남해는 바다 이름이 아니라 육지 지명이다.
* 동해는 강원도 양주의 동쪽에 있고, 남해는 전라도 나주의 남쪽에 있고, 서해는 황해도 풍천의 서쪽에 있다. -『동국여지승람』의〈팔도총도〉 발문
* 동해는 강원도 양양군, 남해는 전라남도 나주군, 서해는 황해도 풍천군, 북해는 함경북도 경성군으로 봉한다. -『고종실록』

---

61) https://www.city.tokai.aichi.jp/
https://www.city.saikai.nagasaki.jp/index.html

II. 경해 vs 동해

2. 삼한 시대부터 조선 말까지 고래바다

치술령 마루에서 고래바다는 끝이 없어라

치술령 마루에서 일본을 바라보니
하늘에 닿은 고래바다(鯨海)는 끝이 없어라
고운 님이 떠나실 때 손 흔들고 가셨으나
살아 있는지 죽었는지 소식이 없어요
소식이 끊어진 뒤 오랜 이별의 시간이여
생사간에 어찌 다시 만날 날이 있으리오만
하늘에 울부짖다 무창의 돌처럼 망부석 되오니
열애의 기운은 천 년 푸른 하늘에 뻗치어라[62]
- 『여지도서 20집』, 경상도 경주읍지 4

이 시는 김종직(金宗直; 1431~1492)이 일본으로 건너가서 돌아오지 못한 신라 눌지왕의 충신 박제상을 그리는 시이다. 이 시의 무대가 된 치술령鵄述嶺

▲ 여지도서輿地圖書 20집

은 경상북도 경주시 외동읍과 울산광역시 울주군 두동면의 경계에 있는 765.4m의 산이다. 경해(고래바다)가 내려다보이고 날씨가 좋으면 일본 이키섬이 보일 정도로 전망이 좋다. 치술령 꼭대기에는 박제상의 아내가 고래바다를 바라보며 남편을 기다리다 바위가 되었다는 망부석과 신

---

[62] 鵄述嶺頭望日本粘天鯨海無涯岸良人去時但搖手生歟死歟音耗斷長別離死生寧有相見時呼天便化武昌石烈氣千載干空碧

모사(神母祠)·기우단 등이 있다.[63] 그런데 한국 국사편찬위원회나 고전번역연구원을 비롯한 국내의 거의 모든 온오프라인 텍스트는 서로 약속이나 한 듯 경해鯨海를 '큰 바다', '동해 바다', '푸른 바다' 등으로 오역하고 있다.[64] 참으로 알 수 없는 노릇이다.

삼한 시대~고려 시대

묘묘마한지 구구경해빈 渺渺馬韓地, 區區鯨海濱 – 태조실록 1397년(태조6년) 3월 8일

"작다란 마한[馬朝] 땅이, 구구하게 고래 노는 바닷가에 있었소" -한국 국사편찬위원회 국역[65]

한국 국사편찬위원회는 원문의 끝없이 넓은 묘渺를 '작다란'으로, 곳곳마다 구구區區를 '구구하게'로, 고래바다 경해鯨海를 '고래 노는 바다'로 오역하고 있다.

더구나 중국 정사 기록에 따르면 마한은 사방이 4천여 리이며 동한국해에 닿을 정도로 넓었다.

마한은 사방이 4천여 리이며 바다에 닿을 정도로 넓었다. 마한이 한족韓族

---

63) 이유수, 『울산지명사』, 울산문화원, 1986, pp.45-46.
64) 한국고전번역원 한국고전종합DB https://db.itkc.or.kr/dir/ https://hanyu.baidu.com/zici/한겨레신문 1966년 6월 11일 15면
65) https://sillok.history.go.kr/id/kaa_10603008_001

중에서 가장 강대하여 그 종족들이 함께 왕을 세워 진왕辰王으로 삼아 목지국(目支國)에 도읍하여 삼한 지역의 왕으로 군림하는데, 삼한의 왕의 선대는 모두 마한 종족의 사람이다. -『한서漢書』동이열전[66]

따라서 아래와 같이 번역해야 마땅하다.

아득하게 넓은 마한 땅이 곳곳마다 고래바다에 닿았다.

고래바다는 최치원의 황금 구슬에도 출렁였다.

몸을 돌리고 팔 휘두르며 금구슬을 희롱하니(廻身掉臂弄金丸),
달이 구르고 별이 흐르는 듯 눈에 가득 신기롭다(月轉星浮滿眼看).
좋은 동료 있다 한들 이보다 더 좋으리(縱有宜僚那勝此).
*경해(한국해) 파도가 잠잠한 걸 이제 알겠구나(定知鯨海息波瀾) -『삼국사기』제32권 향악 금환(金丸).[67]

신라시대 한국해(동해)명칭: 고래바다
(경해鯨海)
[삼국사기] 32권 향악 금환 -최치원

최치원이 지은 향악잡영 다섯 수 중의 하나로서, 금빛 구슬을 가지고

---

[66] 地合方四千餘里, 東西以海爲限, 皆古之辰國也. 馬韓最大, 共立其種爲辰王, 都目支國 盡王三韓之地. 其諸國王先皆是馬韓種人焉.
[67] 국사편찬위원회는 "넓은 세상 태평한 줄 이제 알겠구나"로 해석하며 경해를 '넓은 세상'으로 오역하고 있다.

노는 일종의 곡예를 묘사한 것이다. 고래바다 즉 동한국해는 신라인 최치원의 황금빛 구슬 속에서도 출렁였다.

고려의 영토는 고래바다 해안을 끼고 있다

송에서 왕을 책봉하면서 조서에 이르기를,

"왕이 된 사람은 사해(四海)를 열어 한 집안으로 삼고 육합을 하나로 하여 널리 가지는 법이다. 문교를 법으로 삼고 무위를 떨치는 것은 국가의 기초를 단단히 하는 것이며, 만국을 세우고 제후를 친밀히 하는 것은 모두 빛나는 전례를 좇는 일이다. 그대는 삼한(三韓)의 옛 영역과 백제(百濟)가 남긴 봉토를 차지하였고, 땅은 경진(鯨津;동한국해 해안)을 끼고 있다."[68]

-『고려사』983년(성종 2년) 5월 7일

고래바다를 건너가서 왜구를 소탕한 고려 장군

창왕이 대마도를 정벌한 박위에 교서를 내려 칭찬하며 이르기를,

"우리 조정이 태평한 날들이 오래 지나다 보니 무비가 점차 해이해져서 방자하게도 왜구가 들어와 약탈을 자행한 것이 지금까지 40년이 되어간다. 우리 3면의 변방이 소란스러웠으나 국가에서는 오직 방어에만 힘써서 장수들이 적극적인 정벌에 나서는 것을 주저했지만, 경은 마음에 분노를 떨치고 의(義)를 내세우며 나아갔다. 예측할 수 없는 고래바다 파도(鯨波)를 건너가서 오랜 세월 버텨온 소굴을 뒤엎어버리고 집과 배도 모두 불태웠으며 포로로 끌려가

---

68) 詔曰 "王者, 闢四海以爲家, 一六合而光宅. 揆文敎而奮武衛, 式固鴻基, 立萬國而親諸侯, 咸遵茂典. 其有三韓舊域, 百濟遺封, 地控鯨津, 誠尊象闕. 屬英王之捐館, 位固難虛, 聞令季以撫封.

있던 인민들을 고향 마을로 돌려보낼 수 있었으니, 족히 국가의 치욕을 씻고 신민의 원수를 갚을 수 있었다."-『고려사』1389년 제116권 박위[69] 열전

조선 시대 고래바다

성종, 왜국이 이웃 나라라 할지라도 경해가 험하고 멀다

왜구가 창궐이 심해지자 성종께서 '이 길은 다시 갈 수 없다. 비록 왜국이 이웃 나라라 할지라도 고래바다(鯨海)가 험하며 멀고 우리나라 사람은 물길에 익숙하지 않으므로, 한 번 온다고 한 번 갈 수는 없는 형세이다.' 하셨습니다. 더구나 왜국은 기강과 법도가 없고 성질도 가볍고 급하여 기뻐하고 노하는 것이 알맞지 않습니다. - 1532년 (중종 32년) 1월 13일

명종, 일본국왕의 사신에게 고래바다 파도 만리

왕이 근정전에 나아가 일본 국왕의 사신에게 연회를 베풀고 사신을 통하여 이렇게 일렀다.

"너희 나라는 우리 선조 때부터 대대로 돈독히 문안 인사해 왔었다. 이제 또 너희 신왕이 우호를 계속하는 예를 부지런히 하니, 과인은 감개스러움을 이기지 못하겠다. 너희들이 명을 받들고 고래바다의 파도鯨波를 헤치며 왔고 또 여관에서 병을 앓고 있으니 거처가 편치 못할 것으로 여겨진다. 나 역시 마음이 쓰여 물건을 차등있게 내린다." - 1552년(명종 7년) 9월 27일

---

[69] 박위 : 1389년 경상도 도순문사(都巡問使)가 되어 전함 100척을 인솔하고 대마도를 쳐서 왜선 300척을 불태워 크게 이기고 돌아왔다. https://ko.wikipedia.org/wiki/%EB%B0%95%EC%9C%84

임진왜란 5년 전 선조에게 올린 상소문에 고래바다
전 교수 조헌이 소장을 올려 왜국에 사신을 보내지 말기를 청하다

우리 동한(東韓)의 군사까지 아울러 몰아다가 산 같은 파도가 이는 경해(鯨海)에 던져넣어서 해골조차 수습할 수 없고 혼도 돌아갈 데가 없게 만들었다. – 1587년(선조 20년) 12월 1일

임진왜란 당시 선조, 고래바다가 고요하지 못하다.

특히 고래바다(鯨海)가 고요하지 못하여 임금께서 염려하시는데 – 1596년 (선조 29년) 6월 8일

일본으로 납치된 강항, 신은 만리 고래바다 밖에 있고

신은 만리 고래바다(鯨海) 밖에 있고 전하께서는 구중궁궐 위에 계시니, 혹 이 왜노(倭奴)의 실정을 통촉하지 못하시는 면이 있을 것입니다. – 1599년(선조 32년)[70]

김옥균, 고래바다를 건너 일본으로 도주

김옥균이 갑신정변을 일으킨 후 고래바다를 건너 일본으로 도주 역적의 부류와 내통해서 은근히 나라를 팔아먹는 짓을 일삼았다. – 1887년(고종 24년)

조선시대 외교문서 『춘관지』[71]에도 고래바다 파도만리

파도가 만리이나 시기를 잃지 않고 예를 갖추고 안부를 묻고 지금 또 폐기

---

70) 萬里鯨海之外, 九重獸闥之上, 或未洞燭此奴情狀. "고래바다에 하늘의 위력이 움직이니, 벌떼 같은 놈들은 달무리처럼 포위되었네." 강항은 뒤에 섬나라에 잡혀갔다가 돌아와 『간양록』을 썼다.

71) 宣言玉均輩之生擒, 出沒鯨海, 反通賊類, 陰事賣國。

했던 예절을 다시 다지는 등 옛날의 좋았던 관계를 더욱 공고히 하게 되었으니, 실로 만세의 복이다.[72]

노량의 승전은 고래바다의 파도(일본의 침략)를 그치게 했다.

"경해식랑鯨海息浪(고래바다 파도를 그치게 하라)" 임진왜란 이후 역대 조선 군주들이 경상우도수군절제사와 3도수군통제사를 제수시 내린 교서 중 필수 4글자이다.

1783년(정조 7년) 2월 19일 정조대왕, 삼도수군통제사를 제수하며 내린 교서 중 "노량지전 경해식랑. 露梁之戰, 鯨海息浪"라는 문구가 있는데 이는 이순신 장군의 노량해전의 승전은 고래바다의 파도 즉 일본의 침략을 그치게 했다는 뜻이다.

일왕이 조선왕에게 조공을 바칠 때마다 경파만리

조선 태종에게 일본 국왕이 조공을 바치며 고래바다 파도만리

일본 국왕이 사신을 보내 상왕(태종)에게 서계를 올리고 토산물을 바치니, 객청에서 접대하게 했다. 그 서계에 이르기를, "우리나라와 귀국은 바다를 격한 가장 가까운 나라이나, 경해의 파도가 험한 데가 많아서 때때로 소식을 잇지 못하니, 게으른 것이 아닙니다." - 세종실록 1419년(세종 1년) 12월 17일[73]

---

72) 〈春官志〉國書及倭答書 鯨波萬里, 聘問以時, 今又廢禮重修, 舊好益堅, 實萬世之福也. 조선 시대 외교의 사례 및 조선 시대 예조의 관장 사항에 대한 준거가 되는 법례를 정리한 책으로, 1744년(영조 20) 왕명에 따라 예조좌랑 이맹휴(李孟休)가 편찬하였다.

73) 邦與貴朝, 於隔海之國最近, 然而鯨波多險, 不時嗣音, 非懈也.

『조선왕조실록』은 일본 최고 권력자 정이대장군(쇼군)을 일본왕으로 기록하고 있다. 조선 태종에게 조공을 받친 일본 쇼군은 원의지(源義持; 아시카가 요시모치 무로마치 막부의 제4대 쇼군이다. 이하 세종대왕과 세조에게 조공을 바친 일본 국왕도 일본 막부 최고 권력자 정이대장군 이다.

『조선왕조실록』에는 일본의 다이묘들과 무로마치 막부의 쇼군들인 아시카가 요시미츠와 아시카가 요시마사가 조선에 조공한 내역과 함께 조선에 보낸 서한의 내용들이 상세히 기록되어 있다. 이 다이묘들과 막부의 쇼군들은 조공서한에서 조선을 상국(上國) 또는 대방(大邦)이라 높여 칭했고 자신을 누방(陋邦)이라 낮추어 칭했다.[74)]

세종대왕에게 일본 국왕이 조공을 바치며 경파만리

세종대왕에게 일본 사신이 일본 국왕의 국서를 바치는 글

"태상 황후께서 지난해에 세상을 떠나셨다는 말은 들었으나, 두 나라 중간에 고래바다의 파도(鯨波)가 만리나 되어서 그 당시에 서로 위문하지 못하고 그럭저럭 밀어서 지금에 이르렀습니다." - 1448년 세종 30년 4월 27일.[75)]

조선 세조에게 일본 국왕이 감독을 청하며 고래바다

세조에게 일본 국왕이 양국 상인 간의 거래에 대해 시정과 감독을 청하는 글을 보내다

대체로 생명을 한 조각의 판목에 의지하여 헤아리기 어려운 고래바다 파도

---

74) 김영진, "전통 동아시아 국제질서 개념으로서 조공체제에 대한 비판적 고찰", 정치외교사학회(38), 2016, pp. 252~253.
75) 竊承太上皇后, 前年厭世, 兩國中間, 鯨波萬里, 不能當時相恤, 因循至今,

(鯨波)를 넘어서 일부러 오는 까닭이 어찌 다른 것이 있겠습니까? 이익을 얻는 것뿐입니다. 비루하게 말하면서 꺼릴 줄을 모른 것은 어리석은 충정을 바치려는 데 있으니, 함부로 모독한 죄를 너그러이 용서하여 주소서. - 1457년 세조 3년 6월 10일 [76]

옛 선인들의 고래바다

고려 말을 대표하는 문인 목은 이색(1328~1396)이 "범이 울어 바람 일으키고 고래가 바다 가로지른다"라고 읊고, 조선 전기에 일본을 다녀온 송희경(1376~1446)이 후쿠오카의 하코자키에서 유숙을 할 때도 서쪽 큰 바다를 보며 "해와 달이 고래바다에 드리워 있구나" 했다.

이행(1478-1534)이 동래현을 설명하며 쓴 글 『용재집』에도, '교룡이 뿜는 안개가 낮은 땅을 휘감고 고래바다가 위에 뜬 하늘을 박찬다.' 했다.

권필(1569~1612)이 바다를 노래하며 "고래바다 아득하게 허공에 닿았다" 했고, 이정구(1564~1635)가 경상감사인 윤가회에게 보낸 시에도 "고래바다의 파도가 잔잔해져 배도 잘 다니리"라고 했다. 이때 윤가회는 경상도에 군영을 설치하는 책임자였다.

광해군 때 시를 잘 지어 송도삼절로 불리던 차천로(1556~1615)는 "해산정(海山亭)" 시에서 금강산 앞 바닷가에 서니 "동쪽으로 삼천리 고래바다를 굽어보고, 서로는 금강산 일만 봉이 떠 있다" 했으며 중국 친구가 왔을 때도 고래바다를 보여주었다고 했다.

채제공(1720~1799)은 경상좌도 병마절도사인 노계정의 묘갈명에

---

76) 凡托生命於一板, 淩不測之鯨波得來者, 豈有他哉? 唯利是得也.

"고래바다를 편안하게 했다" 썼다.[77]

경해 경파 경진

경해鯨海는 동한국해 바다 전체를, 경파鯨波는 한일관계를, 경진鯨津은 동한국해 해안을 의미할 때 사용되었다.[78]

경해 46회: 『삼국사기』 2회, 『고려사』 1회, 『조선왕조실록』 14회, 『승정원일기』 26회, 중국 사서 8회, 금석문 3회

경파 100회: 『조선왕조실록』 31회, 『승정원일기』 47회, 중국 사서 10회, 조선 시대 법령 사료 6회, 일본 사서 2회, 금석문 4회

경진 15회: 『고려사』 4회, 『삼국사기』 1회, 중국 정사 3회, 금석문 7회

---

77) 이색, 『목은시고』 제5권 虓虎風生鯨海橫, 채제공, 『번암집』 제50권, 鯨海晏如, 차천로, 『오산집』 제2권, 東臨鯨海三千里, 西把金剛一萬重, 『용재집』 제5권, 적거록 蜒煙籠地墊, 鯨海蹴天浮, 권필, 『석주집』 제 7권, 鯨海茫茫逈接空, 이정구, 『월사집』 제16권, 鯨海波恬不碍舟, 송희경, 『일본행록』 3월, 日月垂鯨海

78) https://db.history.go.kr/

3. 중국은 지금도
경해(鯨海)로 부르고 있다

중국은 10세기경부터 고래바다로 불렀다.

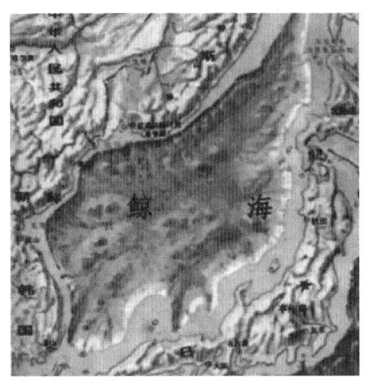
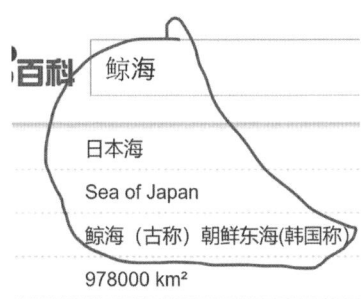

▲ 중국에서는 지금도 경해(고래바다)로 칭하고 있다. 중국 대표 포털 바이두 백과 스캔

"경해를 조각배로 건너갔는데 안개 바람은 헛된 미소로구나."

현재 중국 해군은 중국 해군의 날(4. 24)에 북송(北宋)말 대신 이강(李纲, 1083~1140년)의 시구를 인용한 군가를 부른다.[79]

여기서 '경해鯨海' 고래바다는 동한국해를 가리킨다.

천성적으로 실용, 실리를 중시하는 중원족이 주체가 되어 세운 송

---

79) 鯨海扁舟过 , 烟岚一笑空 刘迎胜, 鯨川与鯨海小考:古代东亚图籍中的日本海──韩日有关日本海/东海名称争议的中国视角. 元史及民族与边疆研究集刊. 2016(2) p.21.

(宋)나라부터 고래바다로 불렀던 이유는 동한국해가 물 반 고래 반일 정도로 고래가 많았기 때문이다.

정안국의 판도는 마한(서만주)와 경해(동한국해) 사이

송 황제가 발해 유민이자 정안국왕 오현명을 위로하는 조서
그대는 마한의 땅과 경해(고래바다)의 사이의 군주로서

-『송사』외국열전

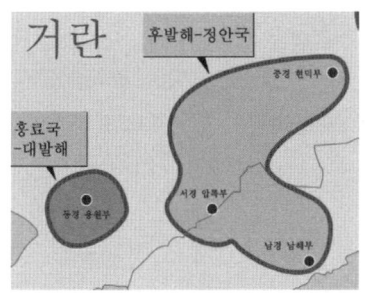

▲ 정안국의 판도, 마한의 땅(서만주)과 경해(동한국해) 사이에 있다.

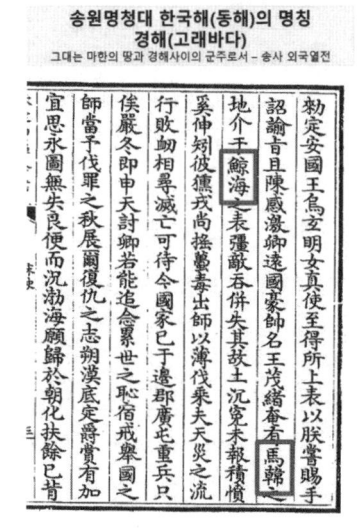

▲ 송사 외국열전

송나라 이전 중국에서는 동한국해를 대해大海로 불렀다.
당나라 백과전서『당해요唐會要』는 다음과 같이 기록하고 있다.

흑수黑水(흑룡강)의 경계는 남쪽으로 발해국, 북쪽으로 소해小海, 동쪽으로 대해大海, 서쪽으로 서해西海, 남북으로 약 2천 리다.

Ⅱ. 경해 vs 동해

여기서 '대해'는 현재의 동한국해를 말하고, '소해'는 현재의 오오츠크해를, '서해'는 발해渤海를 가리킨다.

거란족이 세운 요遙나라는 요해遼海라고 했고 여진족이 세운 금金나라는 이 해역에서 활발히 활동했기에 '금해金海'로도 불렸다.[80]

몽골족 주체의 원나라는 '경해鯨海'라고 불렸고 명나라와 청나라는 원대의 명칭을 그대로 이어받았다.[81]

▲ 경해(鯨海)
송宋(960-1270).

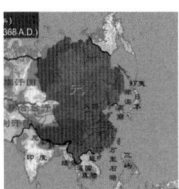
▲ 경해(鯨海)
원元(1271-1368).

▲ 경해(鯨海)
명明(1368-1644).

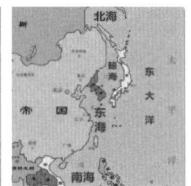
▲ 경해(鯨海)
청淸(1644-1911).

고래바다 건너편의 왜구를 주살하라
이여송 10만 원병 파병 직후 명 만력제가 선조에게 내리는 위로의 조칙

그대 나라는 대대로 의관 문물이 융성하여 낙토(樂土)라고 불리어졌다. 그런데 요즈음 듣건대 왜노가 창궐하여 대거 침입해서 왕성(王城)을 함락시키고 평양을 점거하여 생민들은 도탄에 빠져 원근이 소란하며 국왕은 서쪽의 바닷가로 피신하여 초야에 있다고 하니, 그렇게 결딴난 모습을 생각하면 짐(朕)의 마음이 서글퍼진다. 짐이 지금 문무 대신 2원에게 명하여 요양(遼陽)의 정병 10만 명을 통솔하고 가서 도와 적을 토벌하도록 했다. 기필코 귀국의 병마와 함께 전후에서 협공하여 흉적을 모조리 죽여 한 놈도 남기지 말도록 해야

---
80) https://www.zdic.net/hant/%E9%81%BC%E6%B5%B7
81) 古时候的人为什么称日本海为鲸海？是因为轮廓像鲸鱼吗
https://baijiahao.baidu.com/s?id=1590832593787447060&wfr=spider&for=pc

할 것이다. 짐이 하늘의 명명을 받아 화이의 군주가 되어 지금 만국이 모두 편안하고 사해가 안정되어 있는데 어리석은 소추(小醜 왜적)가 감히 횡행하므로 다시 동남변해의 여러 진에 조칙을 내리고 아울러 유구·섬라 등의 나라에 선유하여 군사 10만 명을 모집해서 동쪽으로 일본을 정벌하여 고래바다 건너편에 사는 암수컷들을 주살하고 경해의 파도를 안정시키게 했다(東征日本, 務令鯨鯢授首, 海波晏然). 그렇게 되면 작위를 주고 포상하는 성대한 전례를 짐이 어찌 아끼겠는가. – 1592년(선조 25년) 음력 9월 1일

명 황제가 광해에 보낸 서신에도 고래바다

군사의 사기가 떨치지 못하고 오랑캐들은 배나 악독해져 험난한 압록강도 겁내지 않고 경해(鯨海)를 뒤집으려고 들었다. – 1620년(광해 12년)

경해(鯨海)와 고려해(高麗海)로 불리는 시대가 일본해로 불리는 시대보다 몇 세기 앞섰다.

경해(鯨海)와 고려해(高麗海)로 불리는 시대가 일본해로 불리는 시대보다 몇 세기 앞섰다. 19세기부터 유럽 출판 지도엔 갈수록 일본해 명칭이 많아지는 대신 고려해의 표기는 줄어들었다.[82] 일본은 1910년부터 1945년까지 한반도를 식민지로 삼았다. 이 기간 동안 '일본해'라는 이름은 국제적으로 널리 채택되었다.[83]

현대 중국학계는 '일본해'를 역사와 실제에 걸맞는 '경해'로 원상회

---

82) 安虎森, "鯨川与鯨海小考:古代东亚图籍中的日本海" 东北师大学报 (哲学社会科学版) 1996(8) p.39.
83) https://www.163.com/dy/article/E6P34NCC0519CSGF.html 日本海并非是"日本的海", 日本海是公海, 中国古代称为鯨海

II. 경해 vs 동해

복하여 자국의 동해(동중국해)와의 충돌을 회피하는 것이 마땅하다고 주장하고 있다.[84]

▲ 경해(鯨海) 21세기 현대 중국의 각종 자료에는 한일간의 바다를 경해로 표기하고 있다.-『경해지도집(鯨海地圖集)』

▲ 동해(東海) 중국은 기원전 16세기부터 현재까지 동중국해를 동해로 칭한다.-『동해지도집(東海地圖集)』

---

84) 刘信君. "中国历史文献中有关日本海(鲸海)名称考辨" 社会科学辑刊 2012(4), pp.83-84.

4. 동해는 지구상에 무수히 많다

동해(東海, East Sea), 보통명사로서의 동해는 동쪽에 있는 바다라는 뜻으로 지구상에 무수히 많다. 고유명사로서의 동해 또한 여러 군데다. 동아시아에서만도 한국, 중국, 일본, 베트남 4개국에 있다. 동해의 명칭이 여러 언어에서 명칭 충돌(name collisions)이 일어나고 있는 것은 부인할 수 없다.

또한 보통명사이든 고유명사이든 동해는 국제사회에서 명확한 식별이 어려운 치명적 단점이 있다.

즉, 한국이 주장해온 '동해' 명칭은 국제수로기구(IHO)가 발간한 『대양과 바다의 경계』의 해도집 50호 영역인 동중국해에 '東海'(Tung Hai)로 등록되어 오래전부터 사용되고 있는 것이다. 같은 뜻을 가진 명칭의 중복 등록은 혼란을 야기하므로 국제수로기구의 지도 제작의 목적에 위배된다.

국제수로기구 해도집 등 국제적으로 통용되는 바다 이름은 대다수 국명과 지명이 붙은 바다가 대부분이고 동서남북 방위만 붙은 바다 이름은 유럽 대륙의 북쪽 바다 '북해'(North Sea)가 유일무이하다.[85]

독일과 스웨덴, 덴마크에서는 발트해를 "동해"(독일어: Ostsee, 스웨덴어: Östersjön, 덴마크어: Østersøen)로 부른다. 베트남에서는 남중국해를 "동해"(베트남어: Biển Đông, East Sea)라고 부른다. 'East Sea'는 공식적으로 베트남 정부에 의해 영문 간행물에서 표기되어 있

---

85) Irish Sea, Japan Sea, Norwegian Sea, Philippine Sea, English Channel, Gulf of Mexico, Gulf of Oman, Gulf of Iran (Persian Gulf), Inner Seas off the West Coast of Scotland, Indian Ocean, Mozambique Channel, Singapore Strait, Gulf of Thailand (Siam), South China Sea (Nan Hai), Eastern China Sea (Tung Hai), Philippine Sea, Great Australian Bight, Gulf of Finland.

다. 예나 지금이나 중국은 자국의 동쪽 바다 즉 동중국해를 東海(동하이)로 쓰고 부른다. 중국 외교부는 영문 간행물에서 동중국해를 'East Sea'로 표기한다. 일본 자체 내에서도 동해(東海, Tōkai)라는 용어는 혼슈 동쪽에 있는 태평양 부분을 가리키는 데 사용되어 왔다.[86]

인도양도 16세기까지 서양사람들은 동해 Oceanus Orientalis라 했다.[87]

어디 그뿐인가? 구약 성경에서도 이스라엘 동쪽의 소금 호수인 사해를 '동해'라고 한다.

메마르고 적막한 땅으로 쫓아내리니 그 전군은 동해로(요엘 2장 20절) 요단 강이니 북편 경계에서부터 동해까지 척량하라(에스겔 47:18).

▲ 독일, 스웨덴, 덴마크 동해 Östersjön

오랜 옛날부터 동해는 중국의 동중국해의 약칭으로 고유명사화되었고 일본의 태평양 연안과 일본의 별칭으로도 고유명사가 된 상태다.

따라서 동해가 우리나라만의 고유명칭이라는 주장은 부족국가 시대 우물안 개구리식의 사고방식을 넘어 해가 대한민국에서만 동쪽에서 뜬다고 주장하는 것과 같은 어처구니 없이 심각한 인식의 오류다.

---

86) 메이지 유신 직후 제작된 일본의 세계 지도는 태평양을 동해로, 한국해를 일본 서해로 표기했다.

87) https://www.etymonline.com/word/Indian%20Ocean

5. 『삼국사기』의 동해는 어디인가?

외교부 홈페이지 '동해' 표기의 역사적 배경

'동해'(East Sea) 표기의 정당성

- '동해' 표기의 역사적 배경
  - '동해'는 한국인이 2,000년 이상 사용해 오고 있는 명칭으로, "삼국사기(三國史記)" 동명왕편, 광개토대왕릉비, "팔도총도(八道總圖)", "아국총도(我國總圖)"를 비롯한 다양한 사료와 고지도에서 이같은 사실을 확인할 수 있습니다.

삼국사기의 고구려 시조 동명왕 기사 (약 B.C. 59년 발생한 사건 기술)   광개토대왕릉비문 (414)

▲ 외교부 홈페이지. 외교정책 해양 영토 이슈 동해 명칭
https://www.mofa.go.kr/www/wpge/m_3838/contents.do 스캔

'동해'는 한국인이 2,000년 이상 사용해 오고 있는 명칭으로, "『삼국사기』(三國史記)" 동명왕편, 광개토대왕릉비, "팔도총도(八道總圖)", "아국총도(我國總圖)"를 비롯한 다양한 사료와 고지도에서 이 같은 사실을 확인할 수 있다.

한국 학술계와 언론계는 외교부의 홈페이지 내용을 아무런 검증 과정 없이 그대로 쓰면서 공식 확인 입증되었다고 단언하고 있다.

『삼국사기』에서 '동해(東海)'가 언급된 '동명왕편' 내 기사는 기원전 59년에 해당하는 시기이며, 고구려의 광개토대왕릉비는 414년에 조성된 것으로

공식 확인된 것이므로 '동해'는 2,000년간 사용된 것으로 입증되었다고 판단할 수 있다.[88]

'동해'라는 명칭이 『삼국사기』고구려 시조 동명성왕(東明聖王)에 대한 언급에서 나오고 그것이 B.C. 59년에 해당된다는 것은 널리 알려진 사실이다. 『삼국사기』에는 도합 15번 동해가 언급된다고 한다. 그러니 '동해' 명칭은 한민족의 역사와 함께하는 명칭이다. 동해에 대한 가장 큰 오해는 '방향을 기초로 한 명칭이기 때문에 너무 흔하고 일반적이어서 고유명칭으로 적합하지 않다'는 것이다.[89]

과연 그럴까?

우선 외교부를 비롯 국립해양조사원 국토지리정보원 동북아역사재단 홈페이지가 수십 년 동안 게시해놓고 있는 기원전 59년은 고구려의 건국 연도가 아니라 신라의 건국 연도이다.
 주몽이 고구려를 건국한 해는 기원전 59년이 아니라 <u>기원전 37년</u>이다.[90] 조속 시정하기 바란다.

* **기원전 37년(동명성왕 원년) 주몽이 고구려를 건국하다**
일전에 하늘이 저에게 내려와 말하기를, '장차 내 자손에게 이곳에 나라를

---

88) 김종근, 동해표기문제에 대한 한일 양국의 입장 및 논쟁점 분석, 문화역사지리 제32권 2020, p.44.
89) 서정철, 동해/일본해 관련 모든 명칭의 배경과 그 지명학적 지위, 월간조선 2013년 1월호.
90) 『삼국사기』 제13권 고구려본기 동명성왕 원년

세우게 할 것이다. 너희는 그곳을 피하라. 동해의 물가에 땅이 있으니 이름을 가섭원(東海之濱有地 號曰迦葉原 迦葉原)이라 하는데, 토양이 기름지고 오곡이 자라기 알맞으니 도읍할 만하다'라고 했다. 아란불이 마침내 왕에게 권하여 그곳으로 도읍을 옮기고 나라 이름을 동부여(東扶餘)라 했다.[91]

『삼국사기』 속 '동해(東海)'는 바다가 아니라 육지 지명

* 47년(민중왕) 9월 동해 사람 고주리가 고래의 눈을 바쳤는데 밤에 빛이 났다. (東海人髙朱利獻鯨魚目, 夜有光).

* 107년(태조왕 55년) 10월 "동해 골짜기의 수(守)가 붉은 표범을 바쳤다 (東海谷守獻朱豹)".

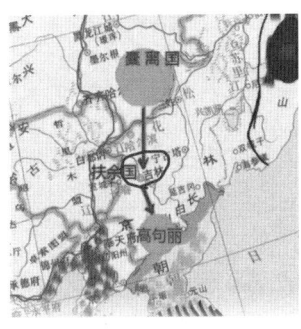

▲ 『삼국사기』 동해지빈 가섭원은 동한국해와 거리가 먼 현재 중국 길림성 부여시 인근 라림하 근처

* 204년(동천왕 19년) 3월 "동해 사람이 미녀를 바쳤다(東海人獻羙).

국사편찬위원회는 아래와 같은 주석을 달고 있다.

기원전 37년(동명성왕 원년)의 "동해의 물가에 있는 땅에 가섭원이라는 땅이 있는데, 토양이 기름져서 오곡이 잘 자라니 도읍으로 정할 만하다"

---

91) 東海之濱有地 號曰迦葉原 土壤膏 宜五穀 可都也 日者天降我曰, '將使吾子孫, 立國於此. 汝其避之. 東海之濱有地, 號曰迦葉原, 土壤膏腴宜五穀, 可都也.'

II. 경해 vs 동해

와 태조대왕 55년(107) 10월조의 "동해곡의 수(守)가 붉은 표범을 바쳤다."는 기사, 동천왕 19년(245) 3월조의 "동해 사람(東海人)이 미녀를 바쳤다."는 기사 등 한국학계는 『삼국사기』에 나오는 동해(東海)를 바다 이름이 아니라 두만강 하류와 청진 일대의 특정한 육지 지명으로 비정하고 있다.[92]

현대 중국학계 대다수는 동부여의 수도 즉 동해의 물가의 땅 가섭원 迦葉原을 길림성 부여夫餘시 주변 라림하拉林河로 고증하고 있다.[93]

그리고 가장 근본적인 사실 하나는 바닷가에 도읍을 정한 동아시아 고대국가는 거의 없다는 것이다.

『삼국사기』를 전수 분석한 결과 '東海'는 모두 12회 기록되어 있는데 아래와 같이 모두 동해라는 고유지명이 아니라 동쪽 바다라는 보통명사로 쓰이거나 「최치원 열전」의 동해에서 알 수 있듯 중국의 동중국해를 지칭하고 있다.

5. 256년(침해왕 10년) 봄 3월에 나라 동쪽 바다에서 큰 물고기 세 마리가 나타났는데, 길이가 3장이고 높이가 1장 2척이었다.

6. 416년(실성왕 4년) 3월 동쪽 바닷가에서 큰 물고기를 잡다

7. 512년(지증왕 13년) 우산국은 명주의 정동쪽 바다에 있는 섬

8. 699(효소왕 8년) 동쪽 바닷물이 핏빛으로 변했다.

---

92) 국사편찬위원회 한국사데이터 베이스 https://db.history.go.kr/item/ 참조
93) 张雷, 大庆长垣以东地区扶余油层油气运移与富集 -《东北石油大学》下迦叶原是哪里？高文德 『中国少数民族史大辞典』. 吉林教育出版社. 1995. pp.1732.

9. 915(신덕왕 4년) 6월 참포의 물과 동해의 물이 서로 부딪치다

10. 잡기: 신녀왕 때에 동쪽 바닷가에 홀연 작은 산이 나타났는데 거북 머리 모양이었다.

11. 잡기: 삼국의 이름만 있고 위치가 분명하지 않은 곳

12. 최치원 열전: 동해 밖에 삼국이 있었으니 그 이름은 마한·변한·진한이다.

『삼국사기』외에도 '동해'는 『고려사』에 23회, 『조선왕조실록』에 232회 기록되었는데, 이들 기록 또한 대다수 한반도 동해안 지방 근해와 육지 지명 또는 중국의 동중국해를 지칭하고 있다.

6. 광개토대왕 비문의 '동해고'는 바다 이름인가?

광개토대왕비는 414년 광개토대왕의 아들 장수왕이 세웠으며, 응회암 재질로 높이가 약 6.39m, 면의 너비는 1.38~2.00m이고, 측면은 1.35~1.46m지만 고르지 않다. 대석은 3.35×2.7m이다. 네 면에 걸쳐 1,775자가 화강암에 예서로 새겨져 있다. 그 가운데 150여 자는 판독이 어렵다. 내용은 대체로 고구려의 역사와 광개토대왕의 업적이 주된 내용이다. 고구려사 연구에서 중요한 사료(史料)가 된다.

▲ 광개토대왕비 탁본 서문과 본문 부분. 東海는 없고 四海만 있다.

비석은 대체로 세 부분으로 나뉜다.

고구려의 건국부터 광개토대왕까지의 역사를 다룬 첫째 부분은 묘비 제1면 1행에서 6행까지이다. 서문序文에 해당한다.

광개토대왕의 정복 전쟁을 기술한 둘째 부분은 제1면 7행부터 3면 8행까지이다. 본문本文에 해당한다.

능비의 건립 및 수묘인에 관한 마지막 부분은 제3면 8행부터 제4면 9행까지이다. 부문附文에 해당한다.

광개토왕비문 서문에는 '동해'는 없고 '사해'만 있다.

7세손에 이르러 국강상광개토경평안호태왕이 열여덟 살에 왕위에 올라 칭

호를 영락대왕이라 하셨다. 왕의 은택은 하늘까지 적시고 위무는 사해四海에 떨치셨다.[94]

광개토왕비문 본문에는 '동해'는 없고 '왜구'만 있다.

본문 부문을 살펴보자. 東海는 없고 東, 왜적倭敵과 왜구倭寇가 각인되어 있다. 참고로 '왜구'라는 단어를 세계사상 최초로 쓴 사람은 광개토대왕으로 현대 중국학계는 확인하고 있다.[95]

왕은 홀본 동쪽 언덕에서 용의 머리에 서서 승천하셨다.[96]
이에 왕이 행차를 돌려 양평도를 지나 東으로[97]

영락 10년 경자년, 왕이 보병과 기병 5만을 보내 신라를 구원하게 했다. 남거성부터 신라성에 이르기까지 곳곳에 왜병이 가득했다. 관군이 도착하자 〈왜적〉이 퇴각하여 그 뒤를 지체없이 쫓아 임나가라의 종발성에 이르니 성이 곧 항복했다. 이에 신라인을 배치하여 지키게 했다.[98]

영락 14년 갑진년, 그럼에도 왜가 법도를 어기고 대방 연안을 침입했다.

---

94) 遝至十七世孫 國〈岡〉上廣開土境平安好太王 二九登祚 號爲永樂大王. 恩澤洽于皇天 武威振被四海.
95) "倭寇"二字初见于404年的高句丽广开土王碑文" 吳千石 , "浅谈明朝倭寇问题"延边教育学院学报,2013 (5),pp.13-15.
96) 王於忽本東岡 履龍首昇天.
97) □성(□城) 於是旋駕 因過襄平道 東來 □城,力城,北豊,五備□ 遊觀土境 田獵而還.
98) 十年庚子 教遣步騎五萬 往救新羅. 從男居城至新羅城 倭滿其中. 官軍方至〈倭賊〉退 □□背急追 至任那加羅從拔城 城卽歸服. 安羅人戍兵. □新羅城□城〈倭寇〉大潰 城 ▨▨▨盡□□□安羅人戍兵.

II. 경해 vs 동해

왜는 석성을 공격하고 연선을 동원했다. 왕이 몸소 군사를 이끌고 나가 평양을 거쳐 □□에서 선봉이 서로 맞서게 되었다. 왕의 군대가 적의 길을 끊고 막아 좌우에서 공격하니 〈왜구倭寇〉가 궤멸되었고, 참살한 것이 무수히 많았다.[99]

광개토대왕비 부문의 동해고(東海賈)는 훈춘지방의 앉은 상인

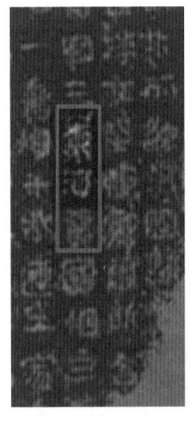
▲ 광개토왕비문의 東海賈

기존 국내 학계와 언론계는 묘지기의 차출지역 당 호수가 새겨져 있는 광개토대왕비문 부문의 '東海買'를 '동해가'로 오독하고 이를 동해의 물(水)가로 오인, 한일간의 바다를 삼국시대부터 조선 시대에 이르기까지 동해로 불렀다는 증거라 단정[100]하고 있는데….

과연 그럴까?

묘지기의 차출 연호(烟戶)수는 매구여(賣句余)의 백성 민(民)에서 국연(國烟) 2집, 간연(看烟)3집, '동해고(東海)의 상인 고(賈)에서 국연 3집 간연 5집, 돈성(敦城)의 백성(民)에서 4집 모두 간연, 우성(于城)의 1집은 간연으로, 비리성(碑利城)의 2집은 국연, 평양성(平穰城) 백성(民)은 국연 1집 간연 10집[101]

---

99) 十四年甲辰 而倭不軌侵入帶方界.〈和通殘兵〉□石城□連船□□□. 王躬率□□ 從平穰□□□鋒相遇. 王幢要截盪刺 倭寇潰敗 斬殺無數.

100) https://www.kculture.or.kr/com/file/filedown?

101) 守墓人烟戶賣句余民國烟二看烟三東海賈國烟三看烟五敦城民四家盡爲看烟于城一家爲看烟碑利城二家爲國烟, 平穰城民國烟一看烟十

연호는 굴뚝에서 연기 나는 집이란 의미로 백성의 집을 가리킨다. 국연은 오늘날 이·통장 격이고 간연은 일반 백성이다. 광개토대왕비에는 묘관리를 책임지는 국연 30명과 일반 백성인 간연을 300명 열거하고 있다. 앞의 매구여, 동해, 돈성, 평양성 등은 지명이고 뒤의 민(民)은 농어민을, 고(賈)는 앉은 상인을 말한다.

동해고의 고賈는 일정한 장소에 앉아서 좌판 위에 물건을 벌여놓고 장사하는 앉은 상인, 좌상坐商을 의미한다. 참고로 상商은 여기저기 돌아다니며 장사하는 행상行商을 의미한다.[102]

한중 양국 학계는 매구여를 지금의 길림성 길림시 일대로, 동해는 연변 조선족자치주 훈춘시 두만강 하류연안지역으로 비정하고 있다.[103]

▲ 광개토대왕 부문의 '동해고'는 지금의 연변조선족 자치주 훈춘시 인근에서 장사하던 앉은 상인을 의미한다.

---

102) 賈 基本解释 merchant; buy, trade 丁义诚 , 张国庆 , 崔重庆 .『常用字音·形·义·用 第1分册』. 北京 . 国防工业出版社 . 1998 pp.344-345,; 강효백,『중국인의 상술』, 한길사, 2002, pp.45-48.
103) 임기환 서울교대 사회교육과 교수. "고구려의 동계와 책성" 매일경제 2019.3.21. 金钟『漢与中华民族』, 廣州出版社 , 2012, p.27.

7. 조선 시대 지도 속 동해는 어디일까?

대한민국 외교부와 국립해양조사원, 국토지리정보원, 동북아역사재단, 독도본부, 한국위키백과 등은 동해가 한국 고유의 바다 이름이라는 증거로 아래 국내 지방 지도를 제시하고 있다.[104]

1) 1530년 『신증동국여지승람』의 〈팔도총도〉 - 동해
2) 1740년 〈영남지도〉 중 경주지 - 동해
3) 18세기 말 〈여지도〉 중 아국총도 - 동해
4) 18세기 말 〈천하도지도〉 - 소동해
5) 1907년 〈대한신지지 부지도〉 중 경상북도 – 동해안

1) 팔도총도

『신증동국여지승람』은 조선 전기 문신 이행·윤은보 등이 『동국여지승람』을 증수하여 1530년에 편찬한 관찬 지리서이다. 총 55

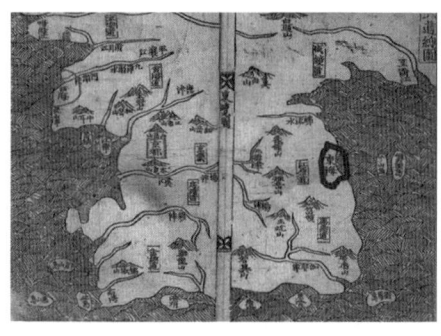

▲ 1530년 "東海", 〈팔도총도〉 바다가 아닌 육지(지금의 동해시 부근)에 동해로 표기되어 있다. 뿐만 아니라 남해와 서해도 각각 남쪽 서쪽 육지 부분에 표기되어 있다.

---

104) https://ko.wikipedia.org/wiki/ 국립해양조사원 http://eastSea.khoa.go.kr 국토지리정보원 http://map.ngii.go.kr/world 외교부 http://www.mofa.go.kr 독도본부 www.dokdocenter.org 동북아역사재단 http://www.historyfoundation.or.kr 문화재청 국가문화유산포털 https://www.heritage.go.kr/heri/cul/

권 25책으로 이루어져 있다. 조선 전기 지리지를 집대성한 책으로, 속에 실린 지도와 함께 조선 말기까지 큰 영향을 끼쳤다. 지도를 참고자료로 첨부함으로써 지리지에 수록된 내용의 공간적 파악과 정확한 인식을 제공하려 한 점에서 한 단계 진보한 지리지이다.

팔도총도는 『신증동국여지승람』 첫머리에 수록된 조선 전도이다. 제주도, 대마도, 울릉도와 우산도 등 섬들이 바다 부분에 표시되어 있다. 그러나 동해는 바다가 아니라 지금의 강원도 동해시 부근 육지에 표기되어 있다.

어떻게 이럴 수가 있을까? 이상해서 추가로 『조선왕조실록』 등 각종 사료들을 살펴보았다.

풍운뢰우〈산천과 성황도 붙여 제사한다.〉와 악·해·독〈지리산은 전라도 남원의 남쪽에 있고, 삼각산은 한성부의 중앙에 있고, 송악산은 개성부의 서쪽에 있고, 비백산은 영길도 정평의 북쪽에 있고, 동해는 강원도 양주의 동쪽에 있고, 남해는 전라도 나주의 남쪽에 있고, 서해는 풍해도 풍천의 서쪽에 있다.〉

– 『세종실록 지리지』 제126권

사해(四海)를 동해(東海)는 강원도 양양군, 남해는 전라남도 나주군, 서해는 황해도 풍천군, 북해는 함경북도 경성군으로 봉한다.

– 『고종실록』 1903년(고종 40년)

조선의 국가 제사 중 산천지신 제단 혹은 사당 중사(中祀)인 5악 3해 8독(嶽海瀆) 중에 3면 바다를 위한 사당(廟)이 대한민국에는 두 개가 있다.

서울 삼각산(일제가 북한산으로 창지개명)과 중악으로 백악산(일제가 북악으로 창지개명)에 사당이 있었다. 중사(中祀)는 사직, 종묘 같은 대사 다음 등급의 국가 제사로 10변 10두 급 제상을 차리고, 보통 봄, 가을 제사를 올렸다. 강원도 양양에 동해묘가 복원수축되었다. 동해신에게 풍농풍어와 마을의 안녕을 기원하기 위해 제사를 지내던 곳이다. 2000년 1월 22일에 '강원도 기념물'로 지정되었다.[105]

▲ 강원도 양양 조산리에 있는 동해묘

　연해와 외양을 구별하여 말하거나 표현하는 것은 당시 연해와 구별하여 외양을 대해로 인식하고 있었기 때문에, 또한 『동국여지승람』이 명대의 『대명일통지』의 편찬 방침에 준거하여 편찬되었기 때문이다.

2) 영남지도 경주부 지도

　1740년 제작된 작자미상 지도집(보물 제1585호) 〈영남지도〉에는 경상도 71개 고을의 지도가 모두 수록되어 있다. 총 6책으로 구성되어 있는데, 제2책에는 경주 안동·경주 제4책 남해·개령·의령·안음(安陰), 제5책에는 상주·진주 창원, 제6책에 하양 등의 지도가 수록되어 있다. 제2편 경주부 지도 현재 장기면과 감포읍 앞바다에 아주 작은 글씨로 '東

---

105) 디지털 강릉문화대전
http://www.grandculture.net/gangneung/dir/GC00301358

海'가 표기되어 있다.

1740년 제작 〈영남지도〉 71점 중 1점인 경주 고을 감포 앞바다에 돋보기를 쓰고 보더라도 보일 듯 말 듯한 작디작은 동해 표기 지도와 1740년 당시 세계 양대 강대국 영국과 프랑스의 지도, 그것도 한일간의 바다 중앙에 대문짝만 한 크기의 글자로 소유격 조사 of마저 대문자로 명기된 한국만GULF OF COREA과 한국해MER DE CORÉE 지도, 한국인이라면 어떤 지도를 홈페이지에 내걸고 국제기구에 제출하겠는가? 강호제현의 고견은?

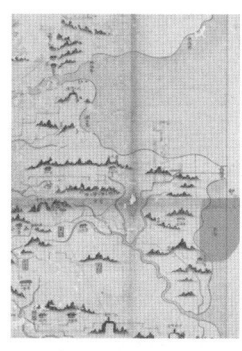

▲ 1740년 '東海'.『영남지도』 경상도 71개 고을을 그린 지도집 중 1 경주부 지도 현재 장기면과 감포읍 앞바다에 아주 작은 글씨로 '東海'가 표기되어 있다.

▲ 1740년, 한국만 GULF OF COREA 〈R.W. Seale 영국〉

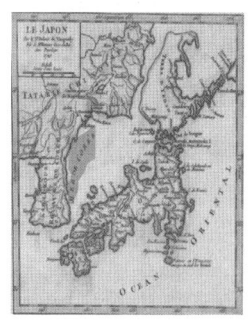

▲ 1740년 한국해 MER DE CORÉE 〈Robert Geog. 프랑스〉

3) 아국총도

18세기 말에 제작된 것으로 추정되는 지도 3첩 30장으로 구성된 『여지도(輿地圖)』 중 제1집 〈아국총도〉에는 고성 양양 강릉 앞바다에 작은 글씨로 '동해東海'가 표기되어 있다.

〈아국총도〉와 같은 시기 영국의 왕실 지도학자 러셀이 1798년 제작한 한일간의 바다 가득 큰 글씨로 한국해Corean Sea가 표기된 세계지도, 어느 지도가 대한민국 국가 이익에 유리한가?

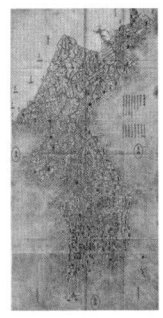  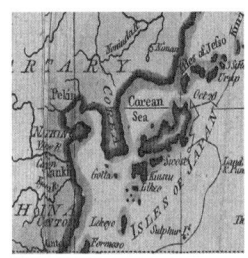

▲ 〈아국총도〉 강원도 앞바다 일부에 조그맣게 동해 표기, 뿐만 아니라 남해 서해는 제사 모시던 사당 앞바다이다.

▲ 〈아국총도〉 동해 부분 확대도

▲ 한국해 Corean Sea 1798년 London: W. Russell 한일간의 바다 가득 Corean Sea 표기

4) 천하도지도

중국에 체류하던 이탈리아 출신 선교사 알레니(Gulio Aleni 1582~1649)가 1623년에 편찬한 한문판 휴대용 세계지리서인 '직방외기'에 실린 만국전도를 1790년대 성명 미상의 중국인이 모사해 펴낸 천

▲ 소동해 "小東海", 1790년대 성명 미상의 중국인이 그린 『천하도지도(天下都地圖)』 동중국해는 대명해로, 동한국해는 소동해로 표기

하도지도에 '동한국해'는 '小東海'로 '동중국해'는 '대명해'로 표기되어 있다. '소동해'는 중국의 동해(동중국해)에 비하여 작은 동해라는 의미, 중국인이 중화사상에 기반하여 한국을 소중화小中華로 바라보는 비하의식에 근거하여 제작한 지도이다.[106]

전지적 일본인 시각에 매몰되지 않은 한국인이라면 천하도지도와 제작 연대가 같은 1790년 영국과 프랑스 제작의 한국만(COREA GULF) 한국해(MER DE CORÉE) 표기 지도를 홈페이지에 내걸고 이를 국제기구에 제출해야 마땅하다고 생각하는데, 어떠신지 강호제현의 고견은?

▲ 1790년 한국해 MER DE CORÉE 프랑스 발행

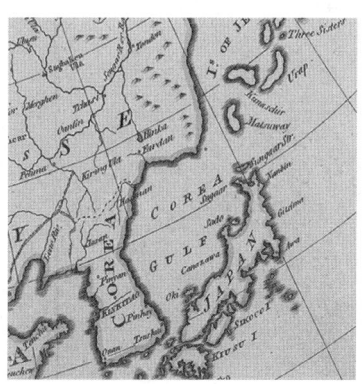
▲ 1790년. 한국만 COREA GULF 영국 발행

5) 대한신지지 부지도 경상북도

1907년 장지연이 저술한 『대한신지지』에 수록된 부도를 엮어 만든

---

106) 钱钟书, 『管锥编生活·读书』, 新知三联书店 . 2001, pp.592.

〈대한신지지 부지도〉 중 경상북도의 동쪽 해안에 표기된 '동해안'을 '동해'의 증거로 들고 있다. 대한신지지 속 대한전도 즉 전국지도에 명기된 한일간의 바다이름 '대한해大韓海'에는 눈을 감고, 대한신지지 부지도 중 1 경상북도 지방지도의 '동해안東海岸' 표기를 동해가 2000년간 한국의 고유명칭으로 사용되었다는 증거로 대한민국 국책기관의 홈페이지에 게재해 놓다니… 도대체 그 동기와 목적을 모르겠다.

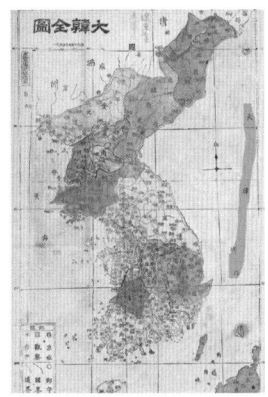

▲ 1907년 「대한신지지」 속의 대한전도 한국과 일본 열도 사이의 전체 바다가 대한해(大韓海)로 명기되어 있다.

▲ 국토지리정보원 국립지도박물관 홈페이지

8. 중국의 동해는 어디일까?

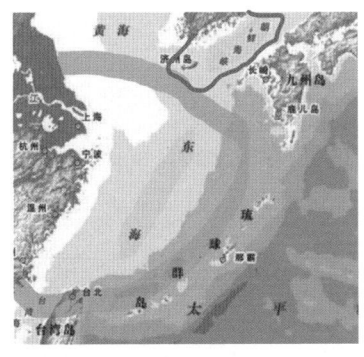

▲ http://www.fcdmc.com/lzixun/1904.html 중국의 동해

상하이에 거주한 지 몇 달이 지났을 때 바닷가에서 태어나고 자란 나는 눈물이 날 지경으로 바다가 보고 싶어졌다. 어느 주말 짬을 내어 한 시간 이상 상하이 남쪽 끝 중국 동해 바닷가로 급하게 차를 몰았다. 이윽고 낯익은 갯내음이 물씬 코끝을 습격하자 나의 가슴은 옛 애인을 만나는 것처럼 두근거렸다. 그러나 두 눈에 비친 바다는 끝없이 광활한 무논에다 싯누렇고 붉은 흙탕물을 마구 풀어 놓았다고 할까. 거기에 비하면 우리 황해는 黃海가 아니라 靑海라고 불러야 할 것처럼 맑고 푸른 편이었다. '바다는 맑고 푸르다. 중국의 동해는 탁하고 싯누렇다. 고로 중국 동해는 바다가 아니다.'의 엉터리 삼단논법이라도 적용해 비난하지 않으면 못 배길 정도로 실망했다.

현재 중국은 자신의 바다를 동해, 발해와 황해, 남해로 부르고 있는데 바다 네 곳이 모두 썩어들어가고 있다.[107]

중국 대륙의 바다는 대부분 동쪽에만 있다. 따라서 중국인들은 기원전 16세기부터 동중국해와 황해와 발해를 모두 동해(東海)로 통칭하여왔다.[108]

---

107) 강효백, 『차이니즈 나이트 1』, 한길사, 2000, pp.199-200.
108) Chang, Chun-shu (2007). The Rise of the Chinese Empire: Nation, State, and

최치원이 말한 동해는 어느 바다인가

아래는 최치원이 당나라에 사신으로 가서 당나라 시중에게 올린 글이다.

최치원은 또한 사신으로 당나라에 간 적이 있으나, 다만 그 시기를 알 수 없다. 그러므로 그 문집에 태사 시중에게 올린 편지 〈상태사시중장上太師侍中狀〉이 있는데, 다음과 같다. "엎드려 듣건대 동해 밖에 삼국이 있었으니 그 이름은 마한·변한·진한이었습니다. 마한은 곧 고구려, 변한은 곧 백제, 진한은 곧 신라입니다.[109] -『삼국사기』 24권 신라 열전 6

동해 밖에 삼국이 있다니? 동해가 지금의 한일간의 바다 즉 동해라면 마한 변한 진한 고구려 백제 신라가 일본에 있다는 말이 된다. 동해는 바로 당나라의 동쪽 바다 지금의 황해와 동중국해를 뜻한다.

최치원은 강소성 양주에서 임관했으니 강소성 동쪽 바다가 바로 현재의 동중국해이다. 앞에서도 밝혔듯 최치원은 동중국해를 동해라고 했고 동한국해를 경해(고래바

▲ https://en.wikipedia.org/wiki/East_China_Sea

Imperialism in Early China, ca. 1600 B.C. - A.D. 8. University of Michigan Press. pp.263-264.
109) 伏聞東海之外有三國, 其名馬韓·卞韓·辰韓. 馬韓則高麗, 卞韓則百濟, 辰韓則新羅也.

다)라 했다.

* 동중국해를 지칭하는 예

요즘 중국 절강성 변장의 서한을 받아 보니 일컫기를, 동해(東海)가에서 남자 다섯 사람을 사로잡아 묶어서 중국 북경으로 보낸다고 했다. -『단종실록』1453년(단종 1년) 9월 21일[110]

진시황이 산동성 태산에 오르는 봉선 행사시 회하 등 강은 어디로 흐르는가 묻자 서적에 근거하면 동해에 이릅니다. -『사기』제28권 진시황본기(기원전 216년) '동해'

명태조 주원장이 비서감직장 하상을 파견하여 조서를 내렸는데, 그 조서에 이르기를,
(중략)
1. 오악은 동악(東嶽) 태산지신(泰山之神), 남악(南嶽) 형산지신(衡山之神), 중악(中嶽) 숭산지신(嵩山之神), 서악(西嶽) 화산지신(華山之神), 북악(北嶽) 항산지신(恒山之神)이라고 일컫는다.
1. 사해는 동해지신(東海之神), 남해지신(南海之神), 서해지신(西海之神), 북해지신(北海之神)이라고 일컫는다. -『고려사』1370년 (공민왕 19년) 7월 16일

---

110) 近得浙江邊將奏, 稱於東海邊, 擒獲男子五人, 繫送京師給與口糧養贍.

▲ 「사기」 제28권 진시황본기(기원전 216년) '동해' 진시황이 산동성 태산에 봉선행사시 회하등 강은 어디로 흐르는가 묻자 서적에 근거하면 동해 즉 산동성 동부해역(지금의 중국 측 황해)에 이른다고 답하는 기록이다.

▲ 사해화이총도SIHAI HUS YI ZINGTU Zang Huang comp., Tushu bian(1613), Harvard University 소장

東海는 중국 바다의 고유명칭

중국의 동해는 동중국해와 황해를 지칭하거나 산동, 강소, 절강 중국 동해 연안 육지 지명을 말한다.

중국 역대 기전체 정사 〈25史〉중 東海 게재 횟수를 전수 분석해보았다. 『사기』 66회, 『한서』 97회, 『후한서』 188회, 『삼국지』 6회, 『진서(晉書)』 267회, 『남제서』 2회, 『양서』 31회, 『진서(陳書)』 12회, 『위서』 57회, 『북제서』 5회, 『주서』 6회, 『남사』 100회, 『북사』 35회, 『수서』 9

회, 『구당서』 32회, 『신당서』 28회, 『구오대사』 1회, 『신오대사』 5회, 『송사』 46회, 『요사』 2회, 『금사』 34회, 『원사』 39회, 『명사』 35회, 『청사고』 117회로 총 1,343회나 기록되어 있다.

<중국 25사 東海 기록 횟수>

정사 내 기록 횟수	사기	한서	후한서	삼국지	진서晉書	송서	남제서	양서	진서陳書	위서	북제서	주서	남사
	66	97	183	6	267	123	2	31	12	57	5	6	100
	북사	수서	구당서	신당서	구오대사	신오대사	송사	요사	금사	원사	명사	청사고	
	35	8	32	28	1	5	46	2	34	39	35	117	
합계	1,343													
내용	* 첫 기록: 기원전 219년(진시황 3년) *마지막 기록: 1910년(선통제 3년) * 대다수 동중국해와 황해 또는 산동 절강 중국 동해 연안 육지 지명 지칭, *소수: 동중국해와 황해 지칭. 동한국해 지칭 1건도 없음. *동한국해를 원나라 때부터(13세기부터) 청 말까지 경해(鯨海, 고래바다)로 부름												

▲출처: 중국 기전체 정사 25사 中国哲学书电子化计划 维基简体字版 https://ctext.org/wiki.pl?if=gb&remap=gb 검색, 필자가 직접 작성

요약하건대, 중국은 기원전 16세기부터 21세기 현재까지 동중국해를 동해로 불러왔고, 10세기부터 19세기까지 동한국해를 경해로 불렀다.[111]

---

111) 중국에서 동해는 대부분 동중국해와 황해 또는 강소성 북부 동해현의 지명이다. 한일간의 바다를 동해로 지칭 또는 표기한 중국 문헌은 전혀 없다.

II. 경해 vs 동해

9. 베트남의 동해는 어디일까?

베트남의 건국신화 동해 용왕

　베트남의 바다도 중국과 마찬가지로 대부분 자국의 동쪽에 바다가 있다. 따라서 베트남에서 바다는 동해로 통해왔다. 그래서일까? 베트남의 건국신화도 동해의 응으 띤(베트남식 용왕)으로 시작된다.

　동해바다 깊은 동굴 속에는 수백 년 묵은 응으 띤(Ngư Tinh, 魚精)이란 거대한 물고기(베트남식 용왕)가 살고 있다가 수시로 해안에 출몰했다. 지네처럼 발이 열 개 달린 이 괴물은 고기를 잡는 사람들이 보이기만 하면 즉시 다가가 커다란 입을 벌려 배와 함께 한 번에 열 사람을 통째로 삼켜 버리곤 했다. 이런 일이 자주 생기자 어민들은 두려워서 더 이상 바다에 나가지 못했다.
　소식을 전해 들은 락 롱 꿘은 커다란 배를 몰고 동해 앞바다로 나가 괴물과 맞서 싸웠다. 락 롱 꿘은 사람 모형을 만들어 먹이로 주는 시늉을 하다가 응으 띤이 입을 벌려 삼키려 하자 재빨리 시뻘겋게 달군 쇳덩어리를 아가리 깊숙이 찔러 넣었다. 응으 띤은 사방팔방으로 펄쩍 뛰며 배에 부딪쳤다. 마침내 락 롱 꿘의 칼이 응으 띤의 숨통을 끊어 버렸다.[112]

---

112) Lịch triều hiến chương loại chí, Phan Huy Chú, tập 1, Dư địa chí, trang 25.

베트남의 동해(남중국해)를 점령한 중국

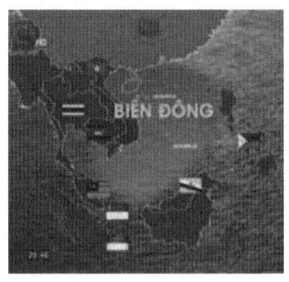
▲ 베트남 국방안보부 홈페이지
https://quochoitv.vn/

1974년 1월 중국이 돌연 남베트남과 전쟁 중이던 북베트남(월맹)의 서사(西沙, Paracels)군도를 무력점령했다. 서사군도 점령의 주도자는 키작은 부도옹, 덩샤오핑(鄧小平 1904~1977)이었다. 당시 덩샤오핑은 두 번째 사면 복권되어 부총리 겸 인민해방군 총참모장을 맡아 막장의 끝물에 이른 문화대혁명 정국을 장악하고 있었다.[113]

1988년 3월 중국 최고 실권자 덩샤오핑 중앙군사위 주석은 중국 해군으로 하여금 베트남의 동해, 남사(南沙, Spratly)군도를 무력 점령하게 했다.

현재 중국은 서사군도와 남사군도 90여 개의 섬이 아닌 현초(드러난 암초)를 점령하고, 이곳 전역에 인공적인 시설을 설치, 인공도로를 운영하면서 자국의 영유권을 주장하고 있다.[114]

▲ 베트남 국토부 홈페이지 https://lytuong.net/bien-dong-vi

---

113) https://quochoitv.vn/bien-gioi-bien-dao
114) 강효백, "이어도와 중국의 군사기지화 인공섬들" 이어도저널 제15호, 2018. pp.26-35.

II. 경해 vs 동해

"베트남해 표기 서양고지도 1점만 있었다면, 남중국해는 베트남해"

중국과 해양 영토 분쟁 중인 베트남이 남중국해를 '베트남해' 대신 남중국해South China Sea로 부르고, 자국에서만 '동해'라고 부르는 이유는 뭘까?

프랑스(1954년), 미국(1975년), 중국(1979년)을 차례로 패퇴시킨[115] 국가 민족 자부심 세계 최강 베트남이 베트남해로 주장하지 못하는 이유는 간단하다.

베트남해로 표기된 서양과 중국 고지도가 전무하기 때문이다.

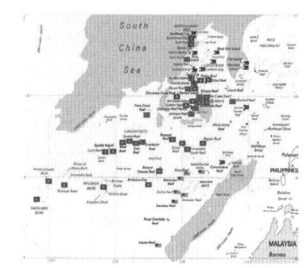

▲ https://en.wikipedia.org/wiki/South_China_Sea

서양 제작 지도 318점, 일본 제작 지도 27점에 한국해, 한국만, 조선해로 표기되어 있는데도 일본 별칭 동해로 부르는 한국과는 완전 반대다.

만약 베트남해로 표기된 서양 제작지도가 단 한 점이라도 있었더라면 베트남은 남중국해를 베트남해로 개칭하는 데 총력을 기울였을 것으로 판단된다.

---

115) https://en.wikipedia.org/wiki/Vietnam#History

10. 일본의 동해는 어디일까?

1) 동해는 일본 동부의 태평양 근해

1894년 청일전쟁 이전까지 일본인은 대개 동일본해를 '東海'로, 동한국해를 '北海'로 지칭했다.[116]

일본은 기이(紀伊)반도 동쪽의 태평양을 전통적으로 동해로 부른다. 기이반도 앞부분은 동남해로, 서쪽은 남해로 부른다. 일본의 동해는 현재 일본의 규슈, 시코쿠, 혼슈의 동쪽 바다를 말하는데 필리핀해와 접한다.[117]

▲ **일본동해日本東海** 1792년 시바 고우칸(司馬江漢) 〈지구전도〉의 일부. 일본 열도 동부 태평양 연안을 일본동해로 표기했다.

▲ 일본은 현재 기이반도 동쪽의 태평양을 동해로 부르고 기이반도 앞부분은 동남해로, 서쪽은 남해로 부른다.

---

116) https://www.bosai.yomiuri.co.jp/article/11578

117) 東海・東南海・南海地震（南海トラフ巨大地震）と考えられているケースが複数回ある。また、紀伊半島沖より東側の領域に限れば、東海地震の震 https://www.jishin.go.jp/main/chousakenkyuu/tokai_pro/

2) 일본 인구의 75%가 동해도에 살고 있다.

일본열도는 서쪽 동한국해를 등지고 동쪽 태평양을 향해 누워 있다. 동해도東海道는 일본 메이지 시대 이전 혼슈(本州) 태평양측의 동부 핵심 지역을 일컫는다. 동해도는 771년 헤이안 시대부터 1868년 에도 시대까지 약 1,100년간 도쿄-오오사카-나고야 일본 3대 도시를 모두 포괄하는 일본의 핵심광역행정구역이다. 일본 혼슈 서부 동한국해와 면한 10개현(아키타현-시마네현)의 인구 총수는 약 800만 명에 불과하다. 반대로 일본 혼슈 동부 태평양 연안 16개 도부현(이바라키현-도쿄도-오사카부-미에현)의 인구 총수는 약 9,500만 명이다. 일본 전체 인구의 75%, 일본인 4명 중 3명이 동해도 지역에 살고 있는 셈이다. [118]

---

118) https://ja.wikipedia.org/wiki/都道府県の人口一覧

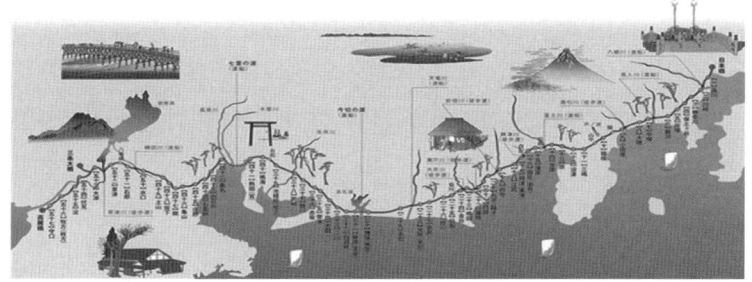

▲ 남쪽의 미에三重현에서 북쪽의 이바라키茨城현에 이르는 태평양 연안의 지방 16개 현에 달하는 일본의 동해도.

3) 일본의 동해선은 한국의 경부선 격

일본의 동해선東海線은 한국의 경부선에 해당한다. 동해선은 일본의 일반 철도에서나 고속철도에서나 가장 오래된 역사를 가지고 있다. 1889년 개통된 일본 역사상 최초의 철도 동해선은 도쿄에서 오사카, 교토, 나고야 등 일본의 4대 도시를 잇는 589.5km의 노선으로 일본의 철도 교통·물류의 대동맥을 담당하고 있다.

세계 최초의 고속철도 동해도 신간선은 1959년 4월 20일 착공해, 도쿄 올림픽 개회 직전의 1964년 10월 1일에 개통했다. 일본의 철도 발전을 대표하는 동해도 신간선은 단순히 철도 노선을 넘어 일본의 심볼로 인식되고 있다. [119]

---

119) https://traininfo.jrcentral.co.jp/shinkansen/東海線新幹線

4) 물 좋기로 유명한 일본 동해 4현

일본 혼슈의 중동부 태평양을 면한 '아이치(愛知), 미에(三重), 기후(岐阜), 시즈오카(静岡)' 4개 현을 도카이(東海) 4현이라 한다. 후지산 일대와 도쿄도 남동부 지역도 포함하기도 한다.

물좋은 마산, 우리나라 마산이 물좋기로 유명해서 생긴 말인 것처럼 일본에는 물 좋은 도카이(東海)라는 말이 있을 만큼 동해 4현은 물좋기로 일본에서 으뜸이다. 또한 우리나라 〈애국가〉에서 '동해'물이 '백두산'보다 먼저 나오는 까닭은 동해부터 백산까지(도카이東海까라 하쿠야마白山마데) 20세기 이전 일본의 백산신앙 신사참배 노선이기 때문이다.[120]

▲ 일본에서 출판된(연대 미상) 애국가 악보에도 동해에 물(東海に水)로 적혀 있다. 즉 동해 물은 바다 물이 아니라 처소격 조사 '에'가 생략된 수질 좋기로 유명한 일본 동해 지역에 있는 샘물이라는 뜻이다.

▲ 일본 동해 4현의 물은 수질 좋기로 유명해, 생수 산업이 발달해 있다.

---

120) https://www.tokai-techno.co.jp/product-service/er-analysis/water-analysis/ ; 강효백, 『애국가는 없다 1』, 지식공감, 2021. pp.100-101.

5) 만우절에 탄생한 일본과 한국의 동해시

1969년 4월 1일 만우절, 일본 정부는 아이치현 나고야名古屋시의 남부와 일본 동해 이세만(伊勢湾)에 접해 있는 우에노(上野)초와 요코스카(横須賀) 2초를 합병하여 도카이(東海)시[121]를 설립했다.[122]

아이치현 정부는 동해시를 신설하면서 새로운 시의 이름을 공모했는데 "동해지방을 대표하는 큰 이름으로 전국적으로 잘 알려질 수 있고 일본 중부 동해지역의 중핵 도시가 되기에 적합한 명칭이다"라는 이유로 동해시로 최종 결정했다. 동해시는 일본 제철 나고야 제철소를 비롯, 일본 중부권 최대의 철강 기지를 보유한 '철강의 도시'로 유명하다.

1969년 만우절 일본 동해시가 탄생하고 정확히 11년 후 1980년 만우절 4월 1일, 대한민국의 강원도 삼척군 북평읍과 명주군 묵호읍이 통합되어 동해시가 신설되었다.[123] 만우절에 탄생한 일본과 한국의 동해시, 공교로운 일이다.

6) 동해촌은 자타공인 일본 제1위험도시

이바라키현 북동부 나카군에 속하는 동해촌(도카이무라, 東海村)은 일본 최초로 원자력 발전이 이루어진 촌이다. 1957년에 일본 원자력

---

121) 면적 43㎢, 2024. 1. 1. 현재 인구 112,399명
東海市 https://www.city.tokai.aichi.jp/
122) 東海市企画部秘書課『東海市：上野・横須賀2町合併の記録』東海市、1970, pp.8-14.
123) 면적 180㎢, 2022. 4. 1. 현재 인구 88,621명
https://www.dh.go.kr/www/index.do

연구소(당시) 도카이(동해) 연구소가 설치되어, 일본 최초의 원자로인 JRR-1이 가동된 이래, 많은 원자력 관련 시설이 집중되어 있다. 현재도 일본 핵개발 원자력연구개발기구, 일본원자력발전 동해 발전소·도카이 제2발전소 등 많은 원자력 시설이 마을 내에 소재해, 인근 시읍의 이바라키현의 태평양 연안부는 일본 원자력 산업의 거점이 되어 있다. 1999년 9월 30일 토카이무라 JCO 방사선 누출사고가 발생해 작업원 2명이 사망하는 등, 다양한 사고가 발생하고 있다.[124]

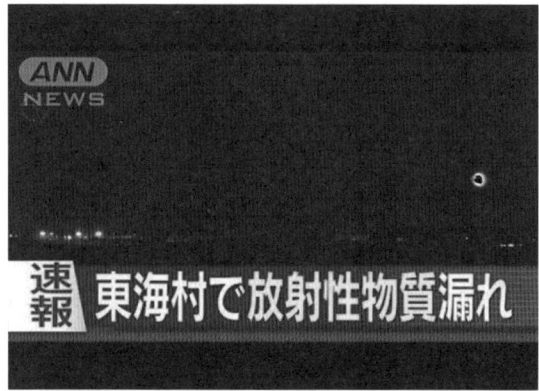

▲ 동해촌 내 원자력 관련 시설 12개소 핵연료봉 2,014개(북한 영변의 200배)

---

124) 東海村 https://www.vill.tokai.ibaraki.jp/index.html

11. '동해'는 일본의 미칭(美稱)

한국=동국 vs 일본=동해

옛날 우리 선조들이 우리나라를 동국(東國)이라고 칭했듯 옛 일본의 지식인들은 자국을 '동해(東海)'로 표기하고 불렀다.

이런 표기법은 중국에서도 마찬가지였다. 중국의 정사 『삼국지』에서는 일본을 가리킬 때 '동해'라는 표현을 사용했다. 또한 『후한서』에서도 일본을 '동해국'이라고 기록했다.

동해라는 일본 별칭은 그 이후에도 계속 사용되었다. 17세기 일본의 역사학자인 하야시 라잔(林羅山)은 그의 저서인 『본조통감本朝通鑑』에서 일본을 '동해'라고 지칭했다. 또한, 18세기 일본의 학자인 모토오리 노리나가(本居宣長)는 그의 저서인 『고사기전古事記傳』에서 일본을 '동해의 나라東海の国'라고 묘사하였다.[125]

19세기 전반 일본의 대표적 문인 아사카 곤사이安積艮齊는 "후지산을 가리켜 동해(일본)의 성산은 이 봉우리고, 동해(일본 동부지역)의 성산 역시 이 봉우리다"라고 읊었다. 중국 여혁명가 추근秋瑾이 일본 유학 중에 쓴 시구 '쌍신동해해협춘뢰雙身東海俠春雷' 중의 東海 역시 일본을 가리킨다.[126]

동해는 아시아 대륙 동쪽 끝 섬나라 일본의 미칭으로 쓰여왔다. 특히

---

125) 日本の知識人は自国の異称に〈東海〉〈東洋〉〈東瀛（とうえい）〉〈東鯷（とうてい）〉などの語をそのまま用いたが，これらの異称は，いずれも東シナ海の東方に存在する島国という意味である。『世界大百科事典』平凡社.
126) 末地文夫, "東海"の歴史的変遷と政策的役割"綜合政策, 1(3), 1999년, pp.290~291

일본에서 군국주의 제국주의가 한창 고조되던 시기인 1880년대부터, '동해'는 동양 신흥국 아시아 중심 국가로서의 대일본제국과 동의어가 되었다. 청일(1895년) 러일(1905년) 전쟁의 승리로 한국과 대만의 피지배민족에게 "동해=일본과 일본주변 세력권" 의식을 심어주었다. 동해에 떠오르는 태양, 욱일旭日 일본과 동의어가 된 동해는 극단적 국가주의, 애국주의로 일본의 운명을 인도하는 주술적 역할을 했다.[127]

현대 일본 제2애국가 <애국행진곡> 서두에도 동해(일본의 이칭)

보라, 동해*의 하늘에 빛나는 욱일 높고 밝게 빛나 천지의 정기 이글거리나[128]

가사 해설에 〈동해〉란, 일본의 이칭이라고 명기하고 있다.[129]

▲ 동해는 일본의 별칭
〈애국행진곡〉 1938년 작사 작곡. 현재에도 일본의 제2애국가로 불리는 애국행진곡 가사 해설에 '東海는 일본의 이칭'이라고 명기하고 있다.

〈애국행진곡〉 외에도 일본 군가 애국가류 〈대일본의 노래〉 1절 "동해의 이 나라 높고 빛나는東海にこの国ぞ 高光る天皇", 천황과 일본 〈해군사관학교 교가〉 1절 "영롱하게 솟구치는 동해의 부용봉玲瓏聳ゆる東海の 芙蓉の峰"에 동해가 나오는데 모두 일본을 가리킨다.

---

127) 末地文夫, 위책 207쪽.
128) "한국의 동해는 한국해, 일본의 동해는 일본의 이칭" 강효백, 『애국가는 없다』, 지식공감, 2021, pp.99-101.
129) 「東海」とは、日本の異称。東海の君子の国。

12. 명성황후 시해 교사범이 성을 '동해'로 간 이유는?

▲ 정한론자로서 성을 동해로 바꾼 동해산사東海散士
신조일본문학대사전(新潮日本文学大辞典)에서 스캔

일본인의 성씨에는 東海(도카이)가 있다. 현재 일본에 약 3,500명의 東海씨가 있는데 그 중 가장 유명한 인물은 동해산사(東海散士 도카이 산시, 1853~1922)이다.[130]

동해산사의 원래 성과 이름은 시사랑(柴 四朗: 시바 시로우)이었다. 타이완군 사령관, 도쿄 위무총감, 육군 대장을 지냈던 시오랑柴五郎(시바 고로)이 그의 동생이다.[131]

후쿠시마 출신인 동해산사는 1877년 참전한 서남 전쟁에서 공을 세워 미국으로 유학, 펜실베이니아 대학 및 퍼시픽 비즈니스 칼리지를 졸업했다.

1885년 귀국한 그는 일본 국권신장론과 신장론과 정한론(한국 정벌론)을 기조로 하는 국수주의 소설을 동해산사의 이름으로 발표한 후 명성을 얻기 시작했다. 오오사카 마이니치(大阪毎日) 신문 초대 주필을 역

---

130) https://myoji-yurai.net/SearchResult.htm?myojiKanji=%E6%9D%B1%E6%B5%B7
131) https://ko.wikipedia.org/wiki/%EB%8F%84%EC%B9%B4%EC%9D%B4_%EC%82%B0%EC%8B%9C

임했고, 1892년 이후 후쿠시마현에서 중의원으로 10회나 선출되었다.

특히 동해산사는 명성황후 시해 교사범 중 하나로 알려져 있다. 그는 을미사변 직전 일본 중의원 자격으로 서울에 머물면서 미우라 주한 공사에 을미사변을 일으키도록 부추겼다. 1895년 10월 8일 오전 4시가 되자 일본 군대와 일본 낭인은 춘생문과 추성문 등을 포위했다. 상황이 급박해지자, 고종은 이범진을 보내 미국과 러시아 공사관에 도움을 요청하게 했다. 동해산사는 4시 30분, 일본 공사관 일본군 수백여 명, 이들과 합류한 일본인 낭인 3~40여 명에게 광화문에 집결해 전열을 다지고 한 번에 궁내로 돌격하도록 명령했다. 결국 건청궁 곤녕합 일대에서 명성황후 민씨를 칼로 찔러 시해하고 시신에 석유를 뿌려 불태우는 등 동서고금 사상 유례가 없는 만행을 완수했다. 일본으로 돌아간 동해산사는 을미사변에 관여한 죄목으로 수감되었으나 재판에서는 무죄 선고를 받고 출세가도를 달렸다.[132]

---

132) 동해 진미(東海 辰弥 1964년 12월 18일)는 아사히 맥주 실버스타 일본의 전 아메리칸 축구 선수. 포지션은 QB(쿼터백). 도야마 현 히미시 출신. 도야마 현립 다카오카 고등학교, 교토 대학 농학부 졸업. 괴물이라고 불렸다.

13. 東은 일본의 약칭, 東자 성씨 30개

    수도는 국가의 상징이다. 수도는 해당 국가의 정치, 경제, 문화 등의 중심지로서 기능하며, 국가의 정체성과 특성을 대표하는 역할을 한다. 일본의 수도 동경東京은 동해가 별칭인 일본이라는 나라의 정체성과 특성을 대표한다. 한국과 중국과는 달리 유사 이후 일본 내에는 西京, 南京, 北京이라는 지명이 없다. 오직 東京뿐이다. '동경(東京; 도쿄)'이란 지명은 19세기 말, 일본의 수도가 경도(京都; 교토)에서 '에도'로 옮겨졌을 때 부여된 것이다. 이때 '에도'는 '동경'이라는 새로운 지명을 얻게 되었다. 이 지명은 일본의 별칭 '동해'를 반영한 것으로 '동아시아의 수도'이자 '동해국 일본의 수도'라는 의미의 '동경'이라는 수도의 지명이 붙여진 것이다.

    1274년(원종 15년) 원에서 정동(征東 일본정벌)군 1만 5천 명이 오다
    -『고려사』
    1419년(세종 1년) 상왕이 병선을 건조하여 일본정벌(征東)하는 데에 대비하게 했다. -『세종실록』

    위의 사료에서 정동征東은 곧 일본 정벌을 뜻한다. 일본의 수도는 '東京'이고, 일본의 핵심지역은 '東海道'이며, 일본의 별칭은 '東海'이니 일본의 약칭은 '東'이라고 해도 과언이 아니다. 이는 일본의 성씨에서도 드러난다.

을미사변의 교사범 동해산사의 성씨 東海씨 말고도 일본에는 **東자가 있는 성씨가 30개나 된다. 東자 성씨는 가장 일본적인 성씨로 자리매김했다.** 아래의 표와 예시를 살펴보자.

順位	名字	読み	全国人数	全国順位	順位	名字	読み	全国人数	全国順位
1	東	あずま など	150,000 人	125 位	16	東原	ひがしはら など	6,400 人	2,306 位
2	伊東	いとう	110,000 人	189 位	17	東出	ひがしで など	5,900 人	2,446 位
3	坂東	ばんどう など	20,700 人	905 位	18	東口	ひがしぐち など	4,300 人	3,087 位
4	東海林	しょうじ など	20,100 人	927 位	19	東本	ひがしもと など	4,100 人	3,156 位
5	東野	ひがしの など	17,400 人	1,037 位	20	東島	ひがしじま など	4,000 人	3,249 位
6	安東	あんどう など	16,000 人	1,122 位	21	東江	あがりえ など	3,900 人	3,329 位
7	東山	ひがしやま など	15,300 人	1,162 位	22	東村	ひがしむら など	3,800 人	3,361 位
8	東田	ひがしだ など	11,900 人	1,403 位	23	東浦	ひがしうら など	3,700 人	3,415 位
9	東谷	ひがしたに など	8,400 人	1,866 位	24	東城	とうじょう など	3,600 人	3,485 位
10	東条	とうじょう など	8,400 人	1,869 位	25	東海	とうかい など	3,600 人	3,520 位
11	東郷	とうごう	8,300 人	1,872 位	26	川東	かわひがし など	3,200 人	3,850 位
12	大東	おおひがし など	8,100 人	1,904 位	27	中東	なかひがし など	2,300 人	4,725 位
13	板東	ばんどう など	7,800 人	1,983 位	28	山東	さんとう など	2,100 人	4,961 位
14	東條	とうじょう など	7,300 人	2,066 位	29	市東	しとう など	2,000 人	5,189 位
15	東川	ひがしかわ など	6,800 人	2,195 位	30	東尾	ひがしお など	2,000 人	5,298 位

▲「東」のつく名字ランキングベスト３０
https://mnk-news.net/detail.htm?articleId=5321

東 東씨 성을 가진 일본인은 약 15만 명으로 일본인의 주요 성씨 중 하나이다.[133]

동씨의 선조는 제56대 세이와 천황(清和天皇, 850년~881년)이며, 그 후손들은 가마쿠라 막부의 최상위층 호족이다.

東海林 동북지역을 지배하는 최상위의 호족이자 아베 신조 전 일본 총리의 6대조의 성씨다.[134]

伊東 제33대 텐지 천황(天智天皇, 661~671)이 하사한 성이다. 현 시즈오카현 동쪽 이즈반도를 군림하던 최상위 호족이다.[135]

---

133) https://myoji-yurai.net/SearchResult.htm?myojiKanji=%E6%9D%B1

134) https://myoji-yurai.net/SearchResult.htm?myojiKanji=%E6%9D%B1%E6%B5%B7%E6%9E%97

135) https://myoji-yurai.net/SearchResult.htm?myojiKanji=%E4%BC%8A%E6%9D%B1

東條 일본 제국의 제40대 총리로 태평양 전쟁을 일으킨 A급 전쟁범죄자, 도조 히데키(東條英機)의 성씨다.

▲동조영기(東條英機 도조 히데키)
태평양 전쟁을 일으킨 장본인일 뿐만 아니라 일본 제국의 군국주의화를 주도한 원흉, 1948년 11월 12일 극동국제군사재판에서 사형을 선고받아 교수형에 처해짐

▲ 일본의 극렬우익단체 동해우국자연합(東海憂國者聯合)총본부 나고야시 소재

▲ 동해학원대학東海學院大學(나고야시 소재) 축제 제60회 동해제東海祭 포스터

14. 일본 동해대학은 말한다. 일본과 동해는 동의어라고

일본에는 약 780여 개의 4년제 대학 및 대학원이 있다. 그중 분교 수가 가장 많은 대학은 東海대학이다. 일본 전역에 8개의 동해대학이 있다.

프랑스의 파리대학이 제13파리대학까지 있으나 이는 분교의 개념이 아니라 이름만 같은 분할된 파리 소재 대학일 뿐이다.

왜 이럴까? 동해는 일본의 별칭이자 일본과 동의어이기에 가능한 일이다.

東海대학은 일본 군국주의 극성기 1942년 국방이공대학 기반으로 설립한 도쿄 중심부 시부야구에 본부를 둔 종합사립대학이다. 대학명 도카이(東海)는 태평양을 의미한다(The name of "Tokai" comes from the Pacific Ocean).[136]

東海대학은 도쿄에 본교와 분교 2개소, 삿포로, 다카나와, 요요기, 쇼난, 이세하라, 시미즈, 구마모토 등 일본 전역에 8개 캠퍼스 160여 개소 연구 시설을 가지고 있는 대규모 대학이다. 2016년 영국의 〈타임스The Times〉가 발표한 아시대 대학 서열 중 와세다早稲田, 게이오慶應, 동경이과대학東京理科, 근기近畿대학과 함께 일본 5대 사립명문대학으로 랭크되었으며,[137] 2006년 세계대학 순위에서 와세다·게이오 대

---

136) https://www.u-tokai.ac.jp/about/philosophy-history/school/
137) Higher Education Asia University Rankings 2016https://www.timeshighereducation.com/search?e=404&search=20%20regional%20ranking
https://www.u-tokai.ac.jp/news-section/19493/

학에 이은 일본의 3대 사립대학으로 랭크되었다.[138]

일본 군국주의 극성기 국방이공대학 기반으로 설립된 대학답게 東海대학은 일본의 대학들 중 매우 드물게 교직원 조합이 없고, 총장 이하 보직자는 모두 임명제이다.

東海대학은 의학부와 해양학부가 특히 유명하다. 2001년 일본 최초의 「닥터헬기」의 시행 사업을 개시했고,[139] 대학 이름이 일본 태평양을 의미하는 東海대학답게 일본에서 유일하게 바다에 대해 종합적으로 배울 수 있는 해양학부가 설치되어 있다.

---

138) 「東海」とは、「アジアの東にある世界最大の海洋である太平洋を表しており、太平洋のように大きく豊かな心、広い視野を育てたい」という願いが込められている https://www.u-tokai.ac.jp/ https://www.qschina.cn/

139) https://www.fuzoku-hosp.tokai.ac.jp/about/outline/drheli/

15. 일본을 동해(태평양)로 쫓아내라 - 안창호

1908년 9월 9일 제2대 조선통감 소네 아라스케 앞으로 일본 본국의 내부대신 경무국장 미츠이 시게루 발신한 비밀 전문 제865호가 날아든다.

『공립신보』[140]발신일 1908년 9월 9일
발신자   일본국 내부 경무국장 마츠이 시게루
수신자   조선 통감 자작 소네 아라스케
〈『공립신보』 게재 기사 번역문 보고 件〉

오늘 내부대신께서 치안에 방해 있는 것이라 인정하여 발매·반포를 금지하고 또 압수된 『공립신보』 제92호 게재기사는 별지 번역문과 같다. 위를 보고한다.

도대체 무슨 내용이길래 압수하고, 발매 반포를 금지한 것일까?

문제의 1908년 7월 29일, 공립신보 1면 기사는 아래와 같다.

동양의 평화를 유지하려면 귀국과 우리나라가 동맹 연합하여 일본을 동해(태평양)로 구축하고(쫓아내고) 다시 조선해(한국해)와 황해 사이에 나오지 못

---
140) 《공립신보(共立新報)》는 도산 안창호가 1905년 11월 22일 미국의 샌프란시스코에서 재미 한인들의 단체인 공립협회(共立協會)의 기관지로서 미국에 거주하는 동포들의 민족의식을 고취시키고 국권 회복을 지원하기 위해 창간했다.

하게 해야 한다. -『공립신보』 1908.7.29. 1면 (원본 스캔)

– 샌프란시스코 도산 안창호 창간

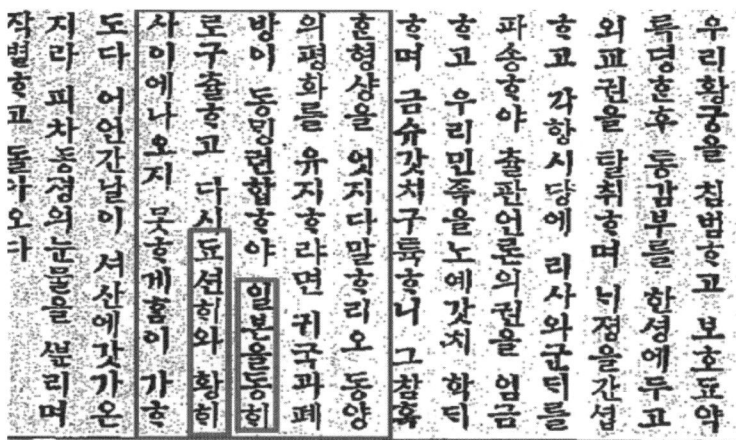

▲ 괄호 안 확대

"노일 전쟁 후 강대한 군대로 우리 황제를 침범하여 보호조약을 강제 체결한 후 통감부를 한성에 두고 외교권을 탈취하여 내정에 간섭하고 각항 시장에 이사관과 군대를 파견하여 언론출판의 권리를 구속하여 우리 민족을 노예와 같이 학대하고 금수처럼 구축한다. 그 참상을 어찌 필호로 이루 다 표현할 수 있겠는가?

동양의 평화를 유지하기를 바란다면 귀국과 우리나라는 동맹·연합하여 일본을 동해東海(태평양)로 구축하여 다시는 조선해朝鮮海와 황해黃海 사이에 나타나지 않게 해야 할 것이다."[141]

---

141) 貴國及弊邦同盟聯合シテ日本ヲ東海ニ驅逐シ再ヒ朝鮮海及黃海ノ間ニ出現)"

16. 누가 언제부터 왜 한국해를 동해로 부르게 했나?

삼한시대~1896년까지 경해((고래바다)
대한제국 1897. 10~1910. 8. 대한해
1910년 9월 ~1920년대 '동해안' '동해' '일본동해' 병용
1930년대~ 2024년 현재 '동해'로 고착

일본이 한국을 침탈하는 과정에서 한국해는 일본해로, 한국해의 독도는 일본해의 다케시마(竹島)로 바뀌었다. 일본이 '한국해'에서 '일본해'로 변조한 반면, 우리는 거꾸로 고유 명칭인 '한국해'에서 방위개념이자 일본의 별칭 '동해'로 퇴보한 것이다.

1910년 8월 29일 경술국치 이전 한일간의 바다가 '동해'로 표기된 대한제국은 물론 일본제국 지도와 문건은 단 1건도 없다.
경술국치부터 동해는 일본의 별칭이자 일본이 지배하는 식민지 한반도의 동쪽에 있는 바다라는 뜻으로 이중의 고약한 의미가 내포된 바다 이름이 되어 오늘에 이르고 있다.

대일본 명치 천황이 내린 제일 조서 칙령 1호: 1910년 8월 29일
한국의 국호를 고쳐 지금부터 조선이라 칭한다.

위 칙령은 대한제국이라는 나라가 없어졌으니 조선은 일본의 지역이

라는 일본의 입장을 잘 보여준다.

1910년 경술국치 이후 일본은 한국해를 대외적으로는 일본해로, 조선 식민지 내에서는 조선동해 또는 동해로, 대한해협을 남해로, 황해를 서해로 부르고 표기하게 했다. 남해로, 황해를 서해로 표기했다.

〈동해〉, 〈남해〉, 〈서해〉 바다 이름은 주권국가의 고유명사 해역 명칭이 아닌, 각각 일개 지역의 '동쪽 바다' '남쪽 바다' '서쪽 바다'라는 뜻을 지닌 보통명사일 뿐이다.

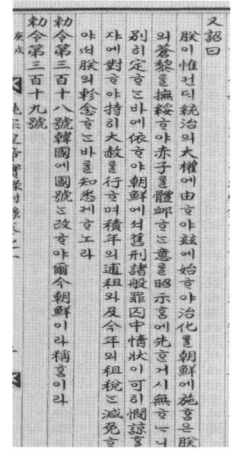

▲ 한국의 국호를 고쳐 지금부터 조선이라 한다.

한국해를 동해라 하는 건, 설악산을 동산이라 하는 것과 다름없고, 대한해협을 남해라 하는 건, 지리산을 남산이라 하는 것과 매한가지, 황해를 서해라 하는 건, 강화 고려산을 서산이라고 하는 것과 마찬가지다.

한국해가 동해로 불리게 된 시점은 1910년 8월 29일 국권피탈 이후부터이다.

일제는 한국의 고유 지명을 별 의미 없는 동서남북 방위를 붙여 백악을 북악으로, 삼각산을 북한산으로, 목멱산을 남산으로, 국제 통용 바다 이름 한국해를

▲ 동아일보 1926년 7월 1일 5면 동해(동해 – 또는 창해 –는 일본해의 일부) 바다의 일면으로 각인 세뇌작업

II. 경해 vs 동해

동해로, 대한해협을 남해로, 황해를 서해로 변조 개칭했다.

각 군의 면은 군동, 군서, 군남, 군북면 식으로 조작 축소했다.

한 나라의 역사를 말살하기 위해서 가장 중요하고 효과적인 방법의 하나가 지명을 바꾸는 일이다.[142]

<1920년대 '조선동해' 과도기>

〈강릉약사〉 강릉의 동쪽은 朝鮮東海(조선동해)에 면하고 있고 서는 정선 및 평창군에 연하고 남은 삼척군 북쪽은 양양군에 접하고 조선동해에 향하여는 급경사 - 동아일보 1921. 8. 22

일본동해폭풍 해일될까 십팔일 오후 두 시경에 능동 해양을 위시하여 일본해안에는 이전에 큰 폭풍이 일어나 - 동아일보 1923. 4. 20

조선동해의 멸치의 풍산을 보고 작년에 북조선연안의 어민의 마음을 놓게 한 동양흥업주식회사의 정어리 - 조선일보 1929. 10. 8

---

142) 일본인들의 지명에 대한 인식은 한국인과는 매우 다르고 또 지명에 부여하는 상징성이나 의미가 매우 크다. 『일본서기』나 『고사기』와 같은 유사 역사서 이외에도 『풍토기(風土記)』(713)를 비롯하여 『지명지(地名誌)』(1718), 『국호고(國號考)』(1787), 『지명자음전용례(地名字音轉用例)』, 『제국명의고(諸國名義考)』(1811)와 명치유신 이후 수많은 지명사전과 연구서를 편찬했다.

▲ 1920년대 '일본동해' 일제는 한국해를 1910년대~1920년대 '동해안', '동해', '일본동해' 등으로 창지개명 했다. - 동아일보 1923. 4. 23. 2면

▲ 1930년대 '동해' 한국해는 '동해' 대한해협은 '남해'로 고착. - 조선일보 1935년 9월 23일 4면

<1930년대 '동해'로 정착>

▲ 동해는 일제 강점기 군국주의 극성기인 1930년대 전성시대를 누렸고, 1961년 5.16 쿠데타부터 화려하게 부활했다.

동해의 풍랑에 어선 손실이 다수 - 동아일보 1930. 3. 19

Ⅱ. 경해 vs 동해

조선수산물중 1위인 동해의 멸치 - 동아일보 1939. 3. 26

동해를 통하여 원산 부산으로 - 조선일보 1931. 8. 4.

동해 무진장의 어업장인 울릉도는 아직까지 어항의 시설이 없어서 - 동아일보 1933. 7. 30

동해에서는 1억 5천만 미의 명태어가 생산된다. - 조선일보 1938. 9. 30

저기압은 일본 동해 동부 동북 지방의 동해상 등에 있다. - 동아일보 1939. 6. 27. 조선중요수산물

"동해는 일본해의 일부"로 세뇌 주입(가스라이팅)

일제는 유구한 전통의 지방 중심 도시를 별 의미 없는 산이나 포를 붙여 창지개명했다.

옥구 → 군산, 무안 → 목포 동래→ 부산, 창원 → 마산이 그 예이다, 그렇다고 이런 도시명까지 원래대로 환원할 것을 주장하지는 않는다. 이미 부산, 목포, 군산, 원산이 눈과 귀에 익었고, 국내 문제이니 원상회복하는 실익과 긴요성이 별로 없다고 본다. 하지만 동해, 남해, 서해는 반드시 한국해, 대한해협, 황해로 바로잡아야 한다. 해양영토주권수호를 위해(특히 동해는 일본의 별칭이라 더욱 고약함) 한국해로 반드시 원상회복해야 한다. 남한 영토의 10배에 해당하는 광활한 해양 영토와 독도 문제의 진취적 해결을 위해서이다.

17. 여기 바다의 음모가 서리어 있다 - 이육사

<바다의 마음>

이육사

물새 발톱은 바다를 할퀴고
바다는 바람에 입김을 분다.
여기 바다의 은총(恩寵)*이 잠자고 있다.

흰 돛(白帆)은 바다를 칼질하고*
바다는 하늘을 간질여 본다.
여기 바다의 아량(雅量)*이 간직여 있다.

낡은 그물은 바다를 얽고*
바다는 대륙(大陸)*을 푸른 보*로 싼다*.
여기 바다의 음모(陰謀)*가 서리어 있다*.

시인이자 독립운동가인 이육사(본명 이원록, 1904~1944)는 1924년 일본으로 가서 일본 도카이(동해) 지방인 도쿄의 쇼오스쿠예비학교, 일본대학 예비학교에서 수학했다. 그리하여 그는 동해가 일본의 미칭이자 일본 태평양 연안 바다 이름임을 누구보다 잘 알고 있었다.

이육사의 친필 시 원고는 극히 희귀한 편으로, 등록문화재 제713호 '편복(蝙蝠)' 외에는 '바다의 마음'이 유일하게 전해지고 있다. 2018년

12월 10일 이육사의 친필원고 '바다의 마음'이 등록문화재 제738호로 지정되었다.[143]

3행 3연으로 구성된 이 시는 바다를 의인화하고, 연마다 '바다'와 '바다 위 존재'들의 행위를 대조시키고 있다.

1연의 은총의 바다는 원형의 바다

1연에서는 상처를 가한 존재를 감싸는 바다의 은총을 노래하고 있다. '물새 발톱'은 바다에 일시적으로 위해를 가하는 존재인데, 바다는 그에 대응하여 '바람에 입김을 분다'고 한다. 이것은 따뜻한 생명력을 불어넣는다는 말이다. 화자는 그것을 '바다의 은총'으로 인식하고 있다. 즉 바다는 물새를 비롯한 생명력을 품고 있음을 드러내고 있다.

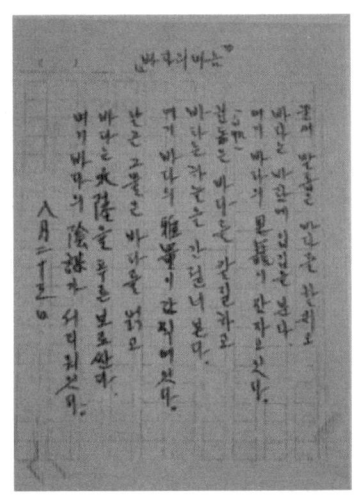

---

143) 이육사 친필원고 '바다의 마음' - 문화재청 국가문화유산포털https://www.heritage.go.kr/heri/cul/

2연 아량의 바다는 한국

2연에 가서는 무력을 가진 존재마저 감싸는 바다의 마음을 표현하고 있다. 흰 돛은 바다를 칼질하는 해를 끼치지만, 바다는 그에 대응하여 '바다를 간질여 본다'. 이것은 출렁이는 파도에 비친 하늘을 형상화한 것으로서, 화자는 이것을 '바다의 아량'으로 바라보고 있다. 무력을 휘두르는 행위를 감싸는 너그러운 바다를 형상화한 것이다.

3연 음모의 바다는 일본

3연은 대륙을 감싸고 있는 바다의 음모를 노래하고 있다. '낡은 그물은 바다를 얽고/ 낡은 그물은 일본의 침략근성 제국주의 군국주의로 고래바다 조선해를 동해로 얽어 버리고 낡은 그물은 바다를 얽고* 일본바다는 한국은 반도국가가 아니었다. 만주 대륙을 대륙(大陸)*을 일제의 푸른 보*로 감싸 버린다. 여기 바다의 음모(陰謀) 일제의 음흉한 흉계가 그 이면에 존재하듯 일제의 음흉한 흉계가 서리어 있음을 암시하는 것이다.[144]

---

144) 이육사(1904-1944): 일제 강점기를 거쳐 갔던 수많은 문인들 중 가장 적극적으로 애국, 독립 운동을 한 인물이다. 39여 년의 인생 동안 옥살이만 17번을 했다는 사실이 애국심과 민족 의식이 투철한 그의 삶을 대변한다. 이미 20대 초반 무렵부터 각종 독립 운동에 연관되어 감옥살이를 했으며, 일본에서 만주까지 건너가서 독립운동을 했고 조선 독립군이 사용할 무기 반입 계획에 몸소 참여하기도 했다. https://namu.wiki/w/%EC%9D%B4%EC%9C%A1%EC%82%AC

나무만 보지 말고 숲을 보라는 말은 식상하다.
큰바닷새 알바트로스가 창공에서 내려다보듯
나무와 숲뿐만 아니라 산과 산맥,
만(GULF)과 바다(SEA)와 대양(OCEAN)
동북아와 세계를 줌인-줌아웃하며 보라,
새 세상이 펼쳐지리!

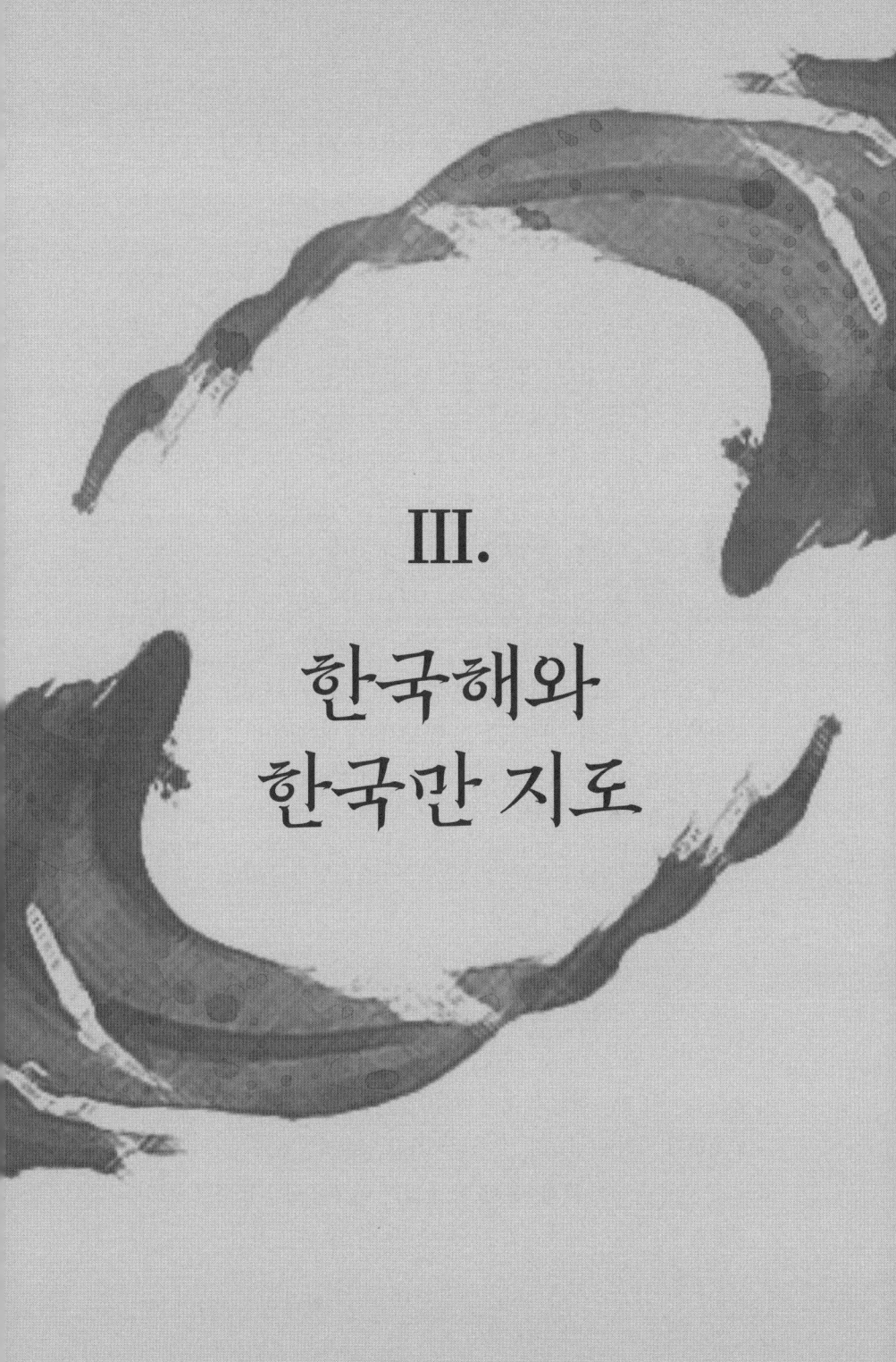

III.
한국해와 한국만 지도

1. 나라 이름이 붙은 바다 지도의 힘

"지도를 가진 자 세계를 제패한다." 문명의 시작부터 현대에 이르기까지 인류의 흔적은 모두 지도 위에 나타나 있다. 찬란했던 문명은 흥망성쇠의 길을 걸으면서도 산맥을 넘어 미지의 땅을 개척하고, 더 멀리 더 빨리 하늘을 날려던 인간의 첫 도전도 지도 위에 남았다.

인간이 생존을 위해 그렸던 지도는 근현대 역사에서 세계를 지배할 수 있는 하나의 도구가 되었다. 지도를 가진 자가 더 넓은 땅을 차지하고 더 많은 부를 획득할 수 있었기 때문이다.

지도를 그릴 때, 누구나 정확하게 그리는 것을 최우선으로 생각한다. 그러나 세계 지도와 같이 여러 나라가 동시에 포함된 지도를 그릴 때는 이 외에 또 다른 요소가 개입하게 마련이다. 가장 큰 문제는 땅과 바다의 국경선과 지명이다. 지도에 어떻게 표시하느냐에 따라 그 나라의 판도가 달라지고 지명에 특정 국호가 붙은 땅이나 바다는 그 특정 국가의 것이기 때문이다.

나라마다 시대마다 지도는 변화한다. 이는 한일간의 바다 이름 분쟁에서 명백하게 나타나는 사실이다.

일본해, 동중국해, 남중국해, 필리핀해, 아일랜드해, 노르웨이해, 이란만, 타이만, 멕시코만 등 세계 각국은 세계 지도에 자기 나라의 이름이 붙은 바다로 표기하기 위해 총력을 기울이고 있다. 세계 지도는 국가들의 지리적 위치와 영토를 보여주는 가장 일반적인 도구 중 하나이다. 따라서, 세계 각국이 세계지도에 자기 나라 이름이 붙은 바다로 표기되

길 원하는 이유는 다음과 같다.[145]

첫째, 자기 나라 이름이 붙은 바다는 국가의 주권을 확립한다. 세계지도에 그 나라의 이름이 표기되면, 그것은 그 나라가 해당 지역에 대한 주권을 주장하고, 국제사회로부터 그 주권을 인정받는 것을 의미한다.

둘째, 자기 나라 이름이 붙은 바다는 그 나라의 역사와 문화를 대표한다. 세계지도에서 그 나라의 이름을 볼 수 있다면, 그 나라의 역사와 문화가 국제사회에 인정받는 것을 의미한다. 예를 들어, '일본해'가 세계지도에 표기되면, 그것은 일본의 역사와 문화가 세계적으로 인정받는 것을 의미한다.

셋째, 자기 나라 이름이 붙은 바다는 경제적 가치를 가진다. 바다는 무역, 어업, 석유 및 가스와 같은 자원의 중요한 출처이며, 세계지도에 그 나라의 이름이 표기되면, 그것은 그 나라의 경제적 이익에 직접적인 영향을 미친다.

넷째, 바다는 전략적 가치를 가진다. 바다는 군사적 전략적 위치를 제공하며, 세계지도에 그 나라의 이름이 표기되면, 그것은 그 나라의 안보에 중요한 요소가 된다.

이런 이유로, 세계 각국은 세계지도에 자기 나라 이름이 붙은 바다

---

145) https://www.merriam-webster.com/dictionary/sea

로 표기되길 원한다. 이는 국가의 주권을 확립하며, 그 나라의 역사적, 문화적 가치를 대표하고, 경제적 및 전략적 가치를 확보하는 중요한 방법이다. 이를 통해 각 나라는 자신들의 국가적 자부심과 정체성을 세계에 알릴 수 있다.[146]

한일간의 바다를 '동해(East Sea)'로 표기한 20세기 이전 세계 지도는 단 1점도 없다.

유럽과 미국 제작 지도 318점 SEA of KOREA, COREA GULF의 KOREA, COREA를 '東'으로, 동양해 MER ORIENT와 중국의 동해 표기 MARE EOUM을 한국의 동해(EAST SEA)로, 일본 제작 지도 조선해朝鮮海 27점을 일본의 미칭(美稱) '동해'로, '동부의 또는 한국해 Eastern or Corea Sea' 18세기 초 영국 제작 단 2점의 지도를 뒤의 주어 한국해Corea Sea엔 선택적 맹인, 문맹 행세하면서 앞의 관형어 '동부의Eastern'만 따로 떼어내어 동해(East Sea)로 변조, 읽어온 동기와 목적은 도대체 무엇인가?

---

146) https://www.britannica.com/browse/Oceans-Seas

2. 『걸리버 여행기』, 동해도 일본해도 아닌 한국해

18세기 영국 소설 『걸리버 여행기Gulliver's Travels』(1726년 초판본 출간)에서 소인국 대인국의 모험을 한 주인공 걸리버는 결국 우리나라 부근 동북아까지 모험 항해를 했다.

이 소설을 쓴 조너선 스위프트(Jonathan Swift, 1667~1745)[147]는 제3부 첫 장에서 당시 사용된 세계 지도에 가상 섬을 그려넣어 걸리버의 항해 코스를 설명했는데 소설에 삽입된

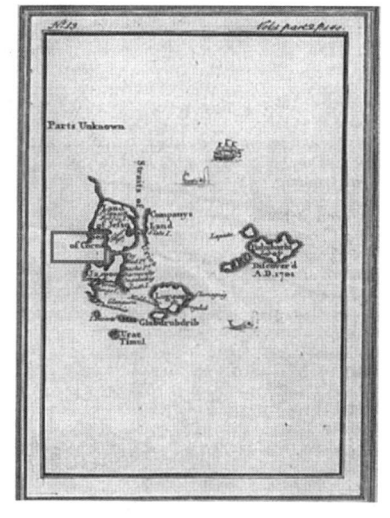

▲ Sea of Corea
걸리버 여행기의 한국과 일본과 신화 속 발니바르비 섬 사이의 지역 지도.

동아시아 지도에 한일간의 바다를 한국해(Sea of Corea)로 기록했다.

이와 같은 내용이 알려지지 않았으나 1990년 영국 브리태니커사가 발행한 『세계고전전집(Great Book of the Western World)』 총 60권 중 제36권에 원작 그대로 실려 한일간의 바다는 원래 한국해로 불렸던 사실이 밝혀졌다.[148]

---

147) 아일랜드 작가이자 성직자인 조너선 스위프트는 자신이 걸리버 여행기를 "세상을 기분 전환시키기보다는 괴롭히기 위해" 썼다고 주장했다.

148) Case, Arthur E. (1945). "The Geography and Chronology of Gulliver's Travels". Four Essays on Gulliver's Travels. Princeton: Princeton University Press. pp.19.

스위프트가 이 소설을 쓴 기간은 1721년~1726년 약 5년간, 당시 유럽에서 사용되던 세계 지도를 기초로 해서 미지의 세계로 항해하는 재미있는 모험 이야기를 엮었음이 분명하다.

▲ 『걸리버 여행기』 1726년 초판본

걸리버는 인도 수마트라 필리핀 부근의 바다에 그려진 가상의 섬들 사이를 표류하면서 손가락만 한 소인들의 밧줄세례를 받고 또 반대로 집채 같은 몸집의 대인들 틈바구니에서 곤욕을 치르기도 한다. 동쪽으로 항해하다가 가장 멀리 온 곳이 일본 동쪽에 위치한 루그나그라는 환상의 섬이다.

루그나그섬에서 그는 불멸의 사람들인 스트럴드브럭을 만난다. 그들은 영원한 젊음의 은사를 받지 못했으나 노년의 질병을 겪고 팔십 세에 법적으로 죽은 것으로 간주된다.

이곳 국왕의 친절한 대접을 받고 소개장을 얻은 걸리버는 1709년 5월 6일 일본섬으로 건너간다. 당시 일본은 네덜란드인과 통상 중이었으므로 걸리버는 네덜란드인이라 자칭하고 일본 국왕과 만나게 된다. '땅에서 절름발이 거지를 번쩍 들어 올리는 임금'이라는 내용의 도장이 찍힌 루그나그 국왕의 소개장을 내밀고 걸리버는 네덜란드로 돌아가는 배편을 마련해 줄 것을 요청, 일본 국왕의 승낙을 받는다. 드디어 1709년 6월 9일 나가사키 항에 입항한 네덜란드 상선을 타고 암스테르담을 거쳐 꿈에도 그

리던 고국 영국으로 돌아가는 것으로 이야기는 끝맺는다.[149]

스위프트는 소설에서 자신이 그린 가상섬에 '서기 1701년 발견'이라는 주석을 달았고 실제의 지명은 되도록 자세하게 이름을 적어 놓았다. 여기서 우리나라와 일본 사이 바다 이름을 한국해(Sea of Corea)로 명기했다. 당시 우리나라는 걸리버를 상륙시킬 만큼 잘 알려지지는 않았으나 지도에 COREA를 분명히 밝히고 있는 것이다.

이보다 45년 뒤 1771년 출판된 세계적 권위의 브리태니커 백과사전 초판본에도 한일 간의 바다를 한국해(SEA of COREA)로 기록하고 있다.

한국해로 명기한 『걸리버 여행기』로부터 298년이 지나고, 브리태니커 백과사전이 처음 발행된 해로부터 252년 지난

▲ 한국해 SEA OF COREA, 영국 『브리태니커 백과사전(Encyclopædia Britannica)』 1771년 초판본의 한국해 표기, 옥스포드대학 보들리안 도서관 소장

2024년 현재, Republic of Corea 대한민국의 국호는 동나라(Republic of EAST)인가? 멀쩡한 한국해에는 눈감고 귀감고 일본 별칭 동해(EAST SEA)로 불러 달라고 하는 우리나라. 부끄럽지 않은가? 한국해를 일본 별칭 동해로 부르자고 주장하는 것이 독도를 다케시마로 부르는 것과 뭐가 다른가?

---

149) http://4umi.com/swift/gulliver/laputa/

Ⅲ. 한국해와 한국만 지도

3. 서양 고지도, 한국해 318점, 일본해 212점, 동해 0점

<서양 고지도 한일간 바다 표기 일람표>
한국해(한국만 86): 318점, 일본해(일본만 0): 212점, 동해: 0점

구분		주요 표기	17까지	18C	19C	합계	
한국해SEA		SEA of COREA, MER DE CORÉE	4	167	61	232	318
한국만GULF		GULF of COREA, Golfeèdi CORÉE	0	22	64	86	
일본해SEA		SEA of JAPAN, Japanisches Meer	0	19	193	212	212
일본만GULF			0	0	0	0	
동양해		Mare Oriental, Orientalische Meer	39	23	2	64	
중국해		Mare Cin, Sinese Zee, Mare Sinicum	26	12	1	39	
기타 명칭		MARE EOUM, MER de Mangi, Tartaria	57	15	8	80	
기재 없음			97	29	17	143	
병기	한국해, 일본해	Merde Corée Mer du Japan	0	2	5	7	15
	동양해, 한국해	Mer Oriental ou Mer du Coree	2	4	0	6	
	동부의, 한국해	EASTERN or COREA SEA	0	2	0	2	
동해		EAST SEA	0	0	0	0	
합계			225	295	352	892	

▲ 서양 고지도 한일간 바다 표기: 대한민국 외교부, 국립해양조사원, 국토지리정보원, 동북아역사재단, 일본 외무성, 일본 해양보안청 홈페이지, 일본왕실 궁내청 특정역사 공문서관, 경희대학교 혜정박물관(고지도 전문 박물관), 예일대학 도서관, 캠브리지대학 도서관, 영국 국립도서관, 서던캘리포니아대학 동아시아지도 컬렉션, 미국의회도서관, 러시아 국립도서관, 프랑스국립도서관 약 1,200여 점의 지도들을 전수 실제확인, 교차 검증과정을 거쳐 필자가 직접 작성했다.

필자가 지난 4년간 20세기 이전 서양에서 제작된 1,200여 점의 지도를 직접 두 눈으로 확인하고 교차 분석하면서 깨달은 사실은 참 많다. 그중에서 가장 중요한 것 다섯가지로 요약하면 다음과 같다.

첫째, 지도의 양과 질은 국력과 정비례하고 또한 세계 국가들과의 교류 폭과 정도 그리고 위상 정도가 어떻게 바뀌고 있었나를 객관적으로 정확하게 보여주고 있다.

둘째, 한국은 셀프 축소, 셀프 은폐, 셀프 블라인드 처리하는 반면 대조적으로 일본은 무한 과장, 중복 허위 조작하는 경향이 농후하다.[150]

셋째, 1840년까지 미국과 유럽 제작 지도 중 중 한국해와 한국만 표기 지도의 수가 일본해 표기 지도의 수보다 많다.
한국해 226점 vs 일본해 51점, 한국만 60점 vs 일본만 0
특히 미국은 한국해 한국만 60점 vs 일본해 9점

넷째 대마도·독도·만주를 한국 영토로 표기하고 한국 영토 크기를 실제보다 크게 표기하고 있다.

다섯째, 서양 각국 특히 해양 대국 영국과 미국의 지도는 육지 지명보다 해양 명칭을 크게 표기했다. 이를테면 SEA OF COREA, COREA 국호는 물론 소유격 조사 'OF'조차도 대문자로 표기된 지도가 압도적으로 많다. 특히 미국 제작 지도는 COREA 표기가 대다수, KOREA 표기 지도는 3점에 불과하다.

---

150) https://ko.wikipedia.org/wiki/ 동해의 이름에 대한 논쟁
https://ja.wikipedia.org/wiki/日本海呼称問題

팩트 체크

한국 정부 측 주장

> Q2. 서양의 고지도상에는 일본해가 더 많이 사용되었다던데?

1. 동해지역이 세계지도상에 등장하는 것은 16세기초 동양을 탐험하기 시작한 서양인들이 지도를 제작하면서부터입니다. 16세기에서 19세기 초반까지 만들어진 서양지도에는 조선해, 한국해, 동양해, 중국해, 일본해 등 다양한 명칭이 사용되어 진 것으로 파악됩니다.

2. 고지도현황을 전 세계에 걸쳐 정확히 파악하는 것이 매우 어려움에 따라 일부조사결과를 토대로 결론을 유도하는 것은 적절치 않다고 생각합니다. 그러나 그간 실시된 다양한 연구결과를 종합적으로 검토한 결과, 16-18세기에는 한국과 연관된 명칭이 보다 빈번히 사용된 반면, 18세기말-19세기초부터는 주요 유럽국가 제작 지도를 중심으로 「일본해」가 보다 빈번하게 사용되기 시작했습니다.

3. 일본은 이러한 사실에 기초하여 「일본해」가 19세기초부터 국제적으로 확립되었다고 주장하고 있는데 당시 국제 표준 지명을 결정할 수 있는 권위있는 기관에 의해 특정 명칭이 표준 명칭으로 결정된 바 없으므로 「일본해」가 '국제적으로 확립된' 명칭이라는 주장은 적절치 않다고 할 것입니다.

4. 또한, 19세기초 발간 지도중 「일본해」 명칭 사용 지도가 여타 명칭 사용 지도보다 많다고 하더라도 당시 발간 지도중 상당수가 명칭을 표시하지 않고 있는 것은 일본해 및 한국과 관련된 어느 명칭도 확립된 명칭이 아니었음을 반증하는 것입니다.

5. 따라서 현재까지 보존된 고지도상의 「동해」 수역에 대한 다양한 명칭의 사용은 특정 명칭이 유일한 정당성을 가진 표기가 될 수 없음을 보여주는 것입니다.

▲ 외교통상부 홈페이지 동해명칭 Q&A http://www.mofat.go.kr/press/hotissue/eastSea/index.jsp

1. 16세기에서 19세기 초①까지 만들어진 서양 고지도에는 조선해②, 한국해, 동양해③, 중국해, 일본해④ 등 다양한 명칭이 사용되었다.

① 16세기에서 19세기 초까지가 아니라 19세기 후반(1873년)까지

② 한일간의 바다를 영문 비롯 서양 문자로 'Chosun Sea', 'Sea of

Chosun)' 조선해로 표기한 서양 고지도는 단 1점도 없다. 일본이 서양 지도상의 한국해 'MER DE CORÉE', 'Sea of Corea'를 '朝鮮海'로 번역 표기한 것을 아무런 생각 없이 그대로 옮긴 것으로 분석된다.

③ 동양해(MER ORIENTAL)는 발견 시대 초기 18세기 이전 실제 탐사 없이 상상과 전언에 의해 막연히 동아시아 바다를 표기한 것들이 대부분이다. 실제탐사와 과학적 측정방법으로 제작된 19세기 서양 지도에 동양해 표기 지도는 단 2점에 불과하다.

④ 실제 확인해 본 결과 18세기 이전에 서양에서 제작된 일본해 표기 지도는 단 1점도 없다.

2. 16~18세기 초까지는⑤ 한국 관련 명칭⑥이 빈번히 사용되었고, 18세기 말~19세기 초⑦부터는 일본해가 빈번히 사용되었다.

⑤ 16~18세기 초까지가 아니라 19세기 후반까지 빈번히 사용된 것을 확인할 수 있다. 한국해는 1840년까지 (미국 제작 1840년) 한국만은 1873년까지 사용되었다(영국 제작, 1873년).

⑥ 한국 관련 명칭? '한국 관련'이라니… 왜 한국해 한국만 명칭이라고 지칭하지 못하는가?

⑦ 19세기 초부터가 아니라 19세기 중반, 1842년 아편전쟁 대청제국의 패배 이후부터 특히 일본과 특별한 관계에 있던 독일을 중심으로

Ⅲ. 한국해와 한국만 지도

일본해 지도(독일제작 지도만 92점)가 출현했다.

3. 19세기 발간 서양고지도 중 상당수는 동해수역에 명칭⑧을 표시하지 않았으므로 어느 명칭도 확립된 것이 아니라는 것이다.⑨

⑧ 19세기 발간된 서양 고지도 중 한국해가 표기된 61점, 한국만이 표기된 64점에는 눈 감고 해역 명칭 표기 없는 19세기 서양 지도를 언급하는 이유는 뭔가? '어느 명칭도 확립된 것'이 아니라는 정부 측 주장과는 달리 19세기 중반까지 한국해 명칭을 표시한 서양 고지도는 125점이나 된다.

⑨ 19세기 영국 미국 프랑스 제작 한일간의 해역을 한국의 내해로 파악한 한국만 표기 지도가 64점이나 되고 일본만 표기 지도는 0점인 사실을 왜 밝히지 않는가?

일본 측 주장
1. 일본해는 19세기 초부터⑩ 압도적으로 사용되었기에 팽창주의나 식민 지배 결과로 확산된 것이 아니다.⑪

⑩ 일본해 표기는 19세기 초가 아니라 1840년대부터 독일을 중심으로 압도적으로 사용되었다.

⑪ 19세기 말 20세기 초 팽창주의와 식민 지배의 결과로 확산된 것이다.

2. 18세기까지 미국 및 유럽의 지도에서는 일본해⑫ 이외에 '조선해'(Sea of Korea)⑬, 동양해(Oriental Sea), 중국해(Sea of China)⑭ 등 다양한 명칭이 사용되었다.

⑫ 18세기까지 미국 및 유럽의 지도에서는 한국해 한국만 등 명칭이 사용되고 19세기에 이르러서야 일본해가 사용되고 한국해, 한국만 등 다양한 명칭이 병용되었다.

⑬ 일본해 이외에 조선해가 아니라 한국해와 한국만 이외에 일본해가 사용되었다.

⑭ 18세기까지 한일간의 바다를 중국해로 표기한 나라는 실제 항해하지 않고 상상과 관념에 의해 지도를 그린 독일 제작 지도 외에 찾기 힘들다.[151)]

---

151) 오일환, 『서양고지도의 '동해(東海, Sea of Korea)' 표기와 유형의 변화』, 국제지역연구 8(2), 2004. pp.167-187.

4. 동양해(MARE ORIENTALE)가 '동해'인가?

국내의 선행 연구는 동양해(Mare Oriental)의 Oriental은 서양 occidental의 대립 개념으로서의 동양을 의미하는 단어이지, 방위로서의 동쪽을 의미하는 것은 아니라고 하면서도 동해로 읽고 있는데 여기에는 두 가지 문제점이 있다.

오리엔탈은 중국·일본 등 동양을 비하하는 모욕적 용어

oriental: 형용사 (특히 중국·일본을 가리키는) 동양의, 〈동양인의〉
oriental이 명사로 쓰일 때는 모욕적으로 동양인을 부르는 경우

'동양'이라는 명사는 식민주의 및 다양한 아시아 정체성을 가진 사람들을 이국화하는 언어와 오랫동안 연관되어 있다. Oriental을 사용하는 것은 일반적으로 공격적인 것으로 간주된다.[152] 동양(ORIENTAL)과 동(EAST)은 동의어가 전혀 아닐뿐더러 일본과 중국을 가리키는 모욕적인 용어다.

지리상의 발견 시대 초기 부정확한 표기의 산물

국명이나 지방명이 표기되지 않는 바다 이름은 무효하다.
서양의 오리엔탈해 표기는 1700년대 이전 대항해시대 초기 이탈리

---

152) https://www.merriam-webster.com/dictionary/oriental

아 네덜란드에서 18세기 이후 독일을 제외한 나라에서 표기하지 않는 낡은 것이다.

베니스의 지리 제작자 Benedetto Bordone이 1528년 제작한 지도는 동양해 위치가 한일간의 바다가 아닌, 동중국해, 한반도와 일본 열도 남부 해역, 필리핀 북부 태평양에 걸쳐 매우 부정확하게 표기되어 있다.

예시로 1528년 MARE ORIENTALE 베니스, 이 밖에도 1650년 동대양Ocean Oriental 프랑스, 1700년 동양해Mare Orientale 이탈리아, 1744년 소동양해 Minor Oriental Sea 영국, 1786년 소동양해Kleine Orientalische Meer 독일 등에서 제작된 동양해 또는 소동양해 표기 지도가 있으나 대부분 실제 탐사 없이 상상과 전언만으로 그린 부정확한 지도가 대부분이다.

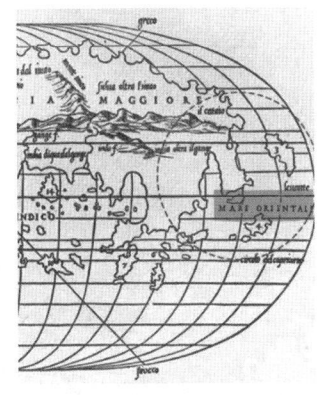

▲ 1528년 MARE ORIENTALE 동양해, Benedetto Bordone, 이탈리아

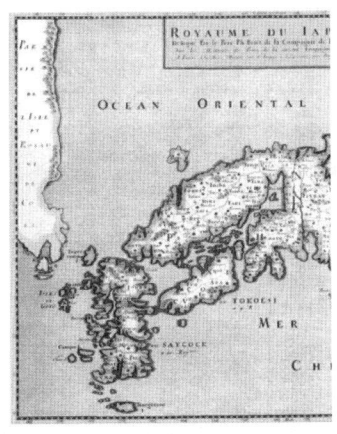
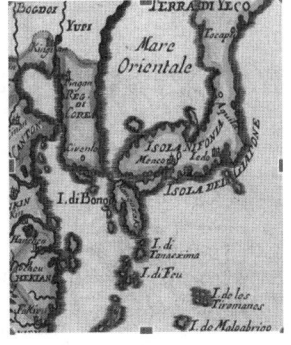

▲ 1650년 동대양 OCEAN ORIENTAL 프랑스　▲ 1700년 동양해 Mare Orientale 이탈리아

Ⅲ. 한국해와 한국만 지도

5. MARE EOUM이 한일간의 바다 '동해'인가?

▲ MARE EOUM(동중국해, 태평양) 고대 세계 지도 Briet, Philip, 1649년 제작, 미국의회도서관 소장

2014년 2월 13일 대한민국 정부 대표 포털 KOREA NET[153]은 독일 지리학자 필립 클루버가 1624년 제작한 지도에는 한국과 일본 사이의 수역이 라틴어로 동쪽의 바다라는 뜻으로 MARE EOUM이 표기되어 있다고 공개했다.

이를 10년 넘도록 영문, 중문, 아랍어, 스페인어, 러시아어, 프랑스어, 독일어, 일본어, 베트남어, 인도네시아어로 세계 만방에 게시하고 있다.

이를 따라 동북아 역사재단도 유라시아 대륙의 동쪽 바다를 동해 또는 중국해(MARE EOUM sive OCEANVS SINENSIS)로 표기했다고 적고 있다.[154]

국립해양조사원도 Mare Eoum(라틴어로 '동해')을 서양고지도에 나타난 동해의 한 예로 명기하고 있다.[155]

---

153) https://www.kocis.go.kr/koreanet.do
154) http://contents.nahf.or.kr/id/NAHF.om.d_0003_0140
155) https://www.khoa.go.kr/kcom/cnt/selectContentsPage.do?cntId=51207200

독일 지리학자 필립 클루버(왼쪽)가 1624년 제작한 지도에는 한국과 일본 사이의 수역이 라틴어로 '동쪽의 바다'라는 뜻의 'MARE EOUM'으로 표기되어 있다. 1721년 영국 왕실 지리학자 존 세넥스(John Senex)가 작성한 지도(오른쪽)에는 '동해(EASTERN SEA)'라고 적혀 있다.

▲ 2014년 2월 13일 대한민국 정부 대표 다국어 포털 KOREA NET 스캔. 'MARE EOUM'이 시베리아 동쪽 바다로 표기되어 있다.

해외문화홍보원도 일본도 인정하는 동해와 독도라는 제목에 동해 해역이 '동쪽에 있는 바다의 의미'인 'MARE EOUM'으로 표기돼 있다고 게시하고 있다.[156]

과연 그럴까?

네덜란드 동인사 회사 간부 니호프(J. Nieuhof)는 중국 여행기를 작성하여 당시 높은 인기를 끌었는데, 그가 제작한 1672년의 「중국의 도시 및 하천지도」에서는 한일간의 바다 전체에 '한국해(MARE COREUM)'로 동중국해에

▲ 네덜란드 니호프의 1872년 〈중국의 도시 및 하천지도〉 한일간의 바다엔 한국해(MARE COREUM)로 표기하고 동중국해엔 동해(MARE EOUM)로 표기했다.

---

156) https://www.kocis.go.kr/koreanet/view.do?seq=2373

동해(MARE EOUM)로 표기했다.

그런데 같은 지도인데 MARE COREUM(한국해)은 못 본 척하고 MARE EOUM(동중국해)을 한일간의 바다 이름 동해로 억지를 부리는 이유는 도대체 무언가?

18세기~19세기 영국 프랑스 미국 등 당시 선진강대국들이 실제 탐사와 탐험 측량을 통한 과학적 기법으로 제작한 정확하고 분명한 한국해(COREA SEA)와 한국만(COREA GULF) 318점 지도엔 선택적 맹인, 문맹, 치매 행세를 하고 17세기 이전 지리 지도 수준의 MARE EOUM 그것도 러시아 시베리아 동쪽바다 또는 중국의 동중국해 표기를 한일간의 바다 동해로 변조, 대한민국 정부대표 포털을 비롯 모든 국책기관, 교과서와 온오프라인 백과사전에 허위사실을 게재, 내·외국민들을 호도하는 이유와 목적을 아무리 생각해도 잘 모르겠다.

미국의회 도서관에 소장 중인 고대 세계 지도엔 다음과 같은 주석이 달려 있다. 15세기 이전에 중세 지리 지식 수준으로 MARE EOUM은 동중국해를 포함한 태평양을 나타낸다. 라틴어 텍스트가 포함된 구세계 지도는 제목은 Antiquissima Orbis Delineatio(고대 세계 지도) 지리 지식 수준은 15세기 이전과 비슷하다. 지중해를 Mare Interius(중대양), 태평양을 Mare Eoum(동대양)으로 표기했다.[157]

---

157) The level of geographical knowledge is similar to that until the 15th century. Named regions include: Mare Interius (middle Sea: Mediterranean), Mare Eoum (eastern ocean), https://www.loc.gov/item/97690001/

6. EASTEREN or COREA SEA가 '동해'인가?

'East'와 'Eastern'은 모두 방향이나 위치를 나타내는 용어이다. 그러나 사용되는 형태와 의미에서 차이가 있다.

'East'는 명사로 사용될 때, 동쪽을 나타낸다. 예를 들어, "The sun rises in the east"는 태양이 동쪽에서 떠오른다는 것을 의미한다. 반면 'Eastern'은 형용사로 사용되어, '동쪽의' 또는 '동쪽에 있는'이라는 뜻이다. "The eastern part of the country"는 그 나라의 동쪽 부분을 가리킨다.

따라서 'East'는 명사로, 'Eastern'은 형용사로 사용되어 특정 지역이나 방향을 나타내는 데 사용된다.

또한 East는 명확하게 구분되어 있는 지역이나 장소를 가리키지만 Eastern 등의 -ern 등이 붙은 형태를 쓸 때는 "넓고 구분이 모호한 광활한 지역"을 가리킨다.

예를 들면 South Africa(남아프리카 공화국), Southern Africa(아프리카 남부지역)가 그 예다. 즉, East는 고유명사의 관형어로 사용되지만 Eastern은 ~에 속해 있는, ~

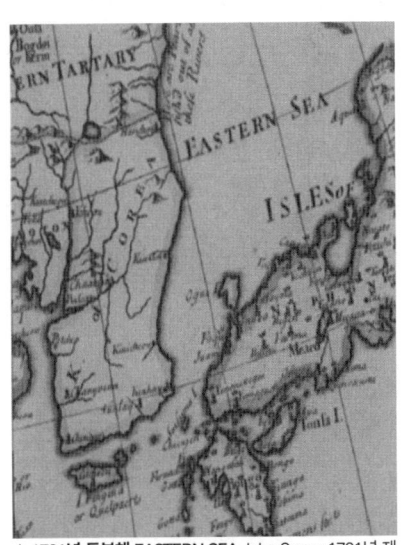

▲ 1721년 동부해 EASTERN SEA John Senex 1721년 제작 대한민국 정부 대표 다국어 포털 KOREA NET 비롯 한국에서만 볼 수 있는 지도, EASTERN SEA(동쪽 바다) 고지도에서 or COREA SEA 문구가 삭제된 것을 볼 수 있다.

지방의 뜻으로 사용한다.[158]

'동부 또는 한국해'가 '동해'인가?

'Eastern or Corea Sea'로 표기된 지도는 영국의 존 세넥스(John Senex)가 1721년에 제작한 '인도와 중국의 새로운 지도(A New Map of India & China)와 1778년 Thomas Bowen의 '아시아 속의 러시아(Map of Russia in Asia)' 단 두 점뿐이다. 그런데 Eastern or Corea Sea가 동서고금 세계지도에서 단 두 편뿐인 The Eastern or Corea Sea 표기지도의 Eastern동쪽은 Corea한국을 꾸며주는 관형어에 지나지 않는다. 318점이나 되는 한국해 한국만 표기 지도는 논외로 하고 이 대목을 짚어보자. 국적과 인종 종교 이념에 관계없이 보통수준의 상식을 가진 사람이라면 앞의 수식어 동쪽Eastern보다 뒤의 주어 한국해 Corea sea로 읽어야 하지 않을까? 더욱이 한국인이라면 더 말할 나위 없이 한국해, 최소한 동한국해로는 읽어야 정상이 아닐까? 뒤의 Corea Sea에 더 주목하는 것이 정상 아닌가?

덧붙이건대, Eastern 뒤에 단독으로 Sea가 나오는 해양 명칭은 지구 역사상 전혀 없고 Eastern 뒤에는 대개 Ocean이 나온다.

---

158) https://dictionary.cambridge.org/grammar/british-grammar/east-or-eastern-north-or-northern

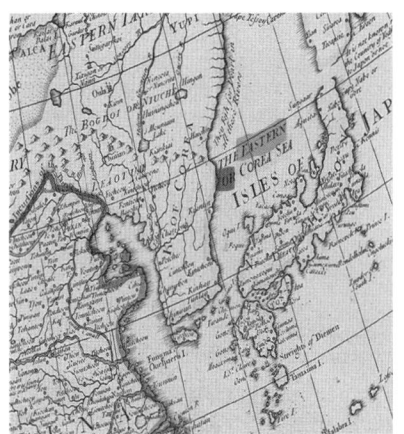 

▲ 1721년, 동부 또는 한국해 EASTERN OR COREA SEA 〈John Senex, London〉

▲ 1778년 동부 또는 한국해 EASTERN OR COREA SEA 〈Thomas Bowen, London〉

Ⅲ. 한국해와 한국만 지도

7. 서양 각국의 한국해 vs 일본해 최초 표기 지도

1. 포르투갈

   1615년 'Mar Coria' 한국해 Manuel Godinho de Eredia

2. 이탈리아

   1647년 한국해 Mare di Corai / Robert Dudley

   137년 후

   1774년 일본해 Mer del Giappone / Antonio Zatta

3. 네덜란드

   1669년 DE COREER ZEE, MER DE CORÉE 한국해 / Arnoldus Montanus

   31년 후

   1700년 Mare Japonicum 일본해/ Carel Allard

*4. 영국

   1710년 한국해 Sea of Korea /T. Kitchen

   89년 후

   1799년 일본해 Sea of Japan /Laurie & Whittle

   ***1740년 한국만 GULF OF COREA Bolton&Seal**

*5. 프랑스

1723년 한국해 MER DE CORÉE/ G. Delisle

39년 후

1762년 일본해 Mer du Japon/ Janvier

*1755년 한국만 Gulf of COREA/ D'Anville

6. 러시아

1734년 КОРЕЙСКОЕ МОРЕ한국해 / Kilrilov

78년 후

1812년 Mer du Japon 일본해 / Krusenstern

7. 미국

1792년 한국해 Sea of Corea /Morse Doolittle Thomas

22년후

1814년 일본해 Sea of Japan/ Anthony Finley

*1796년 한국만 COREA GULF/ W. Barker Carey

8. 독일

1785년 한국해 COREA SEE /Christian Gottlief Hertel

20년 후

1805년 일본해 Japanisches Meer/ C. G. Reichard

*1808년 한국의 만 Meerbusen von Korea/ A. G. Schneider

9. 체코

1812년 Coreanische Mer 한국해 /Macartney

10. 아일랜드

1814년 한국해 COREAN SEA / J. Charles 더블린

1808년 한국만 Gulf of COREA / R.Booke

18세기 이전 서양 어느 나라에서도 일본해를 표기한 지도는 단 1점도 없다.[159]

<서양 각국의 '한국해', '한국만' vs '일본해' 표기 지도 최초 출간 연도>

순	지도 발행지	한국해 SEA	간격	일본해 SEA	한국만 OF	일본만 OF
1	포르투갈	1615년	-	미출간	-	미출간
2	이탈리아	1647년	133년 후	1774년	1820년	미출간
3	네덜란드	1669년	31년 후	1700년	-	미출간
4	영국*	1710년	89년 후	1799년	1740년	미출간
5	프랑스*	1723년	39년 후	1762년	1755년	미출간
6	러시아	1734년	78년 후	1812년	-	미출간
7	독일	1785년	20년 후	1805년	1808년	미출간
8	미국*	1792년	22년 후	1814년	1795년	미출간
9	체코	1812년	-	미출간	-	미출간
10	아일랜드	1814년	-	미출간	1808년	미출간

출처: 상기 서양제작지도 1,200여 점의 지도들을 일일이 교차검증과정(중복 복제 출판 제외)을 거쳐 필자가 직접 작성.

159) https://www.mofa.go.jp/mofaj/area/nihonkai_k/usa/pdfs/maplist.pdf

<'한국해 표기' 서양 제작지도 총 232점 중 60선>

1. 1615년, MAR CORIA/ Manoel Godinho 포르투갈
2. 1647년, "MARE DI CORAI/ Robert Dudley 이탈리아
3. 1669년 DE COREER ZEE /A Montanus 네덜란드
4. 1672년 MARE COREUM/ J. Nieuhof 네덜란드
5. 1710년 SEA OF COREA/ Senex 영국
6. 1715년, Sea OF COREA/ Herman Moll 영국
7. 1723년 MER DE CORÉE/ Guillaume de Lisle 프랑스
8. 1732년 MER DE CORÉE/ Gulliaume Danet 프랑스
9. 1734년 КОРЕЙСКОЕ МОРЕ/ Kilrilov 러시아
10. 1740년 MER DE CORÉE/ Vaugondy 프랑스
11. 1743년 SEA OF KOREA/ T. Kitchin 영국
12. 1745년 MER DE CORÉE, MEER VON KOREA/ Bellin 프랑스
13. 1748년 SEA OF KOREA/ Eman Bowen 영국
14. 1749년, SEA OF COERA/ T. Jefferys 영국
15. 1750년 MER DE CORÉE/ Vaugondy 프랑스
16. 1752년 SEA of COREA/ J. Gibson 영국
17. 1754년 SEA of COREA/ J. Hinton 영국
18. 1757년 MER DE CORÉE/ Bellin (J.) 프랑스
19. 1760년 Corease Zee/ N. T. Gravius. 네덜란드
20. 1762년 MER DE CORÉE/ Rigobert Bonne 프랑스
21. 1766년 SEA of KOREAea/ G. Rolla 영국
22. 1771년 SEA of COREA/ 영국 브리태니커 백과사전 초판본

23. 1772년 Zee van Corea/ Eman Bowen 네덜란드

*24. 1775년 SEA of COREA/ William Faden 영국

25. 1775년 Corean Sea/ J. Robert 영국

26. 1777년 Mare di Corea/ Antonio Zatta 이탈리아

27. 1781년 Corean Sea/ R. Seyer & J. Bennett 영국

28. 1782년 Korea Sea/ Moore's 영국

29. 1783년, Sea of Korea/ Samuel Neele 영국

30. 1784년 MER DE CORÉE/ Chez Francoise Santini 이탈리아

31. 1785년 See Korea/ Gottlief Hertel 독일

32. 1787년 MARE COREA/ Dudley Adams 영국

33. 1790년 MER DE CORÉE/ Brion 프랑스

34. 1791년 Corean See/ Marco di Pietro 이탈리아

35. 1792년 SEA of COREA/ Doolittle Thomas 미국

36. 1794년 SEA of Korea/ Robert Wilkinson 영국

37. 1795년 SEA of COREA/ John Russel 영국

38. 1798년 Corean Sea/ Millar J 영국

39. 1798년 Sea of Korea/ 미국사상 최초의 백과사전(1798년) 미국

40. 1799년 Corea Sea/ Wauthier 미국

41. 1800년 SEA of COREA/ J. Wilkes. 영국

42. 1802년 SEA of COREA/ A. Doolittle Thomas 미국

43. 1805년 Mar de COREA/ Antillon de Geografia 스페인

44. 1807년 Sea of COREA/ Aaron Arrowsmith 영국

45. 1810년 КОРЕЙСКОЕ МОРЕ 국립러시아국립도서관 소장

46. 1811년 MER DE CORÉE/ Delamarche 프랑스

46. 1812년 Coreanische Mer/Macartney 체코

47. 1814년 Corean Sea/ J.Chales 아일랜드

48. 1817년 Corean Sea/ Aspin 영국

49. 1819년 Sea of Korea/ M.Carey 미국

50. 1821년 SEA of COREA/ Boynton Goodrich 미국

51. 1824년 SEA of KOREA/ Solomon King 미국

52 1828년 SEA of COREA/ J. H. Young. 미국

53. 1829년 SEA of COREA/D.F. Robinson 미국

54. 1829년 Koreanisch Meer/ Klaproth 독일

54. 1830년 SEA of COREA/ J Grigg 미국

55. 1830년 SEA of COREA/ H. F.J.Huntington 미국

56. 1835년 SEA of COREA/ David H. Burr 미국

57. 1835년 SEA of COREA/ Bradford 미국

58. 1835년 SEA of COREA/Thomas Gamaliel 미국

59. 1836년 SEA of COREA/ Thomas Illman 미국

60. 1840년 SEA of COREA/ Greenleaf Jeremiah 미국

8. 포르투갈·이탈리아, '한국해' 표기의 시작

포르투갈의 전성기는 15세기와 16세기에 이루어진 세계적인 해양 탐험으로 대표된다. 이 시기에 포르투갈은 대양을 건너 유럽과 아프리카, 아시아 사이의 연결고리를 찾는 항해로 세계사적인 영향을 끼쳤다. "발견의 시대"에 포르투갈은 세계적으로 탐험을 이끌었고, 이때 만들어진 지도들은 그 당시의 발견과 지리적 이해를 기록한 소중한 자료이다. 이러한 포르투갈의 지도는 세계 지도의 발전과 해양 탐험에 큰 영향을 미쳤다.

세계사상 최초로 한국의 국호가 붙은 한국해가 표기된 지도 역시 포루투갈에서 제작되었다. 1615년 포르투갈의 지도 제작자 마누엘 고디뉴 데 에레디아Manuel Godinho de Eredia가 제작한 아시아 지도(Mapa da Asia)의 'Mar Coria'이다.[160]

▲ 한국해 'Mar Coria' 1615년 포르투갈 Manuel Godinho de Eredia 제작

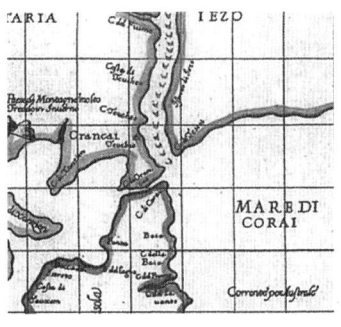

▲ "MARE DI CORAI" 1645년 이탈리아 Robert Dudley 제작

이탈리아는 16세기와 17세기 전반 이탈리아는 유럽 탐험과 제국주

---
160) 오일환, 전게논문, pp.172-173.

의적 탐험활동의 중심지로서 큰 역할을 하였으며, 유럽 지도 제작에 깊은 영향을 미쳤다. 두 번째 한국해 표기 지도는 세계 사상 두번째로 한국해 표기 지도는 이탈리아에서 출현하였다. 1647년 영국 출신으로 이탈리아에서 활약한 지도 제작자 로버트 더들리 경(Sir Robert Dudley)의 세계 지도상 한국해 'Mare di Corai'이다.[161]

한국의 모양은 지금과 다르지만, 지명을 이탈리아어로 "코라이 왕국, 반도(Regno di Corai, Penisola)"로 표기했다

'일본해'라는 명칭은 1602년 명나라에서 체류중인 이탈리아의 선교사 마테오 리치(Matteo Ricci)의 "곤여만국전도(坤輿萬國全圖)"에서 처음 사용된 명칭이라고 주장되는데, 일본인 스스로가 한일간의 바다 수역의 지명을 '일본해'로 인식하지 않았음이 다양한 사료를 통해 증명되고 있다.

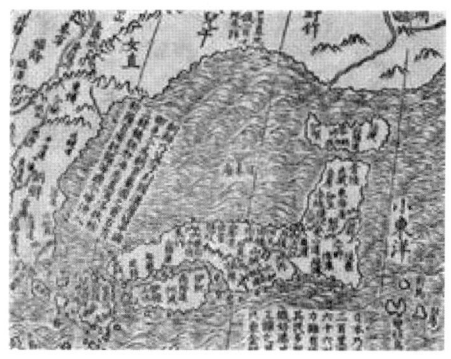

▲ 일본해 최초의 지도라고 주장하는 마테오 리치의 〈곤여만국전도〉, 1602년

---

161) 국립해양박물관
https://www.mmk.or.kr/?folder=collection&page=view&idx=111

18세기 후반 이전에 출판된 일본의 문서와 지도에는 이 해역의 이름이 나오지 않았다. 또한 일본 혼슈 북서부 해안에 조그맣게 표시되어 있을 뿐이다. 한반도 동쪽 바다에 조선에 관련한 설명을 기록할 뿐이다. 현대 중국학계에서도 이 지도를 최초의 일본해 표기 지도로 인정하지 않고 있다.

▲ 1820년 한국만 G.di.Corea, Bonatti&Pietro 이탈리아, 일본만 표기 이탈리아 제작 지도는 단 1점도 없다.

9. 네덜란드, 17세기 한일간의 바다를 한국해로 도배

뉴욕이 뉴암스테르담이었다는 사실을 아는가? 네덜란드 동인도회사가 세계 최초의 주식회사이자 세계 최초의 다국적 기업, 그리고 17세기 세계 최대의 회사였던 사실을 아는가?

인도네시아와 대만이 네덜란드 식민지였던 사실을 아는가?

17세기 서양 세계는 네덜란드 1극시대였다.

네덜란드는 지도 제작술이 획기적으로 발전하면서 지도학이 가장 먼저 발달했다. 네덜란드의 지도학자 메르카토르Gerardus Mercator는 1569년 '메르카토르 도법'을 발명해 근대 지도학의 아버지로 불린다. 이 도법에 따르면 경선의 간격은 고정한 채 위선의 간격으로 각도를 정확하게 그릴 수 있어 평면지도에 주로 사용했다.[162]

바다의 명칭이 지니는 국제법적 함축성은 너무나 커서 아무리 강조해도 지나치지 않는다. 17세기 네덜란드는 국제법을 발전시켰다. 특히 그로티우스〈Grotius, Hugo(1583~1645년)〉는 네덜란드의 법학자로서 국제법의 아버지라 불리운다.[163]

1669년, 당시 서구세계의 수도인 네덜란드 암스테르담에서 한일간

---

162) Prak, Maarten (2005). The Dutch Republic in the Seventeenth Century: The Golden Age. Cambridge University Press. p. 66.

163) https://iep.utm.edu/grotius/

의 바다를 온통 한국해로 도배해버린 엄청난 지도가 나왔다.

네덜란드의 지리학자 아놀두스 몬타누스Arnoldus Montanus(1625-1683)가 제작한 지도 〈오사카에서 에도, 나가사키에서 오사카까지의 뛰어난 지도〉[164]다.

이 지도는 1년 전 1668년 출판된 『하멜 표류기』의 사건과 네덜란드 무역선의 실제 항로를 바탕으로 몬타누스가 직접 손으로 동판에 새긴 명품지도이다.

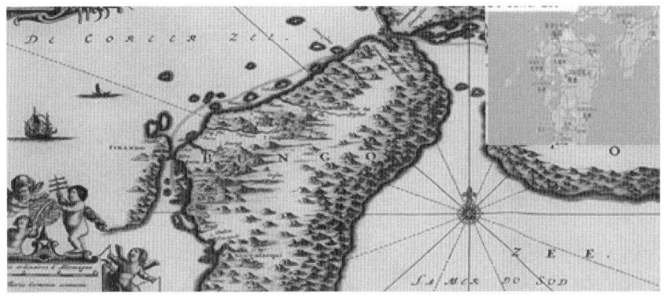

▲1669년(『하멜표류기』 출간 이듬해) 네덜란드에서 출판된 〈오사카 에도 나가사키 지도〉.
한일간의 동쪽 바다도 한국해 MER DE CORÉE
한일간의 남쪽 바다도 한국해 DE CORRER ZEE

이 지도는 '한국해인가? 동해인가? 일본해인가?' 논쟁을 판가름 지을 수 있는 귀중한 지도로 평가되며 한국해가 17세기부터 이미 국제법적으로 통용되었던 바다 명칭이었다는 강철 같은 증거 중의 하나이다.

---

164) Superb 1669 Map from Osaka to Edo & Nagasaki to Osaka〉
https://www.loc.gov/item/2021668278/

한국동부해역도 한국해 MER DE CORÉE, 한국남부해역도 한국해 DE CORRER ZEE

네덜란드 동인도 회사 직원으로 중국에 근무했던 니호프(J. Nieuhof)는 중국 여행기를 작성하여 당시 높은 인기를 끌었는데, 그가 제작한 1672년의 「중국의 도시 및 하천지도」에서는 한일 간의 바다 전체를 '한국해(MARE COREUM)'로 기록했다.

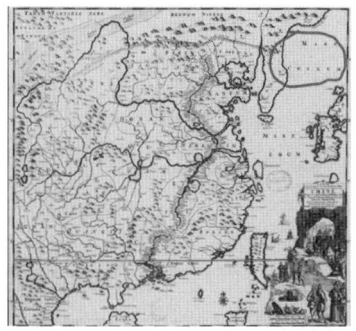

▲ 한국해(MARE COREUM) 니호프 1672년

10. 프랑스, 18세기 한국해 황금시대를 열다

지도의 양과 질은 국력에 정비례한다.

17세기는 네덜란드의 세기였고 18세기 전반은 프랑스의 시대였다. 17세기가 네덜란드 지도 제작의 전성기라면 18세기 전반은 프랑스 지도제작의 황금기이다.

19세기 세계 미술의 중심: 프랑스 파리 몽마르뜨
18세기 세계 지도의 중심: 프랑스 파리 오홀로쥬

'몽마르트 Le Montmartre'

19세기 화가들 하면 제일 먼저 떠오르는 곳이 어디인가? '에꼴 드 파리' 19세기의 회화는 프랑스에서 의해 이루어졌다고 해도 과언이 아니다. 그중에서도 파리의 몽마르뜨(Le Morntmartre)는 그림의 성지였다. 15세에 이미 스페인을 대표하는 화가로 떠오른 천재 피카소, 네덜란드의 반 고흐, 이탈리아의 모딜리아니, 러시아의 샤갈 등 세계 각국의 유명한 화가들이 파리로 모여들었다.

그렇다면 18세기 세계 지도 제작의 중심지는 어디일까? 바로 프랑스 파리 오홀로쥬Quai de l'Horloge였다.[165]

태양왕 루이 14세(재위 1463~1715) 통치는 프랑스에서 과학으로서의 지도 제작의 개화기였다. 루이 14세는 프랑스 국립지리원(Institut Géographique National)을 설립하여 지도 제작에 있어 중추적인 역

---

165) https://en.wikipedia.org/wiki/History_of_cartography

할을 맡게 했다.[166]

프랑스 루이 왕실의 후원은 유수한 지도 제작자들을 이 파리 정중앙 시테섬의 오홀로쥬가에 모여들게 하여 유럽에서 가장 정확하고 상세한 지도를 만들어 냈다.[167]

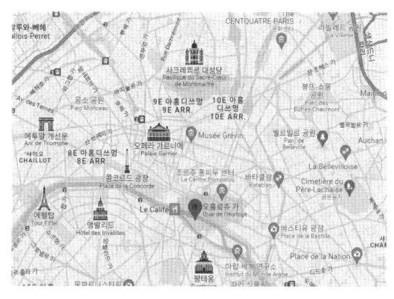
▲ 프랑스 파리 오홀로쥬가 18세기 세계 지도 제작의 중심

18세기 프랑스는 지리적 지식의 확충으로 인해 바다 명칭 역시 이전과 같은 소축척이 아닌 보다 대축척의 관점에서 바다 명칭을 구체적으로 정의하려는 시대였다.

기욤 드릴Guillaume Delisle, 필립 부아쉬Philippe Buache, 쟈크 니콜라스 벨링Jacques-Nicolas Bellin 로베르 드 보곤디Robert de Vaugond으로 이어지는 프랑스 왕실 지리학 및 왕실 수문학

▲ 한국해 MER DE CORÉE /1778년 프랑스 루이 16세 시대 지도 제작자 보곤디 Robert de Vaugond는 한일간의 바다 전역을 MER DE CORÉE 시베리아와 타타르 지역, 만주를 포괄하는 지역을 COREA의 판도로 표기했다.

자 또는 왕실 지도학자들은 한일간의 바다를 분명히 한국해 'MER DE COREE'로 명시했다.[168]

---

166) Wolodtschenko, Alexander; Forner, Thomas (2007). "Prehistoric and Early Historic Maps in Europe: Conception of Cd-Atlas
167) Pelletier, Monique (1998). "Cartography and Power in Europe During the Seventeenth and Eighteenth Centuries," Cartographica 35
168) 정인철, "프랑스 국립도서관 소장 서양 고지도나타난 동해 지명의 조사 연구", 한국지도학회, 2010, pp.22-25.

18세기 프랑스 제작 지도 중 '한국해MER DE COREE' 표기 지도는 59 점이나 되는 반면 일본해MER DU JAPON 표기 지도는 단 3점에 불과했 다.[169]

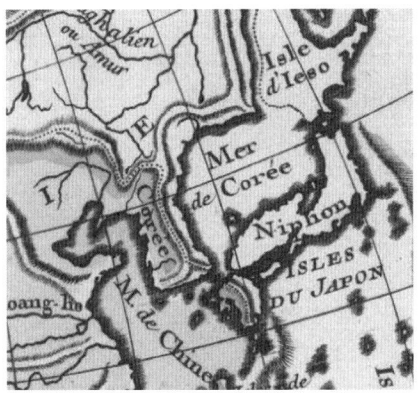

▲ 한국해Mer de Corée 1755년 프랑스 파리

▲ 한국해 MER DE CORÉE 1780년 프랑스 파리

---

169) Janvier 1762 France Mer du Japon /Lapérouse 1782, MER DU JAPON 일본 해 / Chez Delmarche 1792 France Mer du Japonhttps://www.mofa.go.jp/mofaj/ area/nihonkai_k/usa/pdfs/maplist.pdf 참조

176　　　　　　　　　　　　　　　　　　　　한국해 KOREA SEA

11. 영국, 19세기 후반에도 한국해 표기 지도

18세기 중반까지 정확한 지도 없이 서양 제국의 선박은 나침반과 별빛, 그리고 신념·추측·희망·육감 등에 의해 항해했다.[170]

과학적인 해양 지도는 조지 3세 치세의 제임스 쿡(James Cook, 1728~1779) 선장의 1768년 태평양 항해로 시작되었다고 해도 과언이 아니다. 그는 세 차례에 걸쳐 태평양 등을 항해하여 새로운 지리 정보를 발견했다.[171]

쿡이 제작한 지도는 당시 사용했던 지도를 완전히 바꾸어 놓았다. 그 뒤를 이어 영국뿐만 아니라 러시아, 프랑스, 미국에서도 다른 탐험대가 이어졌다.[172]

해가 지지 않는 나라 영국은 세계적인 제국으로서 광범위한 식민지를 가지고 있었다. 영국은 세계 각지로의 해양 진출을 활발히 추진했고, 이를 지원하기 위해 세계 각지의 해양 지도를 정밀하게 제작했다. 즉, 영국의 해양 진출과 지도 제작은 확립된 제국의 지위를 유지하고 확장하는 데 중점을 두었다.

▲ 1787년 MARE COREA/ Dudley Adams 제임스 쿡 선장의 2. 3차 등 항해 정보를 친구 더들리 아담스가 지도로 제작. 한국해Mare COREA 로, 대한해협은 한국해협Fretum COREA로 표기했다.

조지 3세와 빅토리아 여왕을 비롯한 영

---

170) https://en.wikipedia.org/wiki/Cartography#Age_of_Enlightenment
171) Collingridge, Vanessa (2003). Captain Cook: The Life, Death and Legacy of History's Greatest Explorer. Ebury Press. pp.11-27
172) https://en.wikipedia.org/wiki/Marine_chronometer

국 왕들이 역사적인 사건, 경제, 군사 전략 등을 고려하여 지도 제작에 관심을 가졌으며, 이는 영국의 지리적인 특성과 국가 발전에 큰 영향을 미쳤다.

영국은 식민지 확장과 세계적인 영토 통제를 위해 지도 제작에 큰 투자를 하였다. 이는 교역 및 항로 개척이나 병력 이동을 지원하기 위함이었다.

대영제국 왕실은 '왕의 지리학자'라는 칭호를 존 세넥스(John Senex), 허먼 몰(Herman Moll), 에마누엘 보웬(Emanuel Bowen), 토마스 제프리스(Thomas Jeffreys), 윌리엄 페이든(William Faden) 등 역대 최고 실력의 지도 제작자들에게 부여했다.[173]

그들은 한일간의 바다를 세계 최초로 1710년 영문 국호 'COREA'를 넣어 한국해(SEA of COREA)로 표기했다. 그리고 세계 최초로 1740년 한일간의 바다를 한국의 내해로 파악, 한국만(GULF of COREA)으로 표기했다. 그리고 대영제국의 최전성기 빅토리아 여왕 재위시기 1873년 영국은 최후까지 가장 정확하고 신뢰도 높은 한국만(GULF OF COREA) 지도를 제작했다(이 책 맨 첫 쪽 지도 참조).

---

173) Pedley, Mary Sponberg. 2005. The Commerce of Cartography: Making and Marketing Maps in Eighteenth-Century France and England. University of Chicago Press. Page 33.

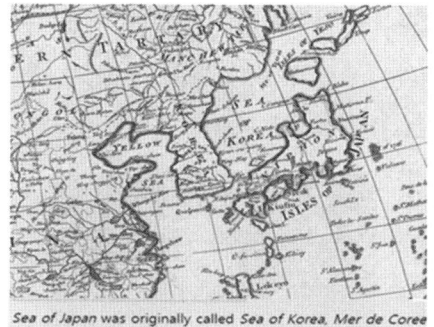
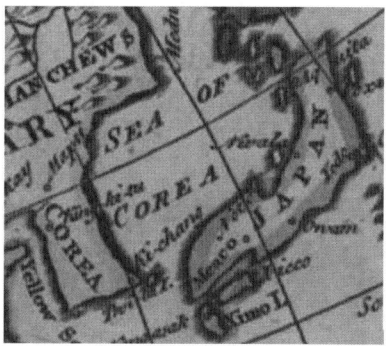

▲ 한국해 SEA OF KOREA
1790년대 영국 런던 출간, https://en.wikipedia.org/wiki/File:Sea_of_Korea.jpg
캡션에 "일본해는 원래 한국해로 불렀다."
(Sea of Japan was originally called Sea of Korea, Mer de Coree)라는 내용이 붙어 있다.

▲ 한국해 'SEA OF COREA' 1757년 Emanuel Bowen(1694년~1767년) 영국의 조지 2세 왕과 프랑스의 루이 15세 모두에게 왕실 지도 제작자로 임명되는 독특한 영예를 얻은 지도 제작가다. 보웬은 18세기 유럽에서 가장 크고 가장 상세하며 가장 정확한 지도를 제작한 것으로 동시대 사람들로부터 높은 평가를 받고 있다.

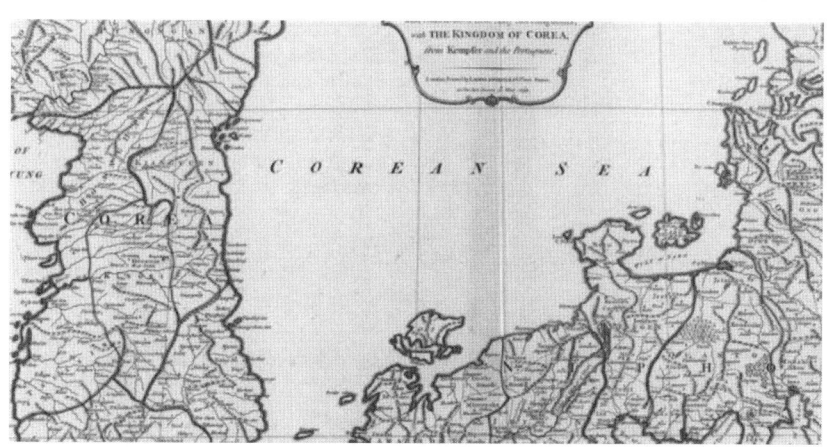

▲ 한국해 COREAN SEA 1794년 Thomas Kitchen 제작, 영국 런던

Ⅲ. 한국해와 한국만 지도

12. 미국, 1840년까지 한국해 60점 vs 일본해 9점

미국, 한국해 한국만 지도 제작 8관왕 나라

1. 기간 대비 한국해·한국만 표기 지도 최다국가
2. 19세기 한국해·한국만 표기 지도 제작 최다국가
3. 동서고금 모든 국가 중 건국 후 가장 빠른 시간에(건국 후 3년)에 한국해(SEA OF COREA) 지도 출간 국가
4. 초대국가원수가 평생 지도 제작가며 초대국가원수 재임기간 중 6점이나 한국해·한국만 출간 국가
5. 한일간의 바다를 한국의 내해로 파악, 한국만 표기 지도 최다국가
6. KOREA 아닌 COREA 표기 지도 제작 최다 국가
7. COREA 포경선 선박명에 붙이고 해군소속 군함으로 편성한 나라
8. COREA와 고래를 처음으로 동일시한 나라

George Washinton (United States of America, 1732-1799)
first president of the United States; cartograper
조지 워싱턴: 미국 초대 대통령, 지도 제작가
https://en. wikipedia.org/wiki/List of_cartograpers

1792-1840년 미국 제작 지도
한국해: 60점 vs 일본해: 9점[174]

---

174) 일본 외무성 일본해 미국 제작 지도 통계 https://www.mofa.go.jp/mofaj/area/

한국해 60점

1. 1792년, SEA OF COREA, Doolittle Thomas, 뉴욕

2 1796년, Sea of Korea, Carey&Guthrie, 필라델피아

3 1796년, Sea of Corea, American Universal Geography, 보스턴

4. 1796년, GULF OF COREA, W. Barker, 필라델피아

5. 1797년, SEA OF KOERA, James Wilson, 미국 최초 백과사전, 뉴욕

6. 1797년, Sea of Corea, J.Cary, 보스턴

7. 1798년, GULF OF COREA, G.Fairman, 필라델피아

8. 1799년, Sea of Korea, J. Low, 뉴욕

9. 1799년, GULF OF COREA, A. Doolittle, 뉴욕

10. 1799년, COREAN SEA, Wauthier, 뉴욕

11. 1801년, GULF OF COREA, J. Morse, 뉴욕

12. 1802년, GULF OF COREA ,W. Barker, 뉴욕

13. 1802년 SEA OF COREA ,A. Doolittle Thomas, 뉴욕

14 1805년, Sea of Korea, John Low, 뉴욕

14. 1811년 Sea of Korea, M.Carey &Mathw, 필라델피아

15. 1814년, GULF OF COREA, J. T. Hommond, 보스턴

16. 1817년, GULF OF COREA, D.F. Robinson, 필라델피아

17. 1818년, GULF OF COREA, Cumming & Hillard, 하트포드

18. 1819년, Corean Sea, John O'Neill Fielding Lucas, 뉴욕

19. 1819년, SEA OF KOREA, M.Carey, 보스턴

20. 1821년, SEA OF COREA, Boynton Goodrich, 보스턴

nihonkai_k/usa/pdfs

21. 1821년, GULF OF COREA, H. Morse, 보스턴

22. 1821년, GULF OF COREA, H. M Hillard Gray&Co, 보스턴

23. 1821년, GULF OF COREA, Seeman James, 보스턴

24. 1821년, GULF OF COREA, J. H. Young, 보스턴

25. 1822년, Sea of Corea, M. Malte – Brun, 뉴욕

26. 1823년, GULF OF COREA,W.Tanner, 보스턴

27.1823년, GULF OF COREA, Fielding Lucas Jr., 뉴욕

28 1823년, SEA OF KOREA ,F & R Lockwood, 필라델피아

29. 1824년, SEA OF KOREA, Solomon King, 뉴욕

30 1824년, GULF OF COREA, J. Grigg's, 뉴욕

31. 1824년, GULF OF COREA, Olive D Cooke & Sons, 뉴욕

32. 1825년, GULF OF COREA, H. S. Tanner, 뉴욕

33. 1825년, GULF OF COREA, Cummings & Hilliard, 보스턴

34. 1825년, GULF OF COREA, W. C. Woodbridg, 뉴욕

35. 1826년, GULF OF COREA Atlas Cooke & Sons, 뉴욕

36. 1826년, GULF OF COREA, Atlas Goodrich, 하트포드

37. 1828년, SEA OF COREA, J. H. Young, 미국

38. 1829년, GULF OF COREA, School Atlas Hartford, 하트포드

39. 1829년, SEA OF COREA,D.F. Robinson, 코네티컷

40 1830년,Sea of Corea, D. F. Robinson, 보스턴

41.1830년 Sea of Corea J H. Young Sc. 필라델피아

42. 1830년 SEA OF COREA, H. F.J.Huntington, 코네티컷

43. 1830년, GULF OF COREA, W. C. Woodbridge, 필라델피아

44. 1831년 Sea of Corea Atlas Gray & Bowen, 뉴욕

45. 1831년, GULF OF COREA, Oliver D Cooke, 보스턴

46. 1832년, GULF OF COREA, C. S. Williams, 뉴욕

47 1833년 Sea of Corea School Atlas A. Smith, 필라델피아

48. 1834년, GULF OF COREA, D. Tanner, 필라델피아

49. 1834년, GULF OF COREA, Samuel Walker, 뉴욕

50. 1835년 SEA OF COREA, David H. Burr, 뉴욕

51. 1835년 SEA OF COREA, Thomas Gamaliel, 보스턴

52. 1835년 SEA OF COREA, J. T. Hommond Smith, 필라델피아

53. 1835년 SEA of COREA, Thomas Gamaliel, 보스턴

54. 1836년 SEA OF COREA, Thomas Illman, 뉴욕

55. 1835년, GULF OF COREA, Shannon McCune, 하트포드

56 1837년 SEA OF COREA, School Atlas Robinson & Pratt, 뉴욕

57. 1837년 Sea of Corea ,General Atlas M. Malte - Brun, 보스턴

58. 1840년 GULF OF COREA, James H. Young, 필라델피아

59. 1840년 GULF OF COREA, Belknap& Hamersley, 뉴욕

60. 1840년 SEA OF COREA, Greenleaf Jeremiah, 뉴욕

일본해 9점

1. 1814년 Sea of Japan, Anthony Finley

2. 1824년 Sea of Japan, H. S. Tanner

3. 1826년 Sea of Japan, F. Lucus Jr.

4. 1828년 Sea of Japan, John Grigg

5. 1829년 Sea of Japan, D. F. Robinson & Co

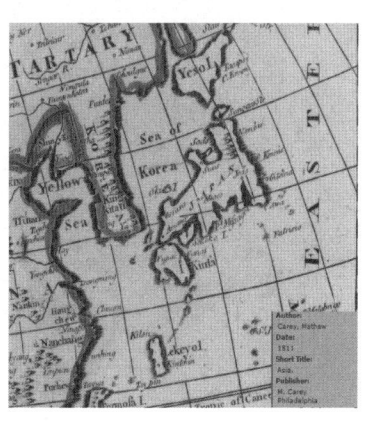

6 1832년 Sea of Japan, C. S. Williams

7. 1834년 Sea of Japan, Burr Stone

8. 1835년 Sea of Japan, T. G. Bradford

9. 1839년 Sea of Japan, Augustus Mitchell

미국사상 최초의 백과사전(1798년)에 한국해(SEA OF KOREA) 표기 지도 수록

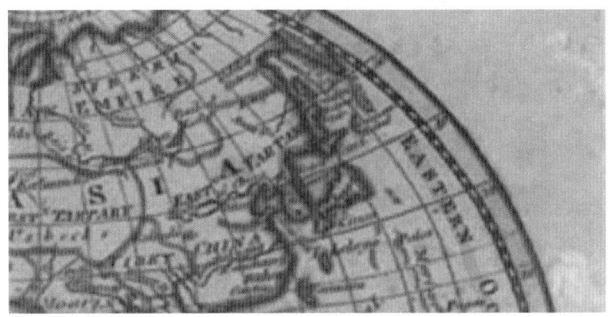

▲ 미국 최초 백과사전 New Encyclopedia(1797년)는 한일간의 바다를 한국해(SEA OF KOREA), 동아시아의 태평양을 동부의 대양(EASTRERN OCEAN)으로 표기했다.

 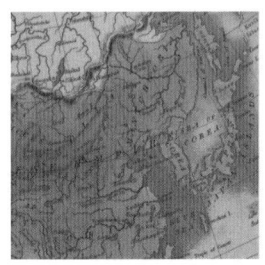

▲ 한국해 SEA OF COREA. 1792년 미국 건국 3년 후 Amos Doolittle에 의해 제작. 'SEA OF COREA'를 표기한 지도

▲ 한국해 SEA OF COREA. 미국 포경업 중심지역 매사추세츠주의 유명한 지도 제작가 G.Jaremish가 1840년 제작한 지도.

1853년 3월 3일
〈뉴욕타임스〉 '한국해'(SEA of Corea)로 공식화

미국의 대표 일간지 〈뉴욕타임스〉(1851년9월 18일 창간)는 1853년 3월 3일 목요일 2면 상단에 '한국해(Sea of Corea)'를 표기했다.

"일본과 유럽의 교류는 동방 교역의 선구자인 포르투갈인들에 의해 시작됐다"며 "300년 전인 1542년 중국에서 류큐로 가려던 포르투갈 상선 페르난도 멘데스가 강한 서풍에 휘말려 한국해(Sea of Corea)의 북서쪽 섬 나가사키 히라도 항에 닿았다"고 보도했다.

▲ New York Times 1853년 3월 3일(목) 2면 상단

〈뉴욕타임스〉의 기사는 당시 미국 등 세계인들에게 '한국해'가 보편적인 바다 이름으로 쓰였다는 사실을 입증한다. 한일간의 바다에 '한국해(Sea of Corea)'라는 명칭이 사용된 것은 '한국해'가 세계사 속에 공인된 지명이었다는 강철 같은 증거다.[175]

---

175) http://koreasea.net/collection.htm,
https://www.mofa.go.jp/mofaj/area/nihonkai_k/usa/pdfs/maplist.pdf

13. 독일, 양보다 질 - 한국의 만, 한국의 해협

프랑스는 육군으로 영국은 해군으로 독일은 관념으로 세계를 지배했다. - 아놀드 토인비, 『역사의 연구』

19세기 이전 서양 제작 지도 중 한일간의 해역 표기에 독일 지도는 정확성이 가장 결여되어 있다.

토인비의 지적 그대로 독일은 프랑스와 영국과 달리 책상머리에서 관념과 상상으로 지도를 창조해냈다.[176]

현지를 탐험하거나 여행, 측량하지 않고 영국과 프랑스의 지도를 모방하며 자신의 상상력을 가미하여 자의적으로 표기한 것이다.

독일인은 18세기까지 한국해를 중국해 또는 동양해로 표기했다. 1596년 독일의 지리학자 안드레아스Andreas는 중국해Mare Cin 또는 북일본해Nord du Japon라고 표기했다 1705년 뮌헨의 수학 교수였던 세러Scherer는 동대양Oceanus Orientalis으로 표기했다. 1750년 마테우스 알브레히트Mataeus Albrecht는 동양해Mare Oriental 또는 중국해Mare Sinicum로 표기하였으며, 1753년 귀세펠트Gussefeld는 동양해Mare Orientale와 한국해COREA Sein로 중복 표기했다가 1786년엔 소동양해 Kleine Orientalische Meer라는 지명을 창작했다.

1800년대 초반 나폴레옹 전쟁의 여파로 각성하기 시작한 독일인은 게르만 민족 특유의 정확성과 치밀성을 발휘했다.

19세기 독일의 지도 제작은 기술과 지리학의 발전에 크게 영향을

---

[176] https://www.mofa.go.jp/mofaj/area/nihonkai_k/usa/pdfs/maplist.pdf

받아 정밀한 지도 제작이 활발히 이루어졌다. 과학기술의 혁신과 실용주의적 접근을 통해 현대적이면서도 정교한 지도를 제작하는 데 중요한 발전을 이루었으며, 이는 이후의 지도 제작 분야에도 큰 영향을 미쳤다.

　19세기 후반 독일은 군사력과 산업화를 통해 유럽에서 강대국으로 부상하고 있었고, 이를 보고 일본도 군사력 강화와 산업화를 통해 동아시아에서 영향력을 키우고자 했다. 독일은 일본과의 특수관계로 인해 '일본해'에 몰표(92점이나 일본해 표기)를 몰아 주었다.[177] 그에 반해 한국해 표기 지도는 한 점, 한국만, 한국해협 표기 지도 또한 각 1점뿐이다.

　그러나 19세기 독일 제작 지도들은 중요도 면에서는 결코 여타 국가 제작 지도에 뒤떨어지지 않는다. 독일은 1808년 한일간의 바다를 한국의 내해와 다름없는 '한국의 만MEERBUSEN VON COREA'으로 표기했다. 반면에 '일본의 만'으로 표기된 지도는 단 1점도 없다.[178]

---

177) https://www.mofa.go.jp/mofaj/area/nihonkai_k/usa/pdfs/maplist.pdf
178) Barry Lawrence Ruderman Antique Maps Inc.
https://www.raremaps.com/gallery/detail/44715/karte-von-australien-oder-polynesien-nach-den-zeichnungen-weigel

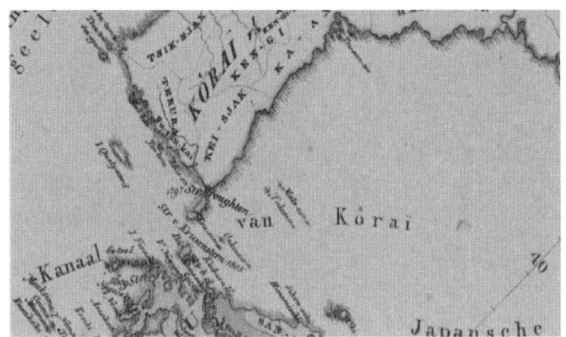

▲ 한국의 해협 'Kanaal van Kôrai' 1832년 재일본 독일인 교수 필리프 프란츠 폰 지볼트Philipp Franz Balthasar von Siebold가 제작한 지도 〈일본변계약도〉. 울릉도와 독도가 대한해협 내로 표기되어 있다.

1832년 재일본 독일인 교수 지볼트는 한일간의 바다와 울릉도를 독도가 한국 영해내로 표기한 '한국의 해협Kanaal van Kôrai' 지도를 제작했다. 반면에 일본의 해협으로 표기된 독일 지도는 단 1점도 없다.

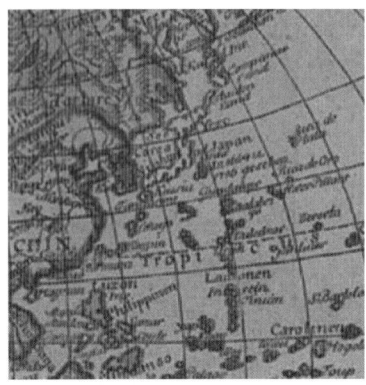

▲ 한국해 Sea of COREA. 1785년

▲ 한국의 만 MERRBUSEN VON COREA, 1808년

14. 러시아, 한국해를 동해로 부르는 한국 이해 불가

'한국해'를 '동해'로 표기 주장하는 한국인들을 이해할 수 없다.
-모스크바 주재 언론인 이반 자카라젠코 2008년-

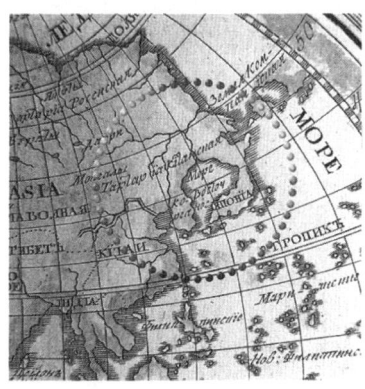

▲ 한국해 КОРЕЙСКОЕ МОРЕ 1734년 러시아 최초 한국해 표기 지도

▲ 1820년대 러시아 제작, море корейское 한국해 지도

러시아의 동아시아 지도는 모두 러시아인들이 태평양 연안 지역에 처음 도착한 1639년 이후에 제작되었다. 1687년 닉 비첸Nic Witzen 의 『타르타리Noord en Oost Tartarye』에서는 한국해를 '오리엔탈대양 Oceanus Orientalis'으로, 고만N. Goman의 1725년 지도에서는 "동부대양Eastern Ocean"이라는 용어를 사용했다. 1734년 러시아 최초로, 러시아 지도 제작가 키릴로프Kilrilov가 한국해 표기 지도를 제작했다. 일본해를 표기한 러시아 지도는 78년 후, 1812년에 처음 제작되었다.

1745년에 유명한 페테르스부르크 과학 아카데미가 인쇄한 아시아 지도에서도 동한국해를 "Koreiskoe Mope(한국해)"로 표시했다. 1745년부터 1791년까지 러시아에서 인쇄된 다른 유명한 지도에는 "한국해(Sea of Korea)"라는 용어가 사용되었다. 러시아인들은 1844년 공식적으로 마지막으로 출판한 지도에서 동해를 "Sea of Korea(한국해)"라고 불렀다.[179]

▲ 2005년 러시아는 한국과 일본 사이의 바다를 조선해로 표기한 〈일본변계약도〉를 인쇄한 〈한국해Корейское море, KOREA Sea〉 셔츠를 제작했다.

러시아 한국 대사관의 한국문화원이 2002년 러시아 주요기관과 도서관 등을 조사한 결과 총 21개의 지도 중 무표기 3, 동부해 2, 한국해 8, 일본해 5, 한국해/일본해 병기 2, 태평양 1회 기재되었다.[180]

2008년 7월 16일 이반 자카라첸코Ivan Zakharchenko 모스크바 주재 러시아 언론인은 말한 바 있다.

"한국해를 동해로 표기할 것을 주장하는 한국 정부와 이에 만족하는 한국인을 이해할 수 없다.

현재 한국인들은 한국의 바다를 '동쪽Восточны'이라고 부르는 사실을 괄호 안에 언급하는 것만으로도 만족할 것이다. 이전에 러시아 및 기

---

179) https://en.wikipedia.org/wiki/List_of_Russian_explorers
180) 서정철, "서양 고지도를 통하여 본 동해명칭을 둘러싼 한일간의 경쟁", 한국고지도연구 5(2) 2013. p.15.

타 유럽 지도에서는 이미 괄호 안에 일본해의 한국 명칭 동해를 쓰기 시작했다. 그러나 한국인들이 계속해서 노력한다면, 세계 지도에는 새로운 지명 a new geographical name이 나타날 것이고, 오직 일본인만이 그것을 일본해로 우기게 될 것이다."[181]

---

181) https://koryo-reporter.livejournal.고려 리포터, 〈라이브저널〉. 2008.7.16.

15. 일본, 1910년까지 조선해 표기 지도 27점

18세기 후반 이전까지 일본은 한일간의 해역 명칭을 북해로 부르고 표기했다. 1794년 처음으로 일본의 지도에 조선해朝鮮海가 등장했다. 19세기 전반에는 한국 동측에 '조선해' 단독 표기한 지도가 주를 이루었다. 19세기 중반 1868년 명치유신 전야에는 한일간의 바다 정중앙에 '조선해'를 표기한 지도가 대세였다. 명치유신 이후 한국 동안을 조선해, 일본 서안을 일본해로 표기한 지도가 득세하더니 1895년 청일전쟁의 일본 승전 이후 한일간의 바다 전체를 일본해로 표기한 지도로 굳어졌다.[182]

1) 한국 동측에 조선해 단독 표기

18세기 후반부터 19세기 전반 일본의 지도들은 한국의 동쪽 해역에 치우쳐 '조선해'를 표기하고, 일본의 서쪽 해역에는 바다 이름을 표기하지 않았다. 일본 열도 동쪽 태평양 연안 해역에 '대일본해'로 표기했다.

---

182) 심정보, "일본고지도에 표기된 동해 해역의 지명", 한국고지도연구 5(2), 2013. pp.19-32.

<한일간 바다 '조선해, 한해(韓海)' 표기 일본 지도 일람표>

	제작 연도	지도명	표기 위치		
			한국 동측	일본 서측	일본 동측
1	1794	〈아세아전도〉	조선해	없음	
2	1808	〈염부제도부일궁도〉	조선해	없음	대일본해
3	1809	〈일본변계약도〉	조선해	없음	
4	1810	〈신정만국전도〉	조선해	없음	대일본해
5	1837	〈여지육대주〉	조선해	없음	대일본해
6	1846	〈만국여방도〉	조선해	일본해	
7	1847	〈신제여지전도〉	조선해	없음	대일본해
8	1848	〈동서만국전도〉	조선해	없음	대일본해
9	1850	〈가영교정동서지구만국도〉	조선해	없음	대일본해
10	1850	〈본방서북변계약도〉	조선해	없음	
11	1851	〈양반구도〉	조선해	없음	
12	1851	〈지학정종도〉	조선해	없음	
13	1852	〈지구만국방도〉	조선해		대일본해
14	1853	〈만국여지전도〉	조선해		대일본해
15	1854	〈대일본인요경전도〉	조선해	일본해	대일본해
16	1855	〈대여지구의〉	조선해	없음	없음
17	1862	〈환해항로신도〉	조선해		없음
18	1865	〈동전대일본국세도〉	조선해	북대양	
19	1868	〈관허대일본사신도〉	조선해	일본서해	
20	1870	〈대일본총계약도〉	조선해	서동양해	
21	1871	〈지구만국방도〉	조선해	일본해	
22	1873	〈만국여지전도〉	조선해	대일본해	

23	1874	〈만국신도〉	조선해	일본해	
24	1882	〈대일본조선팔도삼국전도〉	조선해	일본서해	
25	1894	〈일청한삼국전도〉	조선해	일본해	
26	1904	〈일로청한진경도〉	동조선해	일본해	
27	1910	〈일본 연안 포경 지도〉	한해	일본해	

▲ 출처: 일본 제작 고지도를 참조하여 필자가 직접 작성

1794년 <아세아전도(亞細亞全圖)>

일본의 고지도에서 최초로 '朝鮮海'가 표기된 것은 1794년 가쓰라가와 호슈桂川甫周의 〈북사문략〉에 수록된 〈아세아전도〉이다. 한국의 동쪽 해역에 치우쳐 '조선해'를 단독 표기하고, 일본의 서쪽 해역엔 아무런 이름을 표기하지 않았다.

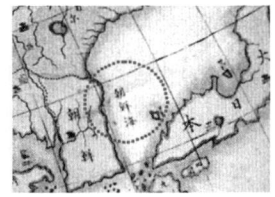

▲ 아세아전도 한국해 부분 확대

1808년<염부제도부일궁도(閻浮提圖附日宮圖)>

미국 의회도서관 소장 중인 일본 승려 산카 존토山下存統의 세계 지도 〈염부제도부일궁도〉는 한국과 일본 사이의 바다를 조선해朝鮮海로 표시했다. 중국 동쪽 바다를 대청해大淸海로, 일본 동쪽에 연해에 대일본해大日本海로 표기했다.[183]

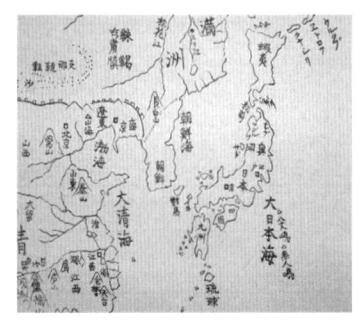

▲ 1808년 염부제도부일궁도

---

183) 19세기 일본지도 '동해는 조선해' 표기, 서울신문, 2005년 3월 30일.

1809년 <일본변계약도(日本邊界略圖)>

에도 막부의 명령을 받은 다카하시 가케야스高橋景保 측지소장이 1805년 일본 최초로 서양식 측지법을 따라 제작한 지도이다. 한반도 동쪽 바다에 '조선해'로 표기한 반면 일본 열도 동쪽 바다에는 아무런 표기를 하지 않았다.[184]

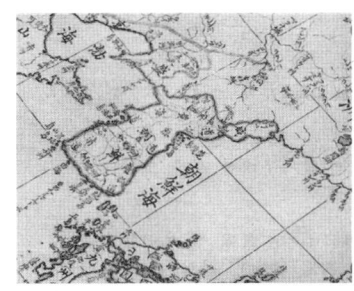

▲ 1809년 〈일본변계약도〉 일본국 공식 지도

1810년 <신정만국전도(新訂萬國全圖)>

다카하시 가케야스가 3년에 걸친 노력 끝에 1810년에 완성한 이 지도는 1868년 메이지 유신 직전까지 일본국 공식 지도이다. 한국의 동쪽 바다를 '조선해', 일본의 동쪽 바다를 '대일본해'로 표기했다.

19세기 일본의 관찬지도에서 한반도 동해안을 따라 조선해가 표기됨에 따라 일본의 지도에 일본해 지명의 표기 비율은 낮아지게 되었다. 이 지도의 조선해 채용의 영향이 그 후 45년간 계속되어 일본에서 조선해 표기의 지도가 다수 만들어졌다.

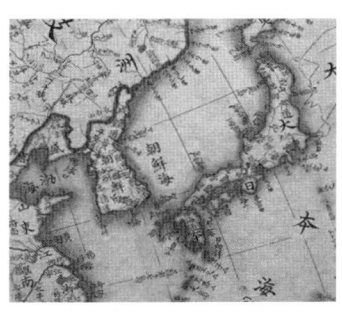

▲ 1810년 〈신정만국전도〉 일본국 공식지도

---

184) 2005년 러시아는 한국과 일본 사이의 바다를 조선해로 표기한 일본변계약도를 인쇄한 〈한국해 Корейское море, KOREA SEA〉 셔츠를 제작, 동해 또는 일본해를 폐기하고 '한국해' 지지를 표명한 바 있다. Корейское море! Самый красивый влог из нашей поездки

Ⅲ. 한국해와 한국만 지도

1837년 <여지육대주>
한반도 동안을 조선해로 표기, 태평양을 대일본해로 표기했다.

1847년 <신제여지전도(新製與地全圖)>
19세기 당대 최고의 일본인 지도 제작자인 미스쿠리 쇼고箕作省吾가 프랑스인이 만든 세계 지도를 바탕으로 제작한 것이다. 한반도 동안을 '조선해'로, 일본열도 서안을 '대일본해'로, 태평양은 '대동양'으로 각각 표기하고 있다. 일본 관영 NHK는 2005년 3월 15일 방송에서 '조선해' 표기 부분만 삭제 방송한 바 있다.[185]

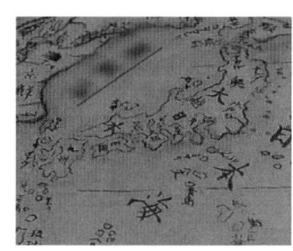
▲ 〈신제여지전도〉 일본 관영 NHK 방송분. 조선해 표기 부분만 삭제 방송했다.

1848년 <동서지구만국전도>
미스쿠리 쇼고와 쌍벽을 이루는 일본 지도 제작자 구리하라 노부아키栗原信晃가 프랑스에서 제작된 세계 지도를 입수하여 동반구와 서반구로 나누어 제작했다.

한국의 동쪽 바다 명칭은 조선해, 태평양 쪽은 대일본해로 표기했다.

▲ 1848년 〈동서지구만국전도〉

1850년 <가영교정동서지구만국전도>
구리하라 신쵸栗原信晃가 세계를 동반구와 서반구로 나누어 그렸으

---
185) 동북아 역사넷 http://contents.nahf.or.kr/id/NAHF.om.d_0003_0020

며 한반도 동쪽 근해를 조선해로 단독 표기, 태평양 근해를 일본해로 표기했다.

1850년 <본방서북변계약도>

야스다 라이슈安田雷州는 〈신정만국전도〉를 제작한 다카하시 가케야스의 제자로 1850년에 본 지도를 제작하였는데 그는 스승과 같이 한반도 동쪽 근해를 조선해로 단독 표기했다.[186]

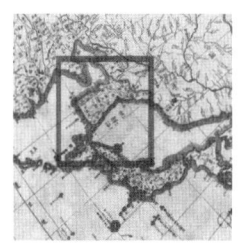

▲ 1850년 〈본방서북변계약도〉

1854년 <대일본연해요경전도>

구도 도헤이工藤東平가 한반도 동북부 바다에 조선해로 단독표기했다.

2) 한일간의 바다 정중앙에 조선해 단독 표기

막부 말기 명치 유신 전야에 제작된 〈지구만국방도(1852년)〉, 〈만국여지전도(1853년)〉, 〈환해항로신도(1862년)〉는 '조선해'를 한국과 일본 사이의 바다 정중앙에, 일본 열도의 동측에 태평양 연안을 '대일본해'로 표기했다.

1852년 <지구만국방도(地球萬國方圖)>

1852년에 간행된 나카지마 아키라의 〈지구만국방도〉의 정본이다.

---

186) https://dokdo.nanet.go.kr/dokdo/getFrontTotalInfoList.dokdo?list_sid=131

이 지도의 특징은 한국 동해안을 따라 조선해가 표기된 일본 지도와 달리 한국과 일본 사이 바다 정중앙에 조선해朝鮮海라고 바다 명칭을 표기했다. 일본 열도의 좌측, 즉 태평양에 대일본해大日本海로 기재했다.

1853년 <만국여지전도萬國輿地全圖>

1852년에 간행된 나카지마 아키라의 〈지구만국방도〉의 축쇄판으로 한일간 바다 정중앙에 조선해, 일본열도의 동측 즉 태평양에 대일본해로 표기했다.[187]

1862년 <환해항로신도(環海航路新圖)>

에도 시대 후기에 활동했던 의사 히로세 호안廣瀨保庵은 1860년에 막부의 제1회 견미사절단 의사 자격으로 세계항해를 마치고 〈환해항로신도〉를 제작했다. 지도의 한반도와 일본 열도 사이 정중앙에 바다 명칭 조선해朝鮮海가 표기되어 있다. 일본인 제작 지도 정중앙에 조선해를 표기한 마지막 지도

▲ 1862년 환해항로신도

다. 6년 후 일본 제국주의의 개막을 알리는 메이지 유신이 발생했다.[188]

---

187) 요코하마시립대학 도서관 소장 고지도
https://www-user.yokohama-cu.ac.jp/~ycu-rare/pages/WC-0_95.html?l=1&n=87
188) 일본국립국회도서관 소장 고지도
https://ndlSearch.ndl.go.jp/books/R100000136-I1130000797949454592

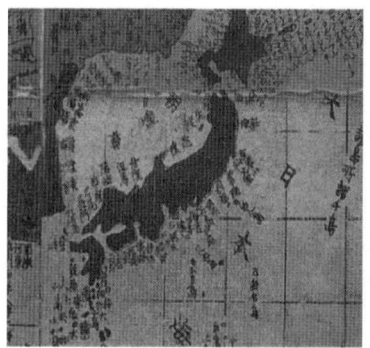 

▲ 1852년 〈지구만국방도〉   ▲ 1853년 〈만국여지전도〉

3) 한국측에 조선해, 일본측에 일본해 표기

일본 제국주의 식민주의 야욕의 성장함에 따라 나온 일본 지도는 한반도 측에 '조선해', 일본 측에는 '대일본해'로 표기했다.

일본 동쪽 태평양 연안측을 일본동해, 동일본해, 일본해, 대일본해로 표기하다가 1868년 명치유신 이후 한일간의 바다 일본서안을 일본해로 표기하였고, 1894년 청일전쟁 승리 이후 한일간의 바다 전체를 일본해로 표기했다. 즉 태평양 측 일본해가 한일간의 바다로 옮겨온 것이다.

1846년 <만국여지방도>

나가이 노리永井則가 제작한 지도로, 한반도 동안을 '조선해', 일본 서안을 '일본해'라 표기했다.[189]

---

189) http://sites.google.com/site/japanSeamerdujapon/Home/japanese-map-describes-chousen-umi--corean-sea

Ⅲ. 한국해와 한국만 지도

1855년 <동주대일본국약도>
마츠다 미도리야마松田綠山가 제작한 세밀한 동판화 지도이다. 한반도 동남해안에 조선해, 태평양에 대일본해를 표기했다.

1855년 <대여지구의(大輿地(よち)球儀)>」
누마지리 료카이沼尻墨僊가 제작, 한반도 동안에 조선해를 표기, 태평양에 대일본해를 표기했다.

1868년 <관허대일본사신전도(大日本四神全圖)>
지도 제작자 하시모토 교큐란사이橋本玉蘭齋가 1868년 메이지 유신 일본 정부의 허가를 얻어 제작한 것으로 한국의 동해안을 따라 '조선해(朝鮮海)', 일본 혼슈의 서안에는 '일본서해(日本西海)'로 표기했다.

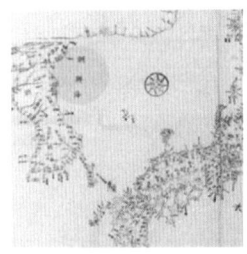  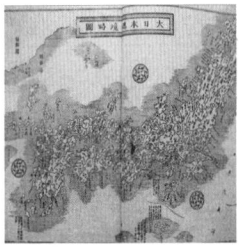

▲ 1854년〈대일본연해요경전도〉   ▲ 1855년 대여지구의   ▲ 1855년〈동주대일본변경약도〉

1871년 <지구만국방도(地球萬國方圖)>
하시메츠 간이치橋爪貫一와 마쓰다 로쿠잔松田綠山이 동판한 제작한 지도로 한일간의 해역의 명칭은 한반도 측에 조선해, 일본 측에는 대일본해로 표기했다.

1873년 <만국여지전도(萬國輿地全圖)>

미와이 쓰지로三輪 逸次郎가 그린 지도로 요코하마시립대학의 소장품이다. 1871년 〈지구만국전도〉와 거의 동일한 형식이다. 한일간 해역의 명칭은 한반도 측에 조선해, 일본 동해 안에 대일본해가 표기되어 있다.

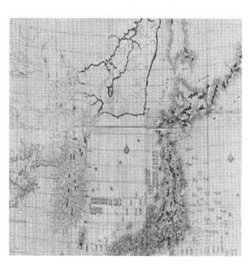
▲ 1868년 〈대일본사신전도〉

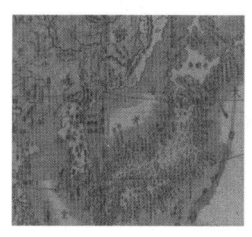
▲ 1871년 〈지구만국방도〉

1874년 <만국신도(萬國新圖)>

이 지도는 조미야자키 류조宮崎柳城가 지구만국방도를 축소하여 1874년에 제작한 것이다. 지도 외곽에는 세계 각국의 국기가 그려져 있고, 유럽을 세계의 중심에 두었다. 해역의 명칭은 한반도 북동부와 현재 러시아 남쪽의 연해주 지역에 걸쳐 조선해朝鮮, 그리고 해역의 정중앙에 대일본해大日本海로 병기했다.

1882년 <대일본조선팔도지도지나삼국전도(大日本朝鮮八道支那三國全圖)>

다케다 가쓰지로武田勝次郎가 1882년에 편집하여 야마모토 헤이기치가 출판한 대형 지도다. 조선의 동측에 조선해朝鮮海, 일본 열도의 동측에 일본동해日本東海, 일본 열도의 서측에 일본서해日本西海, 일본열

태평양 쪽이 일본남해 다른 지도와 다른 독특한 점이다.[190]

1886년 <대일본총계약도(大日本總界略圖)>

후지와라 아사로藤原朝呂 주편 관허 『대일본국세도 상, 하』라는 지도집 상권에 수록된 것이다. 일본 열도를 중심으로 주변 바다의 명칭은 태평양에 해당하는 동측에 동대양, 서측에 서대양, 북측에 북대양, 남측에 남대양을 각각 표기했다. 한반도 동남해 부근에는 조선해를 표기하고 일본 열도의 서측에 서대양으로 표기한 것이 특징이다.

1894년 <일청한삼국전도(日淸韓三國全圖)>

시게유키鈴木茂行가 동아시아의 조선, 일본, 중국 등 3국을 자세하게 나타낸 지도다. 한국과 일본 사이의 바다 명칭은 한국에 가까운 바다를 조선해, 일본 열도에 가까운 바다는 일본해로 나누어 표기했다. 그리고 현재의 동중국해를 동해(東海)로 표기했다.[191]

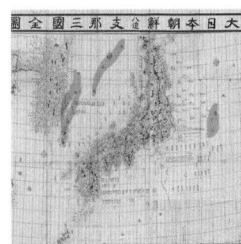

▲ 1882년 〈대일본조선팔도지나삼국전도〉

▲ 1886년 〈대일본총계약도〉

▲ 1894년 〈일청한삼국전도〉

---

190) https://ndlSearch.ndl.go.jp/books/R100000002-I000009261527
191) 도쿄경제대학도서관 소장 https://repository.tku.ac.jp/dspace/

1904년 <일로청한진경도(日露淸韓眞景地圖)>

다나카 센노스케(田中仙之助)가 제작한 이 지도는 한반도와 만주의 주요 지역을 상세하게 나타내고, 가장자리에는 일본군과 러시아군의 모습이 그려져 있다. 역의 명칭과 관련하여 주목할 사항은 한반도에 가까운 동해 해역은 동조선해(東朝鮮海), 일본에 가까운 바다는 일본해로 표기한 점이다.

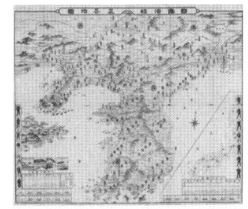
▲ 1904년 〈일로청한진경지도〉

1900년대에도 일본인들의 이 해역에 대한 호칭이 동조선해와 일본해로 나뉘어 있었다는 것을 알 수 있다.

1910년, <일본연안 포경 근거처도>

경술국치 2개월 전 1910년 6월 일본포경협회가 발행한 포경어장 근거지 지도로, 한국 동안에 한해韓海 어장, 일본 서안에 일본해日本海 어장으로 표기되어 있다.[192]

1910년 8월 29일 경술국치 직후 조선과 대한제국을 지우기 위해 동해로 바뀐 강철 증거 중 하나이다.

---

192) 『大日本水産会報(告)』における鯨·捕鯨関連記事(1)
https://cir.nii.ac.jp/crid/1520009410384142720

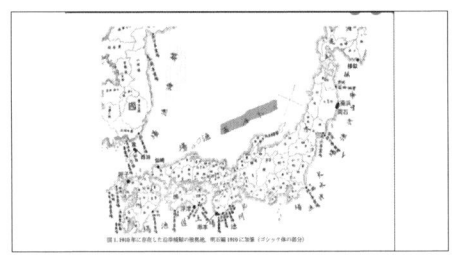

▲ 1910년 6월 한일병탄조약 직전 일본 발간 지도, '한해韓海 일본해' 표기 대일본어업일본 포경중앙총본 제작 포경근거지, (1910년 한일병탄조약 직전 일본 발간 지도)

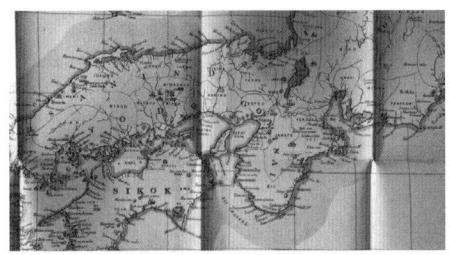

▲ 영국 해군& 영국수로부 1870년 제작 〈일본 전도〉, 오키도 (OKI Is)만 일본영토로 표기되어 있어 울릉도와 독도는 한국 영토임을 알 수 있다. 일본제국 해군 1891년 제작 〈일본과 한국 전도〉는 이 지도를 거의 그대로 모작한 것.

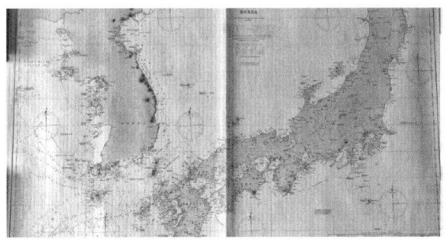

▲ 1891년 일제제국 해군 제작 〈일본과 한국 전도〉, 울릉도와 독도가 일본 판도 밖에 표기되어 있다.
지도 출처:일본제국 해군해도집(1891년 명치 23년) 일본왕실 궁내청 공문서관 특정역사공문서 宮内公文書館特定歴史公文書

16. 이토 히로부미 비롯 구한말 일본정부 '조선해' 표기

일본 대장성 조선해 표기 관보

을사늑약 전까지 日 공식 입장, '조선해'는 '일본해가 아닌 외국 영해'[193]

일본 대장성은 1894년부터 1904년까지 한국과 일본 사이 바다를 '조선해'로 표기한 관보 7건을 발행했다.[194]

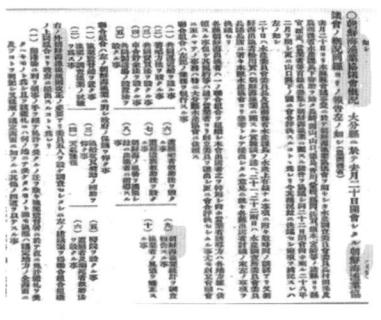
▲ 1894 10.18, 조선해 어업협의회 개황 관보 3393호

① 1894년 10월 18일 관보 3393호 '조선해 어업협의회 개황'에서는 "1894년 10월 18일 어부들은 오이타현에 모여 동해에서 어업 활동에 대해서 논의했다. '조선해 어장 연맹'(Chosun Sea Fisheries Federation)을 조직하기로 결정했고, 9가지 항목의 연맹 활동도 규정했다."고 기록하고 있다.

② 1900년 7월 14일 관보 5109호 '조선해 수산 연합 설립'에서

---

193) SBS뉴스 2019. 08. 06. 20시. 1894~1904년 日 관보 7건에서 동해를 '조신해'로 표기.
194) http://www.dokdocenter.org/dokdo_news/index.cgi?action=detail&number=14539&thread=17r03

는 "한국에서 물고기를 잡는 어부가 늘어나고 있다. 동해 어업의 발전을 촉진하고 공동의 이익을 증진하기 위해 '조선해 어부 연합'(United Union of Chosun Sea)을 조직했다"고 기록했다.

당시 법률 제35호 '외국 영해 수산조합법' 1조에는 "이 협약에 따라 일본 어부들은 외국 바다에서 어류를 잡을 수 있다. 일본 어부들은 '조선해'에서 해양 동물과 식물을 수집하거나 잡을 수 있다"고 명시했다.

③ 1902년 3월 28일 관보 5616호 "일본은 조선해를 외국 영해로 보고 '외국영해수산조합법'을 제정해 일본 어민들을 보호했다."

④ 1902년 9월 1일 관보 5749호 '외국 영해 수산조합법에 의한 조선해 수산조합 설립' "일본은 동해안에서 어업하는 일본 어부들을 보호하려고 노력했다. 따라서 외국 영해 수산조합법(Foreign Sea Fishery Cooperative Act)이 제정됐고, 동법에 의해 일본 어부를 보호하기 위해 '조선해 수산조합' 설립을 공포했다."

⑤ 1902년 12월 18일 관보 5839호 '시가현 조선해 수산조합'을 인가했다.

⑥ 1904년 5월 25일 관보 6268호 '부산항에 우체국 개설'

⑦ 1904년 10월 11일자 관보 6386호 '목포항에 속한 순찰선에 우편국 설치'에서도 각각 "조선해 어업 협회 부산항에 속한 순찰 선박에 우편 서비스 스테이션 설치", "조선해 어업 협회 목포항에 속한 순찰 선박에 우체국이 설치됐다"고 '조선해'를 거명했다.

7건의 관보는 1905년 을사늑약이 체결되기 전까지 일본 정부의 공식 입장은 '조선해'는 일본해가 아닌 한국 영해였다는 것을 증명하는 것이다. 러일전쟁에서 승리한 이후 갑자기 '일본해'가 강조되기 시작했다.

일본이 19세기 초반부터 이미 일본해가 국제적으로 확립된 명칭이라고 주장하는 것을 정면으로 반박하는 증거이다. 일본이 대한제국의 외교권을 빼앗기 위해 강제로 맺은 1905년 을사늑약 이전에는 '일본해'도 '동해'도 없었다는 것을 관보가 증명하고 있다.[195]

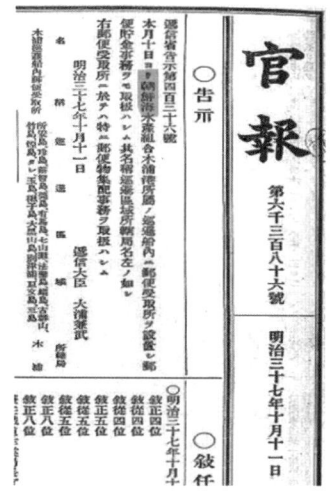

▲ 1905년(명치35년) 일본 체신성 〈조선해〉 표기 관보   ▲ 1902년(명치34년) 대일본국 사가(佐賀)현 〈조선해〉 통어조합회원증

한일병탄 직전까지 일본정부 '한해韓海', '조선해' 표기

일본 정부는 1891년부터 1910년 6월까지 한일간의 바다를 '韓海'(61회), '朝鮮海'(72회, 제목만 집계)로 명기했다. 1910년 8월 이후 '韓海'는 없어지고 '조선동해'로 대체했다.[196]

---

195) https://www.koreancenter.or.kr/news/ 연합뉴스 글로벌코리아본부 2019. 8. 9
196) www.koreancenter.or.kr/news/ 연합뉴스 글로벌코리아본부 2019. 8. 9

조선통감부-이토 히로부미 비밀전문에도 '조선해'

이토 히로부미 조선통감, 한일간의 바다를 '조선해'로 칭했다!

〈강원도 강원도 연안 일본어민 보호를 위한 해군 수뢰정 순시 요청 건〉
문서번호 비밀 55호
발신일 1907년 09월 10일 오후 4시 10분
발신자 쓰루하라 장관 경성발
수신일 1907년 09월 10일 오후 9시 30분
수신자 이토 히로부미 통감 동경착

강원도 연해에 폭도가 출몰해 우리 어민은 현재 각종 어업의 성수기임에도 불구하고 전부 업무를 중지하고 부산과 원산으로 철수하는 실정인 까닭으로 군대 주둔의 뜻에 따라 '조선해朝鮮海' 수산조장으로부터 청원이 있었으나 현재 군대를 파견할 수 없다는 취지에 대해 해군에서 수뢰정을 순시시키는 등의 방법으로 상당한 보호를 부여하도록 결정을 간청하는 바임.[197)]

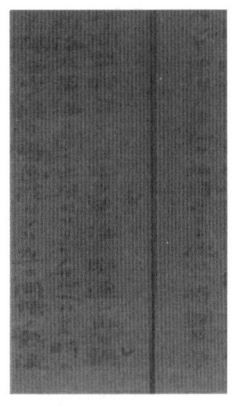
▲ 일본 본국 내부대신이 조선통감에 보낸 비밀전문의 문제 대목 번역문

---

197) https://db.history.go.kr/modern/level.do

17. 한국만 86점 vs 일본만 0점

영일만 친구

– 최백호 노래

갈매기 나래 위에 시를 적어 띄우는

젊은 날뛰는 가슴 안고 수평선까지

달려나가는 돛을 높이 올리자

거친 바다를 달려라 영일만 친구야

수평선까지 달려가면 영일만이 아니라 '한국만/灣'이다.

18~19세기 영국, 미국, 프랑스, 독일, 이탈리아, 아일랜드 제작 지도
한국만 COREA GULF 86점: 일본만 JAPAN GULF 0점

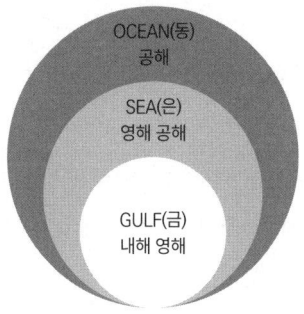

한국만(GULF OF COREA) 표기 지도 86점

1740년 ~1873년 영국 41점, 미국 33점, 프랑스 8점 독일·이탈리아 각 1점, 제작지 미상 1점, 한국만 표기 지도는 86점이나 일본만 표기 지도는 단 1점도 없다.

18세기 한국만 표기 지도 23점
영국 17점, 미국 3점, 프랑스 3점

1. 1740년, Gulf of COREA, Bolton&Seale, 영국
2. 1755년, GULF of COREA, D'Anville, 프랑스
3. 1762년, GULF of COREA, J. Hinton, 영국
4. 1765년, GULF of COREA, J. Palaret, 영국
5. 1772년, GULF of COREA, D'Anville, 프랑스
6. 1774년, GULF of COREA, Samuel Dunn, 영국
7. 1785년, COREA GULF, C. Dilly & G. Robinson, 영국
8. 1787년, GULF of COREA, Thomas Kitchin, 영국
9. 1790년, GULF of COREA, Bowles & Carver, 영국
10. 1790년, GULF of COREA, Arrowsmith, 영국
11. 1790년, COREA GULF, Thomas Bowen, 영국
12. 1794년, GULF of COREA, Dunn Laurie & Whittle, 영국
13. 1796년, GULF of COREA, Wilkes, 영국
14. 1796년, GULF of COREA, Robert Wilkinson, 영국
15. 1796년, GULF of COREA, Danvill &Laurie, 프랑스
16. 1796년, COREA GULF, W. Barker Carey, 미국

17. 1797년, GULF of COREA, Laurie and Whittle, 영국

18. 1797년, GULF of COREA, T.Cadell & W. Davis, 영국

19. 1798년, GULF of COREA, G.Fairman, 미국

20. 1798년, GULF of COREA, W. Russell, 영국

21. 1799년, GULF of Korea, Dilly & Robinson, 영국

22. 1799년, GULF of Korea, G.Thompson, 영국

23. 1799년, GULF of COREA, A. Doolittle, 미국

24. 1799년, GULF of Korea, C. Dilly & J. Robinson, 영국

19세기 한국만 표기 지도 63점
미국 30점, 영국 24점, 프랑스 5점,
독일·이탈리아·아일랜드 1점, 제작지 미상1점

25. 1800년, GULF of COREA Laurie and Whittle, 영국

26. 1801년, GULF of COREA John Carey, 영국

27. 1801년, GULF of COREA, A Kirkwood, 영국

28. 1801년, GULF of COREA, J. Morse, 미국

29. 1801년, GULF of COREA, John Cary, 영국

30. 1802년, COREA GULF, W. Barker, 미국

31. 1803년, GULF of COREA, Robert Wilkinson, 영국

▲ 한국만 GULF OF COREA 1787년
영국 왕실 수석 지도 제작가 토머스 키친 Kithin 제작 한일간의 바다를 한국의 내해나 다름없는 한국만(GULF OF COREA)으로 표기.

Ⅲ. 한국해와 한국만 지도

32. 1804년, G.de Coree, Chez Bernard, 프랑스
33. 1804년, GULF of COREA 미상
34. 1805년, GULF of COREA, Robert McMillan, 영국
35. 1807년, GULF of COREA, Borlew, 영국
36. 1808년, GULF of COREA, William Faden, 영국
37. 1808년, GULF of COREA R. Brookes. Dublin, 아일랜드
38. 1808년, MEERBUSEN VON KOREA A. G. Schneider, 독일
39. 1810년, GULF of COREA, Thomas Bowen, 영국
40. 1810년, GULF of COREA, France Bowen, 영국
41. 1810년, GULF of Korea, A. Arrowsmith, 영국
42. 1813년, Golfe de Corée,T. Drouet, 프랑스
43. 1814년, GULF of COREA, J. T. Hommond, 미국
44. 1814년, GULF of COREA, W.J. Thomson, 영국
45. 1814년, GULF of COREA, John Thomson, 영국
46. 1817년, GULF of COREA, David H. Burr 영국
47. 1817년, GULF of COREA, D.F. Robinson 미국
48. 1818년, GULF of COREA, Cumming & Hillard, 미국
49. 1820년, G.di.COREA, Bonatti&Pietro, 이탈리아
50. 1821년, Sea of Japan/GULF of COREA, H. Morse, 미국
51. 1821년, 'Golfe de Coree, Adrien Hubert Brue, 프랑스
52. 1821년, GULF of COREA, H. M Hillard Gray&Co, 미국
53. 1821년, GULF of COREA, Seeman James, 미국
54. 1821년, GULF of COREA, J. H. Young, 미국
55. 1821년, GULF of COREA, J. Thomson 영국

56. 1822년,GULF of COREA, Oliver & Boyd, 영국

57. 1823년, GULF of COREA, Fielding Lucas Jr., 미국

58. 1823년, GULF of COREA, World Tanner, 미국

59. 1824년, GULF of COREA, J. Grigg's, 미국

60. 1824년, GULF of COREA, Olive D Cooke & Sons, 미국

61. 1825년, GULF of COREA, H. S. Tanner, 미국

62. 1825년, GULF of COREA, Cummings & Hilliard, 미국

63. 1825년, GULF of COREA, W. C. Woodbridg, 미국

64. 1826년. GULF of COREA, Robert Wilkinson, 영국

65. 1826년, GULF of COREA, Atlas Cooke & Sons, 미국

66. 1826년 GULF of COREA, Atlas Goodrich, 미국

67. 1826년 Golfe de Corée, Jean Baptiste Ladvocat, 프랑스

68. 1828년, GULF of COREA, Oliver & Boyd, 영국

69. 1829년, GULF of COREA, Atlas Hartford, 미국

70. 1830년, GULF of COREA, W. C. Woodbridge, 미국

71. 1830년, Golfe de Corée, Adrien Hubert Brue, 프랑스

72. 1831년, GULF of COREA, Oliver D Cooke, 미국

73. 1832년, GULF of COREA, Hemisphere, 영국

74. 1832년, GULF of COREA, C. S. Williams, 미국

75. 1834년, GULF of COREA, D. Tanner, 미국

76. 1834년, GULF of COREA, Samuel Walker, 미국

77. 1835년, G. of COREA/Sea of Japan, Nelson, 영국

78. 1835년, GULF of COREA, Shannon McCune, 미국

79. 1840년 GULF of COREA, James H. Young, 미국

III. 한국해와 한국만 지도

80. 1840년 GULF of COREA, Belknap& Hamersley, 미국

81. 1845년 GULF of COREA, Phillips& Sampson, 미국

82. 1845년 GULF of COREA William C. Woodbridge, 미국

83. 1846년 GULF of COREA, S. Wyld, 영국

84. 1851년 GULF of COREA, Cowperthwait, 미국

85. 1856년, G. of COREA, Charles Desilver, 미국

86. 1873년, GULF of COREA, James Wyld, 영국

한국만(GULF OF COREA), 일본해(Japan Sea) 병기

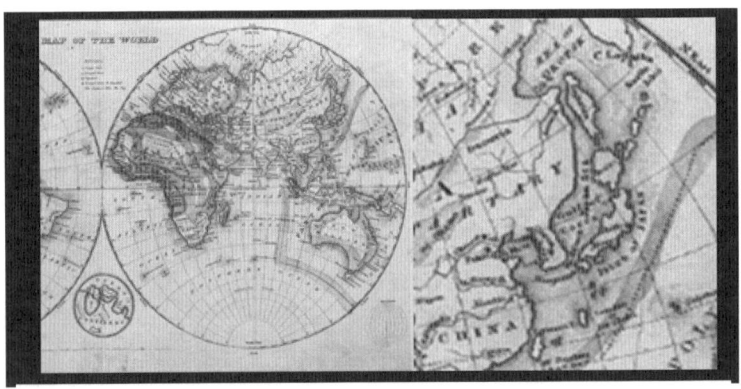

▲ 1826년 미국의 유명한 지리역사 작가 굿리치(S.G.GOODRICH, 1793~1860. 매사추세스주 상하원 의원 역임)가 발행한 교육용 교재에 삽입된 세계 지도. 한국과 일본 사이의 바다를 한국만(Gulf OF COREA, 가로 글)과 일본해(Japan Sea, 세로 글)로 병기했다.

18. 한국만은 한국의 역사적 만, 한국의 내해

만(gulf)과 해(sea) 둘 중 어느 것으로 부르는 게 해당 국가에 이로울까?

해역을 만(gulf)과 해(sea)로 부르는 것에 따라서 이점이나 영향은 크게 달라질 수 있다. 국제법상으로도 만과 해의 구분은 중요하고 직접적인 국가적 영토나 자원 관리, 항로 관리 등에도 영향을 미친다.

만이란, 육지와 퇴적물로 둘러싸인 지형적으로 부분적으로 폐쇄된 해역을 가리킨다. 한편 바다는 큰 수역이나 육지와 구분되는 큰 해역을 가리킨다.[198]

만은 상대적으로 작고 폐쇄적인 특성 때문에 국가나 지역에 특정 이점이 있다. 해당 국가가 만 내에 있는 자원, 어업, 환경 보호, 항로 관리 등을 직접적으로 통제하고 운용할 수 있는 장점을 가진다.

따라서, 해당 국가의 지리적, 경제적, 정치적 상황에 따라 만과 해의 명칭이 중요한 이슈가 된다.

그렇다면, 나라 이름이 붙은 만(gulf)지도가 나라 이름이 붙은 해(sea)지도보다 해당국가에 어떤 이로움을 줄까?

---

[198] "Ocean." Merriam-Webster.com Dictionary, Merriam-Webster, https://www.merriam-webster.com/dictionary/ocean

나라 이름이 붙은 만(gulf)지도는 해당 국가에 관한 더 큰 지정적 관심과 효과적인 국제적 통제 기회를 제공한다. 만은 상대적으로 좁고 폐쇄적인 지형으로, 국가가 그 지정적 통제와 관리를 용이하게 할 수 있는 장점을 가지고 있다. 만 내의 자원과 환경 등을 보호하고 활용하는 데 있어 국가가 더 직접적인 통제와 관리를 할 수 있는 것이다.

또한, 나라 이름이 붙은 만은 통상적으로 항구로서의 기능을 가질 가능성이 있으며, 이를 통해 국가의 무역 및 경제적 활동에 큰 이점을 제공한다. 물론, 이러한 잠재력을 최대한 활용하기 위해서는 적절한 국가적 정책 및 국제 협력이 필요하다.

반면, 나라 이름이 붙은 해(sea)는 상대적으로 국가 간의 이해 당사자가 더 많거나 지정적 통제와 관리가 어려울 수 있다. 나라 이름이 붙은 만(gulf)은 해당 국가에 더 직접적인 이로움을 제공한다.[199]

따라서 한국만(KOREA GULF) 지도가 한국해(KOREA SEA) 지도보다 우리나라에 더 직접적이고 다양한 이로움을 제공하고 있음을 잘 알 수 있다.

---

199) https://www.britannica.com/science/gulf-coastal-feature
A bay is an area of the ocean where the land curves inward. A cove is a small bay A gulf is a big, deep area of ocean that has land almost all around it. This gulf is the Gulf of Mexico.

<유엔해양법협약상 수역별 성격·범위·관할권 대조표>

구분	내수 Internal waters	내해 INLAND SEA	영해 Territorial Sea	배타적경제수역 Exclusive Economic Zones	공해 International waters
내역	영토내의 강, 호수, 운하, 역사적 만 만입 지름 24해리	내수와 영해의 중간 형태 군도수역	직선기선에서 12해리 내의 바다	직선기선에서 200해리 내의 바다	내해 영해 배타적경제수역에 포함되지 않는 해역
사례	한강, 충주호 영일만 발해만	한국만 COREA GULF	한국해 KOREA SEA	이어도 해역	태평양 대서양
성격	주권	주권	통설:주권설	통설:주권적권리	국제공역설
관할권	국토와 동일한 주권	내수와 영해와 중간 형태 1. 영토와 똑같은 권한 2. 무해통항권 불인정 * 내해가 국제교통의 요로일 경우에 외국선에 대한 무해통항권 인정.	경찰권 어업권 연안무역권 환경보존권 해양과학조사권	생물·비생물자원 이용·보조권 수역의 경제적 이용권 해양환경보존 해양과학조사	항행 무역자유 포함함 어업 해저전선 및 관선부설 상공비행 과학적 조사

▲ 출처: 유엔해양법협약을 참조하여 필자가 직접 작성

국호가 붙은 해(sea)가 은메달이라면 국호가 붙은 만(gulf)은 금메달이다.

올림픽 국가별 순위에서 금메달 1개를 획득한 나라가 은메달 100개를 획득한 나라보다 앞선다.

한국만(KOREA GULF) 표기 지도 1점이 일본해(JAPAN SEA) 표기 지도 100점보다 우월하다.

20세기 이전 유럽과 미국 등 서양 각국이 제작한 지도 중 한일간의 바다를 한국해로 표기한 지도의 수는 합 232점, 일본해로 표기한 지도의 수는 합 212점이다. 한국해 표기가 일본해 표기의 수보다 20점이 더 많다. 한국이 획득한 은메달은 232개, 일본이 획득한 은메달 212개로 한국이 약간 더 우세하다.

그런데 한국만으로 표기한 지도가 86점이나 있는 반면 일본만으로 표기한 지도가 단 한 점도 없다. 한국이 획득한 금메달의 수는 86개나 되나 일본은 단 한 개도 없다.

한국: 금(한국만) 86개, 은(한국해) 232개
일본: 금(일본만) 0개, 은(일본해)212개

이처럼 한국이 한일간 해역의 주권과 관할권에 압도적 우위를 점해왔다.

▲ **한국만** 1820년 G.di.COREA,보나티 피에트로 Bonatti&Pietro 이탈리아 베네치아

▲ **한국만** G. de Coree 한일간의 바다를 한국의 내해로 파악해서 그린 한국만(GOLFE DE CORÉE를 줄여서 G.de CORÉE로 축약)으로 표기된 18C 프랑스 제작 추정

한일간의 바다는 한국의 역사적 만

중국은 1958년 9월 4일 영해선언을 통하여 발해만을 역사적 만으로 선포, 중국의 내수(자국 내 호수)로 편입했다.[200]

한국이 선포를 하지 않아서 그렇지 중국의 발해만처럼 남한 육지 면적의 10배에 달하는 한국해는 국제법상 연안국 한국의 내수(內水)로서 인정되는 '역사적 만'이다

▲ https://zh.wikipedia.org/wiki/%E6%B8%A4%E6%B5%B7%E6%B9%BE

---

200) 이용희, 역사적 만제도와 중국 발해만의 법적 지위에 관한 고찰, 해사법 연구 7, 2005, pp.57-59.

UN 해양법 협약에 의하면, 자연적으로 형성된 만의 경우 만입(灣入)을 지름으로 한 반원보다 만의 수역 면적이 더 넓으면 연안국의 내수로 편입되는 것으로 본다. 만약 만입의 지름보다 작다면 만으로 인정하지 않는다. 또한 만역 내부에 있는 섬 역시 내수로 포함된다. 한편, 만입 지름은 24해리(약 44.4km) 이내이어야 한다. 다만 예전부터 불리던 만이라 불리던 곳은 위 조건에 해당하지 않더라도 만이라고 불릴 수 있다. 한일간의 바다는 영국과 미국 프랑스 독일 이탈리아 아일랜드 등 서양각국의 지도에서 1740년~1873년 143년간이나 한국만(COREA GULF)로 불러지고 표기된 곳으로서 역사적 만의 성립요건을 구비했다.
　만역 내부에 있는 섬 역시 내수로 포함되는 유엔해양법 규정에 따라 한국만 내부에 있는 섬 독도 역시 한국의 내수 즉 육지 영토 내에 있는 호수와 하천의 섬, 이를테면 한강의 여의도와 똑같은 지위를 차지할 수 있는 것이다.

　〈만전만승 제1법칙: '타무아유'(他無我有, 남은 없는데 나는 있다)〉
　한일간의 해양 영토 논전엔 진정한 블루오션, '타무아유' COREA Gulf가 필살병기다. 일본만灣 지도는 1종도 없는 데 반하여 한국만灣 지도는 86종이나 남한 육지 면적의 10배에 달하는 한일간의 바다는 국제법상 연안국 한국의 내수로서 인정되는 '역사적 만'이다. 일반적으로 만은 연안이 모두 같은 나라에 속하고, 입구의 폭이 일정한 거리(24해리) 이하이며, 그 연안이 깊숙이 들어가 있는 경우에 한하여 연안국의 내수로 인정된다. 그러나 역사적 만은 이와 같은 조건을 구비하지 않아도 내수로 인정한다.

19. 천하무적 국호가 붙은 만의 힘

나라 이름이 붙은 만(Gulf)

'멕시코만'은 멕시코와 밀접하게 연관되어 있으며, '페르시아만'은 이란(과거의 페르시아)과 밀접한 관련이 있다.

이처럼 나라 이름이 붙은 만에는 몇 가지 장점이 있다.

첫째, 나라 이름이 붙은 만은 그 지역을 쉽게 식별하고 구분할 수 있게 해준다. 이는 지리적 위치를 명확하게 알려주며, 혼동을 방지한다.

둘째, 나라 이름이 붙은 만은 종종 그 나라의 역사나 문화에 중요한 역할을 하였을 가능성이 높다. 이는 그 지역이 해당 국가의 역사와 문화에 어떤 영향을 미쳤는지에 대한 힌트를 준다.

셋째, 많은 경우, 나라 이름이 붙은 만은 해당 국가의 경제에 중요한 역할을 한다. 어업, 선박 운송, 석유 및 천연가스 채굴 등 다양한 경제 활동이 이루어진다.

끝으로 가장 중요한 정치적 의미. 나라 이름이 붙은 만은 종종 해당 국가의 주권이나 영토 문제와 직결된다. 이는 국제법이나 외교정책에 영향을 미친다.

이처럼 나라 이름이 붙은 만은 여러 가지 장점을 가지고 있다.

1. GULF 표기 국호 국가, 동 해역과 모든 도서 독점(타이만의 95%가 태국 EEZ)

2. 분쟁 거의 없음. 국제 소송하면 해당 국가 승소(멕시코가 미국에 승소)

3. IHO 기술결의안 A.4.2.6 유엔해양법협약 10조, 22조 등 국제해양법에 의거 만과 반폐쇄해에 특별 우대 규정

국제수로기구(IHO)에 나라 이름이 붙은 만이 6개소 있다.

타이만Gulf of Thailand, 멕시코만Gulf of Mexico, 이란만 Gulf of Iran(Persian Gulf), 오만만Gulf of Oman, 기니만, 핀란드만Gulf of Finland이 그것이

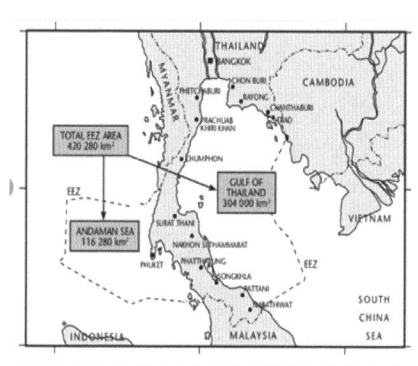

다. 이들 나라들은 해안선 길이와 관계없이 배타적경제수역의 60% 이상을 차지하고 있다.

멕시코만

멕시코만은 멕시코와 미국, 쿠바를 포괄하며 면적은 약 160만 ㎢다. 해안선의 미국 부분은 2,700km에 걸쳐 펼쳐져 있고 멕시코 부분은 2,805km에 걸쳐 있다.

멕시코만에서 멕시코의 EEZ는 각각 약 83만 ㎢(51%)를 점한다. 미국의 EEZ는 71만㎢(45%) 쿠바의 EEZ는 6만 ㎢(4%)를 점하고 있다.[201]

---

201) https://en.wikipedia.org/wiki/Exclusive_economic_zone_of_Mexicohttps://

대륙붕과 EEZ를 미국보다 많이 차지한 멕시코는 여기에 만족하지 않고 2007년 12월 13일 대륙붕 한계 위원회(CLCS)에 멕시코 대륙붕의 200해리 확장에 관한 정보를 제출했다.[202] 멕시코는 국제법, UNCLOS 및 멕시코의 국내법에 따라 미국과의 양자 조약을 기반으로 서부 멕시코만에서 대륙붕 확장을 주장했다. 2009년 3월 13일, CLCS는 대륙붕을 최대 350해리(650km)까지 확장하려는 멕시코의 주장을 받아들였다.[203]

이란만

251,000km²에 달하는 이란만(페르시아만)은 이란, 사우디아라비아, 아랍에미리트, 카타르, 바레인, 쿠웨이트, 이라크 등과 인접하고 있다.

이란은 "페르시아만"이라는 이름을 사용하여 이 지역을 지칭하는 반면, 아라비아 반도의 국가들은 "아라비아만"이라는 이름을 선호하고 있다. 이 지역의 석유와 천연가스의 자원에 대한 지배권을 확보하기 위한 분쟁이다. 나라 이름이 붙은 바다는 해당 나라에게 해양 자원 개발, 해양 생태계 보호 등 다양한 목적으로 해당 나라가 바다를 지배하기 때문이다.[204]

오만만

오만만은 북쪽으로 이란, 파키스탄, 남쪽으로 오만, 서쪽으로 아랍에

---

en.wikipedia.org/wiki/Exclusive_economic_zone_of_the_United_States
202) https://www.un.org/depts/los/convention_agreements/texts/unclos/part5.htm
203) Heaton, S. Warren Jr. "Mexico's Attempt to Extend its Continental Shelf Beyond 200 Nautical Miles Serves as a Model for the International Community, Mexican Law Review, Volume V, Number 2, Jan.- June 2013
204) https://en.wikipedia.org/wiki/Persian_Gulf_naming_dispute

미리트와 국경을 접하고 있다. 전체 넓이 181,000㎢에서 오만의 해안선 길이는 750㎞, 이란은 850㎞보다 짧으나 오만의 배타적 경제수역은 108,779㎢로 이란보다 3만 3천 ㎢ 이상 넓은 오만만 해역의 60%나 차지하고 있다.[205]

<오만만(Oman Gulf) 인접국 배타적경제수역 EEZ>
지명의 위력, 만(gulf)의 힘

	해안선		배타적 경제수역 EEZ	
	길이	해안선 점유율	EEZ 면적	EEZ 점유율
오만	750km	44%	108,779km²	60%
이란	850km	50%	65,850km²	36.4%
UAE	50km	3%	4,371km²	2.4%
파키스탄	3%	3%	2,000km²	1.2%
합	1,650km	100%	179,000km²	100%

▲ 출처: https://en.wikipedia.org/wiki/Gulf_of_Oman 참조하여 작성

기니만

기니만의 표면적은 2,350,000km²로 세계에서 두 번째로 큰 만이다. 라이베리아, 코트디부아르, 가나, 토고, 베냉, 나이지리아, 카메룬, 적도기니, 가봉, 상투메 프린시페, 콩고 공화국, 콩고 민주공화국, 앙골라 14개 국가가 인접하는 해역이지만 국호가 붙은 적도기니가 기니만 내 대다수섬을 영유하고 있다.

---

205) https://en.wikipedia.org/wiki/Gulf_of_Oman

<만(GULF) 이름과 같은 나라의 해역(영해+EEZ) 면적 일람표>

	전체 면적	국호국 면적	해역 비율	연안국	분쟁 여부 기타
타이만	32만	30.4만	95%	캄보디아, 베트남	분쟁 미미
멕시코만	160만	89만	55.6%	미국, 쿠바	멕시코 승소
이란만	24만	10만	42%	UAE 등 7개국	명칭 분쟁
오만만	18만	10.8만	58%	이란 등 3개국	분쟁 없음
기니만	21만	12만	47%	카메룬 등 12개국	대다수 도서
핀란드만	3만	1.6	53%	러시아, 에스토니아	분쟁 없음

▲ 출처: https://en.wikipedia.org/wiki/Exclusive_economic_zone 와 https://www.marineregions.org/eezmapper.php를 참조하여 작성

포경업은 지리학의 발달에 크게 기여했다. 오랫동안 포경선은 지구에서 가장 덜 알려진 외진 곳을 찾아내는 개척자였다.

포경선들은 살아 있는 유전(油田) 고래를 찾아다니며 바다를 동서남북으로 헤집고 다니면서 탐험가나 해군을 대신해 지도에 없는 섬들을 발견했고, 이것을 통해 새로운 항로를 개척했다. 광대한 미지의 세계였던 태평양이 포경선에 의해 인류에게 그 모습을 온전히 드러내게 된 것이다. 이들이 발견한 대표적인 섬들을 꼽자면 독도를 비롯해 스타벅, 캐롤라인, 보스톡, 피지, 솔로몬 군도 등이다. 전 세계적으로 가장 인기 있는 커피 브랜드 중 하나인 스타벅스는 『모비 딕』의 선원 이름인 스타벅에서 따왔다.

18세기~19세기 전반 COREA는 세계 최대 산유국이었다. 한국해 고려바다(COREA SEA)는 곧 고래바다였고, 살아 있는 유전, 고래 밀집도 최고해역 한국만(COREA GULF)이었기에 그렇다.

특히 미국과 일본은 COREA와 고래를 동일시했다. 미국에서 COREA는 포경선 이름이자 코리아의 나라 이름이자 바다 이름이었다. 일본은 1910년 한일병탄 직후 한국회색고래(귀신고래)를 이길 克을 써서 극경克鯨으로 개칭, 표적 포획하여 가장 먼저 멸종시켰다.

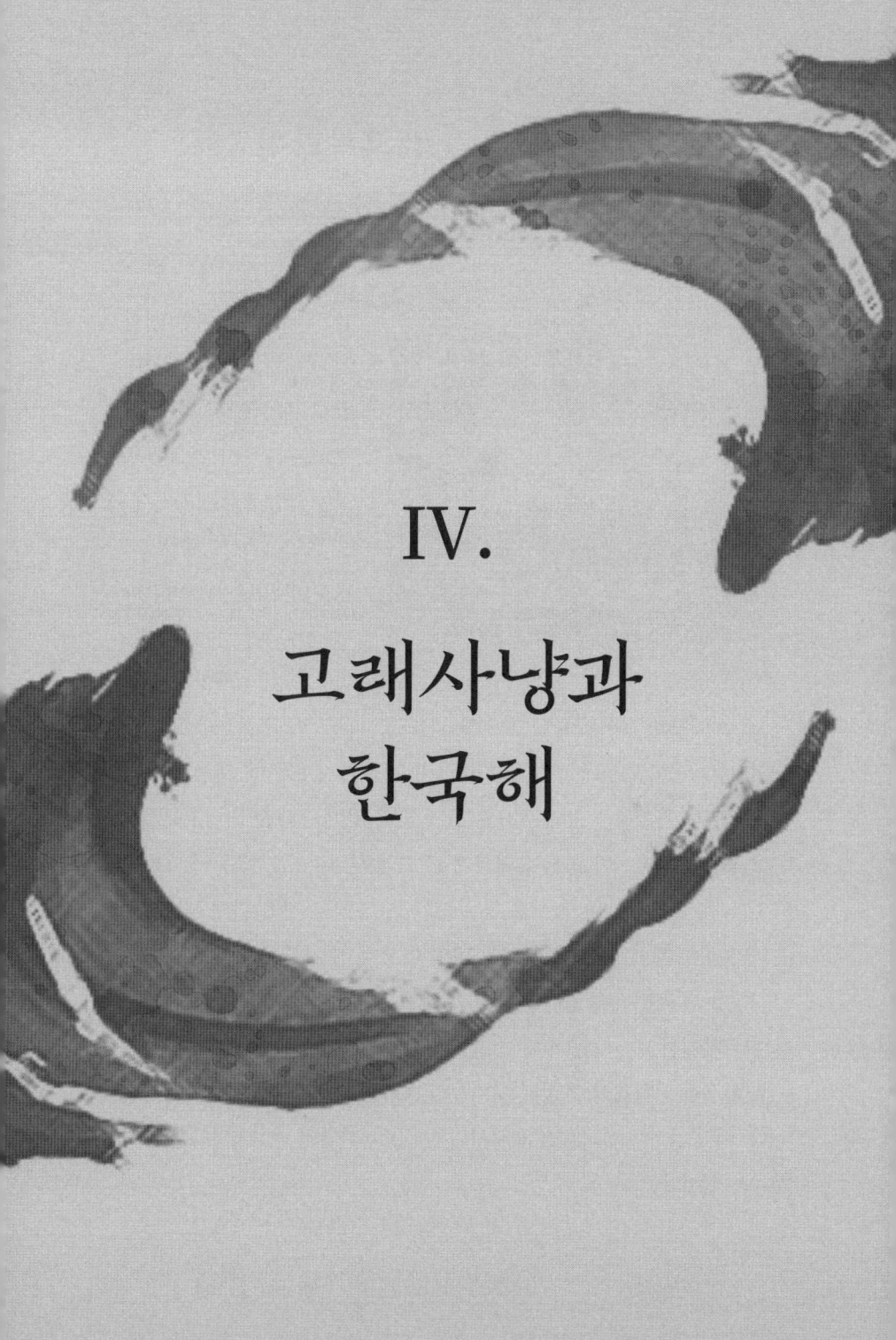

IV.
고래사냥과 한국해

1. 고래와 반구대, 물 반 고래 반 한국해

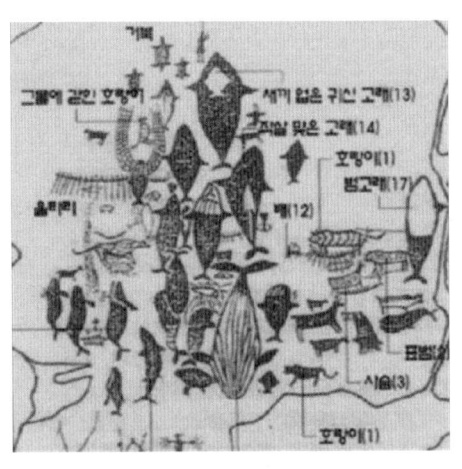

▲반구대 탁본

경상북도 울주군 언양읍 대곡리에 위치한 신석기 시대의 유적인 반구대 암각화盤龜臺巖刻畵는 현존하는 고래사냥 그림으로는 가장 오래된 것이다.

1995년 국보 제285호로 지정된 반구대 암각화에는 300여 점에 달하는 각종 지도가 새겨져 있는데, 이 가운데 용연향이 나오는 향유고래를 비롯하여 혹등고래·참고래·귀신고래·긴수염고래 등 고래 관련 지도만 62점에 달한다. 종류별로 새끼를 등에 올려놓은 고래(귀신고래), 앞뒤의 색이 다른 고래(범고래), 수많은 세로줄 무늬가 있는 유별나게 큰 고래(흰긴수염고래) 등이 그려져 있다. 또, 미끼, 그물, 작살을 맞은 고래, 그 고래를 잡기 위해 해양으로 나가는 배 등이 그려져 있는데, 10명 이상이 긴 나무배에 타 고래에게 작살을 던지고 잡은 고래를 끌고 가서 살을 발라내는 일을 하는 내용이 아주 자세히 묘사되었다.

반구대 암각화가 조성된 시기는 7,000여 년 전 선사시대로 여겨진다. 이 암각화는 한국해가 선사시대부터 포경산업의 중심지였음을 보여주는 셈이다.

이 암각화에 기록된 것과 같이 한국해는 예로부터 중국에서 송원명 청에 이르기까지 '경해鯨海'라고 불릴 정도로 고래가 많이 서식했다.

고래 반 물 반: 고래 밀집도 세계 1위 한국해

1. 〈조선해〉의 풍부한 어족은 여타 해역에서는 그 유례를 찾아볼 수 없는 바로서 많은 것은 수백 수천의 대군을 이루며 분수가 바다를 뒤덮는 장관은 포경자를 경악시킨다."고 하였다. - 야마모토 카츠키 山本樂軒,『최신조선이주안내』, 1903년, 169쪽

2. "〈조선해〉에 고래 큰 무리가 도착할 때면 기백 수천, 거의 고래와 고래가 내뿜는 분수로써 바다를 뒤덮는다." - 가츠라 수료葛生修良,『한해어업지침韓海漁業指針』, 1904년, 198쪽

3. 고래의 회유지는 〈조선해〉의 강원, 함경 양도 및 경상북도의 해역이며 고래 회유 계절이 되면 하루의 항해에 수십 두를 발견하는 수가 적지 않다. - 도쿠나가 도비德永動美,『한국총람 韓國總覽』, 1904년, 910쪽

4. 고기가 많은 것에 대하여 일본의 해안이나 많은 섬을 대부분 답사했으나 〈조선해〉만큼 고기가 많은 것을 본 적이 없었다. 어떤 때는 거의 거짓말같이 수면으로부터 높이 뛰어올라 무리를 지어 고기가 밀고 오는 것을 보았다…. 이것을 보더라도 〈조선해〉에 고기가 많은 것은 말할 필요도 없고 고래 같은 것은 수를 헤아릴 수 없을 정도로 얼마든지 무진장 잡히는 것이 아니겠

는가…" - 『대일본수산회보(大日本水産會報)』 제301호, 1907년 9월

부산포 부근은 고래가 어마어마하게 많은 곳

조선의 부산포 부근은 고래가 어마어마가 많은 곳이지만, 조선인은 잡을 수 있는 기술이 부족하고 또 우리나라(일본) 사람도 가서 잡으려는 자가 아직 없다. 따라서 "지금 빨리 고래잡이에 나서면 잡을 수 있다"고 하여 야마구치현 소속의 치자키라고 하는 곳의 부호가 몇 명을 앞세워 부산포에서 포경장(捕鯨場)을 설치하려고 부산항의 우리 관리관(일본인)에게 주장하여 허가를 청하였다. 포경업을 잘 아는 자 2명을 선발하여 곤비라마루(金比羅丸)라는 서양식 범선에 태우고 작년 12월 15일에 치자키를 출범하여 1월 19일에 부산에 도착했다.

그로부터 포경장 설치 준비에 착수하여 지난달 2일에 모든 것을 완전히 갖추었다. - 마이니치신문, 1880년 1월 24일

고래가 많은 조선 바다에서의 고래잡이를 촉구함

고래가 많기로는, 조선 지방만한 곳은 아마 우리 홋카이도(北海道)에도 드물 것이다.

2, 3년 전부터 고래잡이를 출원한 사람이 있어, 이미 저들 정부에도 조회(照會)를 마쳤음에도 금일까지 이 일에 착수한 사람이 없는 것은 무엇 때문인가!

- 일본 조센신보 1882년 1월 16일

고래고기 상등품은 일본 본토로

울산에 소재한 동양포경주식회사의 이번기 영업 성적을 보면 연중 10월부터 3월에 기간에 180두를 어획하였는데 본년도에는 해안기후 등의 관계로 어획한 것이 160여 두에 달하였다. 종류는 대형고래인 대왕고래 흰수염고래, 극경 귀신고래가 허다하고 적게는 향유고래(용연향으로 가장 귀한 고래)도 있다.

▲ 조선일보 1921년 1월 26일 3면

이들 고래는 장생포로부터 전 조선 수요지에 송부하는 외에 상등품은 시모노세키에 보내졌다. 시세는 붉은고기는 백근에 40원(현시세 2백만 원), 꼬리고기는 32원이다. - 조선일보 1921년 1월 26일 3면

IV. 고래사냥과 한국해

2. 『하멜 표류기』와 네덜란드 한국해 지도

하멜, 제주도 해녀 인어의 원조

▲ Mermaids of South Korea CNN, 2023년 12월 26일 화요일
https://edition.cnn.com/style/korea-haenyeo-divers-unesco-last-mermaid/index.html

    헨드릭 하멜Hendrick Hamel은 네덜란드 동인도회사 소속 스페르베르호를 타고 일본 나가사키로 가다가 폭풍을 만나 제주도에 표착되었다. 그는 제주도에서 본 해녀들을 인어로 착각했다. 『하멜 표류기』에 등장했던 실제 인어들은 오늘날에도 잘 알려져 있다.[206] 하멜이 해녀를 인

---

206) Hendrick Hamel, a Dutch sailor, published a journal describing his 13-year detainment on Jeju-do (South Korea) after wrecking their yacht, the Sperwer, in 1653. He describes strange ladies as mermaids of the island. Jeju is infact home

어로 착각할 만도 하겠다. 어쩌다 물 위로 나오는 사람 상반신만 보이고 수면 아래 보이지 않는 하반신을 물고기로 상상할 수 있으니 말이다.

서양에서 한국해에 고래가 많다는 것을 알게 된 계기는 하멜 때문이었다. 그는 38명의 일행과 함께 조선에서 13년 동안 억류 생활을 하고 귀국했다.

그는 자신의 경험을 담은 『하멜 표류기』를 통해 조선의 지리, 풍속, 정치 따위를 유럽에 처음으로 소개했다. 해당 책은 네덜란드에서 1668년에 출판되었으며, 프랑스 번역가 미누톨리Minutoli가 1670년에 주석을 달아 프랑스에서 출판했다.

『하멜표류기』에 수록된「조선왕국기」에서는 아래와 같이 한국해에 고래가 집중적으로 서식하고 있음을 언급하고 있다.

"이 나라의 동북쪽에는 넓은 바다가 위치한다. 이 바다에는 매년 프랑스와 네덜란드의 작살이 꽂힌 고래가 많이 발견된다. 또한 12월에서 3월 사이에는 고래의 먹이인 청어가 많이 잡힌다.

1653년 조선에 억류되었던 네덜란드인들은 그들이 잡은 고래에서 발견한 작살로, 이 고래가 해협을 거쳐 이 나라 동북해안으로 이동해 온 것으로 생각했다. 조선에서 네덜란드제 작살이 고래 뱃속에서 발견되었다는 것을 확인하기 위해 나는 조선에 13년간 억류되었던 로테르담 출신 베네딕투스 클레르크(Benedictus Klerk)와 이 작살에 대해 얘기를 했는데, 그는 당시

---

to Haenyeo (female Sea divers). These real life mermaids once a sailors story are well known today. https://www.majesticwhaleencounters.com.au/mermaid-myths-legends

IV. 고래사냥과 한국해

조선에서 고래의 뱃속에 들어있는 네덜란드제 작살을 뽑는 것을 목격했다고 했다."

그리고 하멜 일행 중 38명 중 8명이나 고래사냥과 관련 있는 업종에 종사했다. 그중에는 하급선의(승선 의료진) 마테우스 에보켄Mattheus Eibokken이 있다. 에보켄은 표류자 일행 중에 조선말을 가장 유창하게 구사했는데, 그래서 귀국 후 네덜란드 동인도회사 임원 니콜라스 빗선 Nicolaes Witsen에게 증언하는 형식으로 『북동 달단』이란 제목의 만주지리지를 출판했다.

고래가 엄청나게 많기 때문에 조선 인근 북동해에서는 이를 잡기 위해 멀지 않은 곳에 바다로 나갔다. 그들은 매우 긴 작살로 고래를 죽이는 방법을 알고 있다. 조선 원주민들은 시체처럼 해변에 떠다니던 고래에서 튀어나온 네덜란드 작살을 자주 발견했다. 네덜란드 작살은 크기가 한국이나 일본 작살의 1/3도 되지 않기 때문에 한국이나 일본 작살과 확실히 구별될 수 있다.

이러한 『하멜표류기』의 영향으로 한국해는 프랑스와 영국 미국의 포경업자들에게 관심의 대상이 되었다.

▲ 한국해 MER DE CORÉE, ZEE VAN KOREA, 네덜란드 1757년

3. 프랑스 포경선 리앙쿠르호와 독도

1772년 프랑스의 저명한 세계지리학자 콘스탄트 도빌Constant D'orville의 저서 『세계 여러 민족의 역사 삽화Histoire des différens peuples du monde』 속 고려CORÉE에 대한 대부분은 고래로 시작해서 고래로 끝난다.[207]

이 반도는 북동쪽에 대양을 접하고 있다. 그리고 매년 프랑스와 네덜란드가 이 바다에서 많은 고래를 잡는다.

이로 보아 저자는 고려CORÉE를 고래와 관련한 경제적 이익을 창출하는 곳으로 여겼음을 알 수 있다.
프랑스 대표적인 백과사전인 라루스Larousse 백과사전에는 이런 기록이 있다.

한국인들은 청어와 고래사냥에 능한 어부들이다.[208]

독도가 서양 세계에 널리 알려지게 된 것은 1849년(헌종 15) 고래잡이를 위해 동한국해에 들어왔던 프랑스 포경선 리앙쿠르(Liancourt)호에 의해서이다.[209]

---

207) https://fr.wikipedia.org/wiki/Andr%C3%A9-Guillaume_Contant_d%27Orville
208) Les Coréens sont des pêcheurs experts dans la chasse au hareng et à la baleine.
209) https://fr.wikipedia.org/wiki/Rochers_Liancourt

프랑스의 고래잡이는 1810년대에서 1860년대 말까지 성행했었는데, 이는 연료와 등유에 사용할 고래기름鯨油를 얻기 위한 것이 주목적이었다.

프랑스 포경선의 출어는 태평양에서 한국해, 오호츠크해 등으로 옮겨졌으며 평균 출어 기간은 2년이었다. 리앙쿠르호는 1847년 10월 26일 르아브르를 출발했다. 북태평양과 한국해 그리고 오호츠크해를 목적지로 정했다. 1848년 10월 28일 홍콩에 도착해 머무른 뒤, 12월 24일 한국해를 향해 출항한 리앙쿠르호의 선장 로페즈의 보고서에 나타난 독도 기록을 살펴본다.

리앙쿠르호는 1849년 1월 24일 대한해협의 한가운데인 쓰시마 북쪽을 통과한 후 한국해로 진입해 3월 7일부터 7월 30일까지 고래 15마리를 잡았다. 4월 20일에는 울릉도 다줄레섬Dagelet에 근접해 두 척의 보트를 내려 상륙하여 나무를 채취하기도 했다.

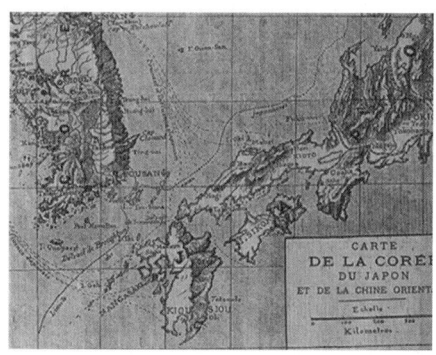

▲ 1894년 프랑스 수로부 제작 지도, 한국해에 경계선을 그려 울릉도와 독도는 조선 영토로, 시마네현의 오키도는 일본 영토 한국해 전체 해역 80% 이상 한국 해역으로 표기.

리앙쿠르호가 고래잡이를 마치고 귀항한 뒤인 1850년 5월 4일 선장인 드수자(De Souza·일명 로페즈)가 작성한 보고서에 이런 기록이 나온다. "1849년 나는 대한해협 한가운데 있는 쓰시마 북쪽을 통과한 후 다줄레섬(울릉도)으로 향했다. 1월 27일 나는 다줄레섬이 북동 1/2 북 방향으로 바라보이는 위치에 있었다. 그때 동쪽에 큰 암석 하나가 있었다. 이 암석은 어떤 지도와 책자에도 나타나 있지 않았다. 이 암석의 위치는 북위 37도2분, 동경 131도46분이었다.[210]

　　19세기 포경선이 해변에 상륙하는 가장 중요한 이유는 물과 식료품의 조달이었다. 이들은 휴식이 용이하며 접근이 쉽고 지역민이 친절한 항구를 선호했다. 동한국해는 고래 밀집도가 세계 최고 수준인 해역일 뿐더러 오오츠크해, 그리고 베링해로 가기 위해서는 반드시 거쳐야 할 곳이다. 특히 경상도와 함경도 연안은 고래 사냥을 위해 이역만리에서 온 서양인들에게 매우 매력적인 곳이었다.

　　독도는 당시 포경선의 정착 항구를 찾는 시기에 발견되었으나 독도는 이 조건을 충족시킬 수 없는 곳이었다. 포경선의 보급을 위해서는 농경지, 주민, 정박처가 필요한데 독도는 그런 장소는 전혀 아니었다. 따라서 프랑스 포경선들보다 훨씬 많았던 미국과 러시아의 포경선들이 리앙쿠르호 이전에 독도를 발견하고도 보고조차 않았을 가능성도 있다. 동한국해에서의 포경선들에게 독도는 위험한 현초 또는 암초였지 그 이상은 아니었던 것이다.[211]

　　그래서였을까? 프랑스 포경선은 미국과 일본, 러시아의 포경선과 달

---

210) 이진명, 『독도, 지리상의 재발견』 삼인, 2005, pp.180-189.
211) 정인철, "프랑스 포경선 리앙쿠르호의 독도 발견에 관한 연구", 영토해양연구, 2012, pp.165-174.

Ⅳ. 고래사냥과 한국해

리 한반도 동쪽 바다 한국해보다 한반도 서쪽 바다 황해에서 조업을 많이 했다.

1851년 7월 프랑스 포경선 나르발(Narval)호가 한국 해안(전남 신안군 비금도)에 좌초되었다. 그 선원들은 무사히 구조되었다. - 〈더 모닝 포스트〉 1851년 7월 21년 3면[212]

---

212) The whaler was wrecked on the coast of Korea. Her crew were rescued. She was on a voyage from Havre de Grâce to the South Seas - "Ship News". The Morning Post. London. 1851. 7.21.3.

4. 영국의 포경 산업 - 한국해, 대한해협, 독도

유럽에서의 포경 산업은 오랜 기간 프랑스 서북부해안 바스크족이 지배해왔다. 그러나 17세기 말엽부터 북미식민지 동해안에 위치한 낸터킷과 뉴베드포드의 영국인들이 주도했다.

1712년에 새로운 형태의 포경이 시작되었는데, 이때 낸터킷 선박이 처음으로 고래를 잡았다.[213]

1798년 10월 3일 1798년 10월 13일 브로튼W.R.Brouhton 함장의 영국 왕실 해군 프로비던스Providence호가 원산만의 청진에 상륙했다. 그는 원산만에 무수한 고래 떼를 발견하고 COREA 해역에 고래가 매우 풍부하고 귀중한 자원임을 강조했다.[214] 그 후 프로비던스호는 계속 남하하여 10월 13일 부산 용당포에 정박했다. 이는 『조선왕조실록 정조실록』에도 기록되어 있는데, 정조 21년 10월 26일자는 다음과 같이 기록하고 있다.

경상도 관찰사 이형원이 보고하기를

"이국(異國)의 배 1척이 동래 용당포 앞바다에 표류해 이르렀습니다. 배 안의 50인이 모두 머리를 땋아 늘였는데 (중략) 배의 길이는 18파(把 약27미터)이고, 너비는 7파(약 10미터)이며 좌우 아래에 삼목(杉木) 판대기를 대고

---

213) https://www.britannica.com/topic/whaling/Early-commercial-whaling
214) 김재승, 조선해역에서 영국의 해상활동과 한영관계(1797-1905) 해운물류연구 23권 1996, p.225.

모두 동철 조각을 깔아 튼튼하고 정밀하게 하였으므로 물방울 하나 스며들지 않는다고 하였습니다."

하고, 삼도 통제사 윤득규가 치계하기를,

'용당포에 달려가서 표류해 온 사람을 보았더니 코는 높고 눈은 푸른 것이 서양 사람인 듯했다. (하략) 그들이 원하는 대로 순풍이 불면 떠나보내도록 하라고 명했다.'[215]

이후 영국을 비롯한 서양 각국의 지도들은 대한해협 내 서수도를 브로튼 함장을 기념하여 브로튼 해협Str. Broughton으로 표기했다.

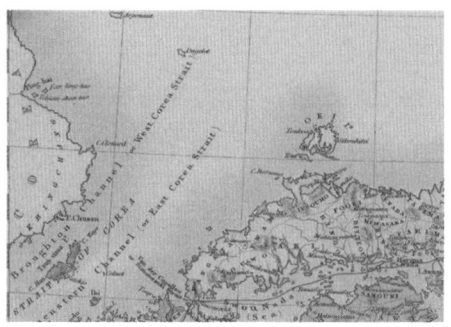

▲ **한국의 해협 STRAIT OF COREA** 1875년 영국 런던, 유용지식확산학회 Society for the Diffusion of Useful Knowledge(SDUK)에서 제작했다. 독도와 대마도를 한국 영토로 표기했다.

영국의 박물학자 레오드(John Mc Leod, 1777-1820)가 1818년

---

215) https://sillok.history.go.kr/id/kva_12109006_001

간행한 『코리아 해안을 따라가는 알체스타호의 항해기Voyage of His Majesty's ship Alceste, along the coast of Corea』에서 코리아의 국가 주요 자원으로서 고래에 대해 주목한다.

코리아의 동해안은 다양한 물고기가 풍부하다. 많은 고래가 북동쪽에 서식한다. 유럽 포경선의 작살이 이들 고래에게서 발견된 것으로 미루어 이 고래들은 그린란드에서 북극해를 거쳐 아시아 북쪽 해안 또는 아메리카의 북쪽 해안을 따라와서 베링해, 캄차카해, 홋카이도를 거쳐 내려온 것이다.[216]

---

216) McLeod, John, Voyage of His Majesty's ship Alceste, along the coast of Corea, London, J. Murray, 1818. p.88.

▲『Voyage of His Majesty's ship Alceste, along the coast of Corea』 p.59
위의 책 3장 첫머리의 삽화로서 그림 속 인물들은 모두 조선인들이다.

▲ 한국해 COREAN SEA 1755년 영국 런던

▲ 한국해 COREAN SEA 1799년 영국 런던

5. 'COREA'는 미국 포경선 이름이자 한국의 국호

American whaling ship Corea visited Honolulu, Hawaii according to the newspaper The Polynesian dated 4 November 1848

An item reported the arrival at Honolulu, Hawaii on 28 October of the American whaling ship Corea master Hempstead of New London 200 barrels sperm oil 2,400 barrels whale oil.

▲ 출처: 생물다양성유산 도서관 biodiversity heritage library

생물다양성유산 도서관biodiversity heritage library이 소장 중인 위 도편엔 다음과 같은 설명이 있다.

1848년 11월 4일자 The Polynesian 신문에 따르면 미국 포경선 Corea가 하와이 호놀룰루를 방문했다.

향유고래기름 200배럴[217] 포함 2,400배럴 고래 기름을 실은 뉴런던의 햄

---
217) 향유고래기름의 가격은 일반 고래기름의 3배 이상 고가였기 때문에 별도로 취급했다.

스터드 선장의 미국 포경선 Corea호는 10월 28일 하와이 호놀룰루에 도착했다고 보고했다.

미국 본토 언론에서 'COREA' 라는 단어가 처음 등장한 것은 샌프란시스코의 유력일간지 〈캘리포니안The Californian〉1847년 11월 10일자 '알림'에서였다. 그러나 Corea는 한국을 직접 지칭한 게 아니라 한국해로 조업 나가는 미국의 포경선 이름이었다.

> **NOTICE.**
> Notice is hereby given, that all persons are forbidden to harbor or trust the crew of the American Whaleship "Corea," as I will not be responsible for any debts which they may contract in this port.
> B. B. HEMPSTEAD.
> Captain.
> November 10, 1847.

▲ 캘리포니언 1847. 11. 10. American Whaleship 'COREA'

'알림(Notice)' 제목 아래 '미국 포경선 Corea호의 선원들이 거래한 사람들이 누구이든지 부채에 대한 책임을 일체 지지 않음을 알립니다. -B B 헴스테드 선장'이라고 게재됐다.

COREA는 처음 미국 언론에서 포경선 선박 이름으로 통했다. 이 어찌 신묘한 일이 아니겠는가?

1849년 2월28일 〈캘리포니안〉의 경쟁지, 〈캘리포니아스타

California Star〉도 Corea를 게재했다. 일본 해안에서 좌초한 포경선 Corea호 등 두 척의 배에 타고 있던 선원들이 나가사키로 송환됐다.

미국의 대표 신문 〈뉴욕 타임스New York Times〉가 처음 Corea를 등재한 것은 1851년 11월 14일이다.

영국 해군 소속의 무장 저장선이었던 Corea호는 미국에서 포경선으로 개조된 선박이다. 며칠 전 포경선 코리아호의 선원 한 명과 선장이 (사우스캐롤라이나)찰스턴 항구에서 바다에 투신, 실종됐다.

COREA 그녀는 침몰하지 않았다.

COREA는 미국독립전쟁 당시 매사추세츠주 뉴베드퍼드에서 어부들에 의해 나포된 영국 해군의 336톤급 무장상선으로, 이후 포경선으로 활약했다. 전하는 바에 따르면 그녀는 침몰하지 않았으며 1862년 1월 8일까지 미군에 복무한 것으로 알려졌다. - 브리태니커 백과사전 19세기 미해군사 [218]

---

218) Corea was a 336-ton armed store ship of the Royal Navy captured by fishermen from New Bedford, Massachusetts during the American Revolution, and later served as a whaleship. Reportedly she was not sunk and was in service with the US Army as late as 8 January 1862
Shipwrecks.//www.britannica.com/topic/The-United-States-Navy/The-U-S-Navy-in-the-19th-century

6. 미국 포경선의 조업지는 일본해가 아닌 한국해

미국 자본주의 뿌리는 고래잡이였다. 고래로부터 얻을 수 있는 것 가운데 가장 값진 상품이 고래기름이었으므로, 미국의 돈은 고래기름에서 나왔다. 포경은 단순한 어업이 아니라 고래기름을 이용한 종합적인 산업으로 발전했다.

18세기 후반 미국의 고래사냥 산업은 큰 발전을 이루었다. 이 시기에는 고래의 기름이 주요한 에너지원으로 사용되었기 때문에 고래사냥은 중요한 산업이었다.

고래사냥은 주로 태평양에서 이루어졌으며, 주로 뉴 잉글랜드 지역의 해안에서 출발하였다. 이 시기에는 고래사냥을 위한 특수한 선박인 포경선이 개발되었고, 이를 이용하여 고래를 사냥하였다. 포경선은 주로 3개의 마스트와 큰 돛을 가지고 있었으며 무장된 승무원들이 고래를 사냥하기 위해 사용되었다. 포경선은 고래를 추적하고 포위하기 위해 협동하여 움직였으며, 고래가 죽은 후에는 그 기름을 추출하기 위해 해저로 내려갔다.

이 시기에는 고래사냥이 큰 이익을 가져다주었기 때문에 많은 사람들이 이 산업에 종사했다. 특히 뉴 잉글랜드 지역의 사람들은 고래사냥을 주요 직업으로 삼았으며, 이를 통해 부를 축적하고 도시를 발전시켰다.

19세기 전반 미국의 포경업은 산업 혁명의 일환으로, 그 시대의 기술과 지식이 결합된 놀라운 발전을 이루었다. 또한, 이 기간에는 미국이 세계 각지로 무역과 탐사를 확대하면서 지도 제작 또한 크게 발전했다.

19세기 전반 포경업은 미국의 5대 주요산업이었다. 종사자만 7만 명에 달하는 거대 산업이었다. 매년 하와이에 정박하는 포경선만 해도 600척에 달했다.

미국의 포경선 수는 전 유럽의 포경선을 다 합친 수의 세 배나 많았다. 미국에서 고래잡이는 어떤 경제 활동보다 오랜 역사를 갖고 있다. 미국 독립 이전 고래 관련 상품은 북미 식민지에서 영국으로 직접 수출하는 주요 품목이었다.

미국 동부의 고래 러시whale rush와 미국 서부의 황금러시gold rush, 즉 포경업과 금광업이 19세기 전반과 중반을 관통하는 미국 산업의 근간이었다고 할 수 있다.[219]

태평양으로 진출한 최초의 미국 포경선은 1791년 8월에 낸터킷 섬을 출항하여 대량의 고래를 잡은 뒤 1793년 2월 3일에 귀환한 비버호이다. 같은 철에 뉴베드포드 항에서 레베카Rebecca호를 포함하여 최소한 여섯 척의 포경선이 태평양으로 고래잡이를 떠났다.[220]

미국 포경선이 일본 근해에서 처음 조업을 한 것은 1819년이었다. 일본 근해 첫 포경선이었던 MARGO는 고래기름을 싣고 1822년 낸터킷으로 성공적으로 귀항했다. 1821년 한 해 동안 낸터킷과 뉴베드포드

---

219) Caughey, John Walton (1975). The California Gold Rush. University of California Press, p.72 ; 김남균, "19세기 미국의 포경업, 태평양, 그리고 아시아" 미국학논집 45, 2013, pp.12-17.
220) 김남균, 앞의 논문 pp.15-19.

의 포경선 6-7척이 일본 근해에서 고래를 잡았다.[221]

허먼 멜빌의 『모비 딕Moby Dick』에는 일본 근해sea near Japan의 고래사냥에 대해 나온다. 멜빌에 따르면 미국 포경선이 일본 근해에 처음 간 것은 1819년이었고 첫 포경선 이름은 "사이렌Syren"이었다. 모비 딕을 찾아 나선 배 「피쿼드Pequod」는 일본 근해에서 태풍을 만나 찢기는 경험을 한다.[222]

이를 20세기 이후 국내외 학자들은 일본해(Sea of Japan)이라고 쓰고 있는데 명백한 오류다. 일본의 근해는 원래 한국해(Sea of Korea)를 가리키는 것이다.

1792~1822년 30년간 미국에서 출간된 한국해 표기 지도는 25점이나 되는 반면, 일본해 표기 지도는 단 1점뿐이라는 사실이 19세기 초 미국 포경선의 조업지가 한국해였음을 증명해주고 있다.

더구나 낸터킷과 뉴베드포드의 포경선 6-7척이 일본 근해에서 고래를 잡았던 1821년에만 뉴베드포드 인근 보스턴에서만 한국해 지도 1점, 한국만 지도 4점이 출간되었다.

1792-1822년 30년간 미국의
한국해 표기 지도 25점 vs 일본해 표기 지도 1점

---

221) Starbuck, Alexander. History of the American Whale Fishery. Secaucus, New Jersey: Castle Books, 1989, p.96.
222) Melville, Herman. Moby-Dick, or the Whale. Foreword by Nathaniel Philbrick. New York: Penguin Books, 2001. pp.484-546.

※ 한국해 표기 지도 25점

1. 1792년, SEA OF COREA, Doolittle Thomas, 뉴욕
2. 1796년, Sea of Korea, Carey&Guthrie, 필라델피아
3. 1796년, Sea of Corea, American Universal Geography, 보스턴
4. 1796년, GULF OF COREA, W. Barker, 보스턴
5. 1797년, SEA OF KOERA, James Wilson, 미국 최초 백과사전, 뉴욕
6. 1797년, Sea of Corea, J.Cary, 보스턴
7. 1798년, GULF OF COREA, G.Fairman, 필라델피아
8. 1799년, Sea of Korea, J. Low, 뉴욕
9. 1799년, GULF OF COREA, A. Doolittle, 뉴욕
10. 1799년, COREAN SEA, Wauthier, 뉴욕
11. 1801년, GULF OF COREA, J. Morse, 뉴욕
12. 1802년, GULF OF COREA ,W. Barker, 뉴욕
13. 1802년 SEA OF COREA ,A. Doolittle Thomas, 뉴욕
14 1805년, Sea of Korea, John Low, 뉴욕
15. 1814년, GULF OF COREA, J. T. Hommond, 보스턴
16. 1817년, GULF OF COREA, D.F. Robinson, 필라델피아
17. 1818년, GULF OF COREA, Cumming & Hillard, 하트포드
18. 1819년, Corean Sea, John O'Neill Fielding Lucas, 뉴욕
19. 1819년, SEA OF KOREA, M.Carey, 보스턴
20. 1821년, SEA OF COREA, Boynton Goodrich, 보스턴
21. 1821년, GULF OF COREA, H. Morse 보스턴
22. 1821년, GULF OF COREA, H. M Hillard Gray&Co, 보스턴
23. 1821년, GULF OF COREA, Seeman James, 보스턴
24. 1821년, GULF OF COREA , J. H. Young, 보스턴
25.1822년, Sea of Corea, M. Malte Brun, 보스턴

※ 일본해 표기 지도 1점
1814년, Sea of Japan, Anthont Finley, 뉴욕

▲ 한국해 Sea of Korea 1796년
미국 필라델피아

▲ 한국해 Sea of Korea 1805년
미국 뉴욕

▲ 한국해 SEA OF COREA
1821년 미국 보스턴

▲ 한국만 GULF OF COREA
1821년 미국 보스턴

▲ 한국만 GULF OF COREA
1821년 미국 보스턴

▲ 한국만 GULF OF COREA
1821년 미국 보스턴

7. 『모비 딕』의 포경선이 고래사냥한 한국만

나는 너를 향해 돌진하고 끝까지 너와 맞붙어 싸우리라.
지옥 한복판에서라도 너를 향해 작살을 던지고,
가눌 수 없는 증오를 담아
내 마지막 숨을 너에게 뱉어 주마. -「모비 딕」

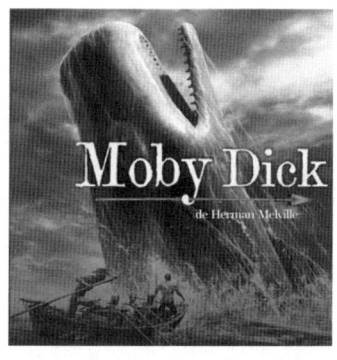

『모비 딕MOBI-DICK(1851년 초판본)』은 1820년 11월 20일 태평양 한가운데에서 포경선 에식스호 Essex가 거대한 수컷 알비노 향유고래에게 공격당해 침몰한 실제 사건을 배경으로 사나운 고래로부터 탈출한 21명의 선원이 태평양 한가운데서 식량 부족으로 살아남기 위해 죽은 동료 선원들의 인육을 먹는 등 비극적인 스토리에서 허먼 멜빌이 영감을 얻은 작품이다. 나아가 작가 자신이 1842~1843년 낸터킷 선적 찰스와 헨리 포경선을 타고 한국만(COREA GULF)에서 고래사냥한 체험을 바탕으로 창작된 소설이다.

미국 포경선들의 대표적 장거리 항로에는 첫째, 아프리카 희망봉을 돌아 인도양을 거쳐 태평양 입구 남중국해에서 북동 방향의 고래어장 한국해로 진입하는 베링해로 태평양으로 들어가는 항로, 두 번째로는 남미 케이프 혼까지 남하한 후 유턴해서 아프리카 인도양을 건너 태평

양으로 들어가는 항로가 있다.[223]

실제로 1842년 11월부터 1843년 4월까지 낸터킷 선적 포경선 찰스와 헨리Charles and Henry호를 탔던 멜빌은 미국 동부해안을 떠난 포경선들의 목적지가 일본해 즉 한국해 고래어장이었음을 적고 있다.

"콜맨 선장은 또다시 1843년 5월 10일 찰스와 헨리 호를 몰고 바다로 나아갔다. 선장은 호놀룰루에서 이틀간 기항한 다음에는, 그동안 불운했던 항해가 앞으로는 행운의 고래잡이가 되기를 희망하면서 일본 해안에서 떨어진 해역을 향하여 서둘러 출항했다."

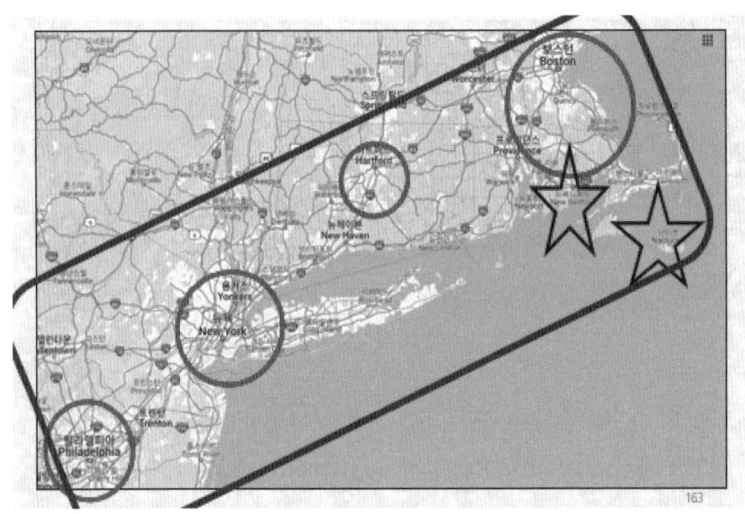

▲ 19세기 포경업 양대 중심항: 낸터킷, 뉴베드포드
한국해(COREA SEA), 한국만(COREA GULF) 지도 출간 도시: 보스턴, 뉴욕, 필라델피아, 하트포드

『모비딕 항로의 의문The Question of Race in Moby-Dick』의 책 저자

---

223) Whaling Voyages of America
https://googlemapsmania.blogspot.com/2019/09/whaling-voyages-of-america.htm

버나드Bernard는 "피쿼드호의 고래잡이는 아프리카 남단 희망봉에서부터 북쪽으로 올라오면 일본 근해까지 가는데, 이곳은 필라델피아와 거의 같은 북위에 있다"고 하면서 피쿼드호의 고래잡이가 한국 근처의 북태평양에서 이루어졌음을 설명하고 있다.[224]

필라델피아의 위도는 북위 40도이니 한국만 중에서도 고래 소굴로 유명한 함흥 앞바다의 북위 40도와 일치한다.

〈모비 딕〉의 피쿼드호와 미국 포경선들의 항로는 대체로 같다.

낸터킷항을 뒤로한 피쿼드호는 북대서양 중부 포르투갈령의 아조레스(Azores)제도에 기항한 후, 섬의 농부들을 선원으로 고용한다. 이어서 아프리카 북서부 대서양에 있는 카나리아 제도를 끼고 남진하여 남미 해안을 따라 적도를 통과한 후, 남극대륙 가까이 남빙양을 향하여 남하한다. 남빙양을 앞에 두고 방향을 북동쪽으로 바꾸어 남대서양을 지나 아프리카 대륙 남단의 희망봉 인근 해역을 통과하여 인도양에 진입한다. 포경선은 크로제Croze 제도 인근 해역에서 참고래를 포획한 다음, 수마트라섬과 자바섬 사이의 순다 해협을 지나면서 마침내 태평양으로 들어서게 된다.

---

224) Bernard, Fred V.(2002), "The Question of Race in Moby-Dick", The Massachusetts, p.398.

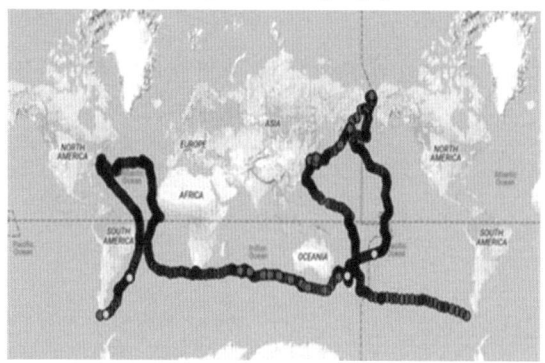

▲ Whaling Voyages of America
https://googlemapsmania.blogspot.com/2019/09/whaling-voyages-of-america.htm

 계속해서 보르네오섬을 마주하면서 말레이반도와 수마트라 섬 사이에 있는 말라카 해협을 통과한 후 필리핀 해의 필리핀 제도와 타이완섬을 거쳐 동중국해East China Sea를 지나 태평양의 북서쪽으로 향한다. 마침내 피쿼드호는 여타 미국 포경선들의 항로와 마찬가지로 포경 성수기에 맞춰 '일본 해안 먼 곳far coast of Japan'에 도착하게 된다.[225]

 허먼 멜빌의 〈모비 딕〉에 등장하는 포경선 '피쿼드'가 포경 성수기에 도착한 일본 해안 먼 곳far coast of Japan은 어디일까?

 한국해에서 고래는 3월부터 9월까지 잡혔고, 5월과 6월에 가장 많이 잡혔다. 특히 1848년과 1849년의 성수기 동안 총 170척 이상의 선박(1848년에는 60척 이상, 1849년에는 110척 이상)이 한국해에서 조업했다.[226]

---

225) 김남균, 전게 논문, pp. 18-20.
226) Right whales were caught from March to September, with peak catches in May and June During the peak years of 1848 and 1849 a total of over 170 vessels (over 60 in 1848, and over 110 in 1849) cruised in the Sea of Japan, https://

즉 포경선으로서 〈모비 딕〉 피쿼드가 활동한 주무대는 고래 밀집도 세계 최고해역 한국해이고 피쿼드가 침몰한 남태평양은 고래 밀집해역이 아닌 모비딕이라는 괴물고래 출현 장소이다.

한국해에서 고래를 많이 잡은 〈모비 딕〉의 피쿼드 호가 태평양 중심 해역까지 항해하는 이유는 에이헙 선장이 고래기름보다 모비 딕을 추적하여 복수하는 일에 혈안이 되었기 때문이다. 피쿼드호는 태평양 중부 해역 길버트 제도의 키리바시 섬 근해에서 흰고래 모비 딕과 만난 결과 배는 침몰하고 이슈마일을 제외한 모든 선원들이 죽음을 맞는 것으로 귀결된다.

윌리엄 하이네William Heine는 삽화가 겸 화가로서 1854년 2월 페리 제독과 함께한 원정대의 일원인 일본어 통역과 나눈 대화를 자신의 회고록에 남겼다. 그는 통역에게 "1년 동안에, 미국 배 160척이 쓰가루 해협에서 들어가는 모습이 목격되었는데, 무엇 때문에 그렇게 많은 배가 일본해(한국해)로 오고 있는가?"라는 질문을 하면서, 이 배들이 아마 미국의 포경선들이며, 이 수역에서의 활동이 '미국'에게 많은 이익을 가져다주는 것으로 보인다고 답변했다.

울산의 반구대에 그려진 고래들이 쓰가루 해협과 한국해를 거쳐 베링해까지 이동했다. 1849년 프랑스의 포경선 리앙쿠르Liancourt호가 한국해의 독도를 '발견'하고 독도를 리앙쿠르 암초Liancourt Rocks라고 이름 붙인 사실에서 미루어 본다면, 미국 포경선의 활동 무대는 한국해

en.wikipedia.org/wiki/Sea_of_Japan

를 중심으로 일본 남부해역과 오오츠크해로 파악된다.[227]

　실제로 1854년 6월 14일 뉴베드포드 선적의 미국 포경선 투 브라더즈Two Brothers호의 네 명의 선원이 선장의 학대를 피해 보트를 타고 표류하던 중 원산에 상륙한 바 있다.

▲ 미국 포경선 항로 Whaling Voyages of America
https://googlemapsmania.blogspot.com/2019/09/whaling-voyages-of-america.htm

---

227) The Whale and the World in Melville's Moby-Dick: Early American Empire and Globalization Zachary Michael Radford The University of Montana

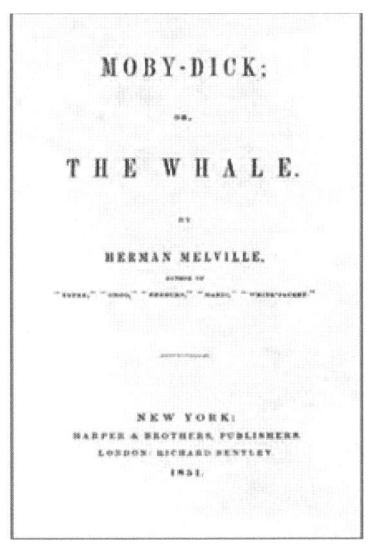 

▲ 1851년 『모비딕MOBY-DICK』초판. 미국 뉴욕 출간   ▲ 1851년 한국만 (GULF OF COREA) 미국 필라델피아 출간

1823~1856년 33년간 한국만 22점 vs 일본만 0점

　1823년-1856년 33년간 미국의 포경업 최고 전성기에 포경업 중심 도시 보스턴 뉴욕 필라델피아 하트포드에서 한국만 표기 지도 22점이나 출간된 반면에 일본만 표기 지도는 1점도 없다. 따라서 『모비딕』의 포경선 피쿼드호가 고래사냥한 해역은 고래 반 물 반 한국만(Gulf of Corea)으로 확실시된다.

　　1823년, GULF OF COREA, Fielding Lucas Jr., 뉴욕
　　1823년, GULF OF COREA, World Tanner, 보스턴
　　1824년, GULF OF COREA, J. Grigg's, 뉴욕

1824년, GULF OF COREA, Olive D Cooke & Sons, 뉴욕

1825년, GULF OF COREA, H. S. Tanner, 뉴욕

1825년, GULF OF COREA, Cummings & Hilliard, 보스턴

1825년, GULF OF COREA, W. C. Woodbridg, 뉴욕

1826년, GULF OF COREA, Atlas Cooke & Sons, 뉴욕

1826년 GULF OF COREA, Atlas Goodrich, 보스턴

1829년, GULF OF COREA, Atlas Hartford, 하트포드

1830년, GULF OF COREA, W. C. Woodbridge, 필라델피아

1831년, GULF OF COREA, Oliver D Cooke, 보스턴

1832년, GULF OF COREA, C. S. Williams, 뉴욕

1834년, GULF OF COREA, D. Tanner, 필라델피아

1834년, GULF OF COREA, Samuel Walker, 뉴욕

1835년, GULF OF COREA, Shannon McCune, 하트포드

1840년 GULF OF COREA, James H. Young, 필라델피아

1840년 GULF OF COREA, Belknap& Hamersley, 뉴욕

1845년 GULF OF COREA, Phillips& Sampson, 뉴욕

1845년 GULF OF COREA William C. Woodbridge, 보스턴

1851년 GULF OF COREA, Cowperthwait, 필라델피아

1856년, G. of COREA, Charles Desilver, 보스턴

8. 일본이 귀신고래를 최우선 멸종시킨 까닭은?

귀신고래 또는 쇠고래의 영어 명칭은 회색고래gray whale, 한국회색고래 Korean gray whale, 태평양회색고래Pacific gray whale, 캘리포니아 회색고래California gray whale이다.

한국 위키백과와 나무위키 한국의 거의 모든 고래 관련 온·오프라인 텍스트는 귀신고래의 영문 명칭이 한국회색고래Korean gray whale라는 사실을 밝히지 않고 있다.

귀신고래는 몸길이 15미터, 평균 무게는 50톤, 수명은 75~80세로 추정된다. 귀신고래는 일반적으로 얕은 다시마 침대에서 해안을 껴안고 새끼가 공격을 받으면 새끼를 보호하기 위해 사납게 싸워 악마 물고기 devil fish라는 별명을 얻게 되었다. 1912년 스티븐 스필버그 감독이 제작한 영화 〈인디아나 존스〉의 실제 인물로 잘 알려진 미국인 탐험가 로이 채프만 앤드류스(1884~1960)가 장생포를 방문하여 '한국계 회색고래Korean Gray Whale'라는 독특한 고래의 존재를 처음으로 세계 학계에 알렸다.

귀신고래는 고래 종류 중에 해안가 얕은 바다에서 얕은 바다에서 사는 연안성이 가장 강한 고래이다. 귀신고래는 수심이 1~2미터 얕은 물에도 자주 나타나고 모래사장에 올라와 채식을 하는 일도 적지 않다. 귀신고래는 인간과의 스킨십에 가장 적극적이고 육상에서 쉽게 관찰할 수 있는 고래다.

파도 때나 갯벌 등의 얕은 물을 좋아해, 육상에서도 빈번하게 관찰할 수 있다.

귀신고래의 주식은 해저면의 무척추동물로, 침전물에 붙어있는 바다벼룩이나 새우 등을 걸러 먹는다. 이는 다른 수염고래들에게는 볼 수 없는 독특한 식습관이며, 이 때문에 머리에 상처가 많다. 이 때 해저면을 훑어내면서 발생하는 유기물과 영양분이 해수와 뒤섞이면서 플랑크톤의 주요 먹이 공급원이 되게 해 주고, 결과적으로 해양 생태계 순환에 공헌하기 때문에 해양학자들 사이에서 '바다의 농부'라 불리고 있다.

귀신고래 개체군은 호기심이 많은 데다가 배를 발견하면 위험을 무릅쓰고서라도 가까이 다가가 배 위에 탄 사람들을 구경(?)하기 때문에 해당 개체군이 서식하는 근해는 고래 관광지로 각광받고 있다.[228]

▲ 고래종 중에서 가장 인간 친화적인 귀신고래는 파도 때나 갯벌 등의 얕은 물을 좋아해, 육상에서도 빈번하게 관찰할 수 있다.

▲ 귀신고래(한국회색고래): 고래 종류 중 가장 해안가에 접근해서 얕은 바다에서 활동하고 인간과의 스킨십에 가장 적극적인 고래

1273년 승려 일연이 펴낸 사찬 유사 역사서 『삼국유사』에는 연오랑과 세오녀 이야기가 있다.

---

228) 松村明;「こくくじら (克鯨)」,『大辞林』三省堂, 2019

신라 제8대 아달라왕 즉위 4년(157년) 동쪽 바닷가에 연오랑과 세오녀 부부가 살고 있었다. 어느 날 연오랑이 미역을 따러 바위 위에 올라섰는데 바위가 움직이더니 연오랑을 싣고 일본으로 가게 되었다. 연오랑을 본 일본 사람들은 그를 신이 보냈다고 여기고 왕으로 섬겼다.

세오녀는 남편을 찾다가 마찬가지로 바위에 실려 일본으로 가 서로 만나게 되었다. 이 이야기에서 바위는 귀신고래임이 확실하다. 수심 1-2미터의 얕은 해안가까지 서식하는 고래종은 귀신고래밖에 없기 때문이다.[229]

▲ 반구대 암각화 속의 귀신고래 한 쌍, 왼쪽 새끼를 업은 쪽이 엄마 고래, 오른쪽은 아빠 귀신고래 - 20세기 입체파 큐비즘 화풍이 연상된다.

일제강점기 극경(克鯨) '고쿠'라고 불린 귀신고래는 겨울철 울산 근해에서 많이 잡히는 대형 고래였다. 그래서일까, 우리나라에는 귀신고래에 얽힌 전설이 유독 많다. 북옥저 즉 지금의 연해주 지방에는 다음과 같은 전설이 내려온다.

먼 옛날에 바닷가에는 젊고 아름다운 처녀가 살았다. 처녀에 반한 고래가 바닷가에 접근하더니 잘생긴 청년으로 변했다. 결국에 그들은 바닷가에서 터전을 마련하며 함께 살았다.

처음 낳은 자식들은 고래였으며, 작을 때는 키워줬으나, 성장한 뒤에는 바다에 돌아갔다. 그 뒤에 낳은 자식은 모두 인간이었다. 아버지가 일을 못

---

229) https://ko.wikipedia.org/wiki, https://en.wikipedia.org/wiki/Gray_whale

하게 되자, 자식들이 바다로 가서 식량을 구할 수밖에 없었다. 자식들이 바다로 가기 전에 아버지는 "바다는 너희 형제인 고래들의 고향이다. 잘 보호하도록 하여라."라고 했다. 자식들은 세월이 지나서 그 자신만의 가족을 형성하게 되었고, 아버지는 죽었다. 식량이 부족해지면서, 형제들은 왜 그렇게 많은 고래를 잡지 않았느냐고 불평을 했다. 그래서 그들을 잡으러 나섰고, 고래는 아주 쉽게 잡혔다. 형제들은 잡은 고래를 어머니에게 보여주었지만, 어머니는 "너희는 단지 자신들과 닮지 않았다는 이유로 형제를 죽였다. 당장 내일은 무엇을 할 것이냐?"라는 말을 남기고는 죽었다.

귀신고래 전설이 시사하는 바가 크다. 고래는 인간의 형제로 지켜야 할 존재인데 굶주림을 못 견딘 인간인 자식들이 잡아먹자 인간인 엄마가 죽었다. 인간이 자연을 지키지 않고 훼손하면 결국 인간에게 해가 된다는 교훈을 준다.

한국해를 동해로, 귀신고래를 극경으로 개칭한 시점과 목적은 같다.

이처럼 귀신고래는 연오랑과 세오녀 이야기에 나오기도 하고, 반구대의 암각화에도 귀신고래의 모습이 새겨져 있으니 예전에는 한국에서 가장 흔한 고래였다.

귀신고래는 일제 강점기 초기 남획으로 인해 1910년대 초에 기록적인 포획고를 보인 후 개체 수가 급감했다. 일본 포경선은 1910년부터 1933년까지 불과 23년간 1,513마리의 귀신고래를 포획 멸종시켰다.

해방 이후 1962년에 울산 앞바다에서 출현한 귀신고래를 천연기념물로 지정했으나 그 후 한국해에서 귀신고래를 발견한 사례는 전혀 없다.

19세기 말까지 한국해 특산인 귀신고래를 치아경〈稚兒鯨〉으로 부르던 일본이 1910년 한일병탄 직후 이길 극克 극경(克鯨)으로 개칭, 귀신고래를 표적 삼아 집중적으로 포획하여 가장 먼저 멸종시킨 목적은 무엇일까?

우리 강토가 침탈 당한 1910년, 귀신고래를 향한 집중 포획도 시작되었다. 잔인한 표적 사냥이 시작된 지 불과 23년 만인 1933년, 귀신고래는 멸종을 맞이하고 만다. 한편으로 1933년은 일본 군국주의가 절정에 달한 때로, 한국해를 조선 식민지 동해로 창지개명하는 작업에 마무리 박차를 가하던 때이다. 이 모든 시점이 맞아떨어지는 것은 결코 우연이 아니다. 결국 일제가 한국해를 동해로, 한국 특산 귀신고래를 극경으로 개칭한 목적은 같다. 한국(KOREA)과 고래를 동일시하였기에 한국의 고유한 고래종인 귀신고래를 멸종시킴으로써 한민족과 민족정신 말살을 꾀한 것이다.

<1911-1944년 일본 포경선 한국해에서 고래포획 일람표>

종류 \ 연도	참고래 긴수염 Right	귀신 Korea Gray 극경	흑등 Humpback 좌두	대왕 흰긴수염 BLUE 백장수	향유 Sperm 말향	보리 sei 약	긴수염 fin 배미	합
1911	182	118	5	1	0	0	0	306
1912	136	188	4	1	0	0	0	329
1913	151	121	6	0	0	1	0	279
1914	168	139	15	0	0	0	0	322
1915	204	130	3	0	1	0	1	339
1916	129	177	11	0	3	0	0	320
1917	151	166	7	0	1	0	0	325
1918	127	102	4	0	0	0	0	233
1919	179	46	2	2	1	0	0	230
1920	146	66	3	0	2	0	0	217
1921	143)	76	2	0	0	0	0	221
1922	151	38	6	1	0	1	0	197
1923	133	27	2	1	0	0	0	163
1924	84	16	0	0	0	0	0	100
1925	126	16	0	0	0	0	0	142
1926	127	10	2	0	0	0	0	139
1927	226	9	7	9	0	0	0	251
1928	204	9	5	1	0	0	0	219
1929	129	11	2	2	0	0	0	144
1930	196	30	8	3	0	0	0	237
1931	159	10	3	3	0	0	0	175

종류 \ 연도	참고래 긴수염 Right	귀신 Korea Gray 극경	혹등 Humpback 좌두	대왕 흰긴수염 BLUE 백장수	향유 Sperm 말향	보리 sei 약	긴수염 fin 배미	합
1932	143	7	9	0	0	2	0	161
1933	166	1	5	0	0	0	0	172
1934	105	0	0	0	0	0	0	105
1935	139	0	1	0	0	0	0	140
1936	132	0	2	0	1	0	0	135
1937	209	0	0	3	1	0	0	213
1938	170	0	2	9	0	0	0	181
1939	131	0	1	0	0	0	0	132
1940	113	0	1	0	0	0	0	114
1941	128	0	3	0	0	0	0	131
1942	163	0	3	0	0	0	0	166
1943	113	0	6	0	0	0	0	119
1944	203	0	0	2	0	0	0	205
	5,166	1,513	130	38	10	4	1	6,862

▲ 표 7 宇仁義和, "戦前期日本の沿岸捕鯨の実態解明と文化的影響" ―1890-1940年代の近代沿岸 捕鯨〉 宇仁義和 東京農業大学 博士學位 論文 2012.를 참조하여 필자가 직접 작성

(귀신고래 최우선 집중 1933년 멸종 완료)

섬은 고지(高地)다.
독도는 '한국해'라는 우리 바다 산의 우리 고지다.
한국해 산꼭대기 독도 한국 고지를 수호하기 위해서는
가장 먼저 산 이름을 일본의 별칭 동해 버리고
한국해로 바로잡아야만 한다.
아군 산의 고지를 수호하기 위해서는 산 이름을 아군 이름 한국해로 불러야지
적군 이름 동해로 부르면 쓰겠나?

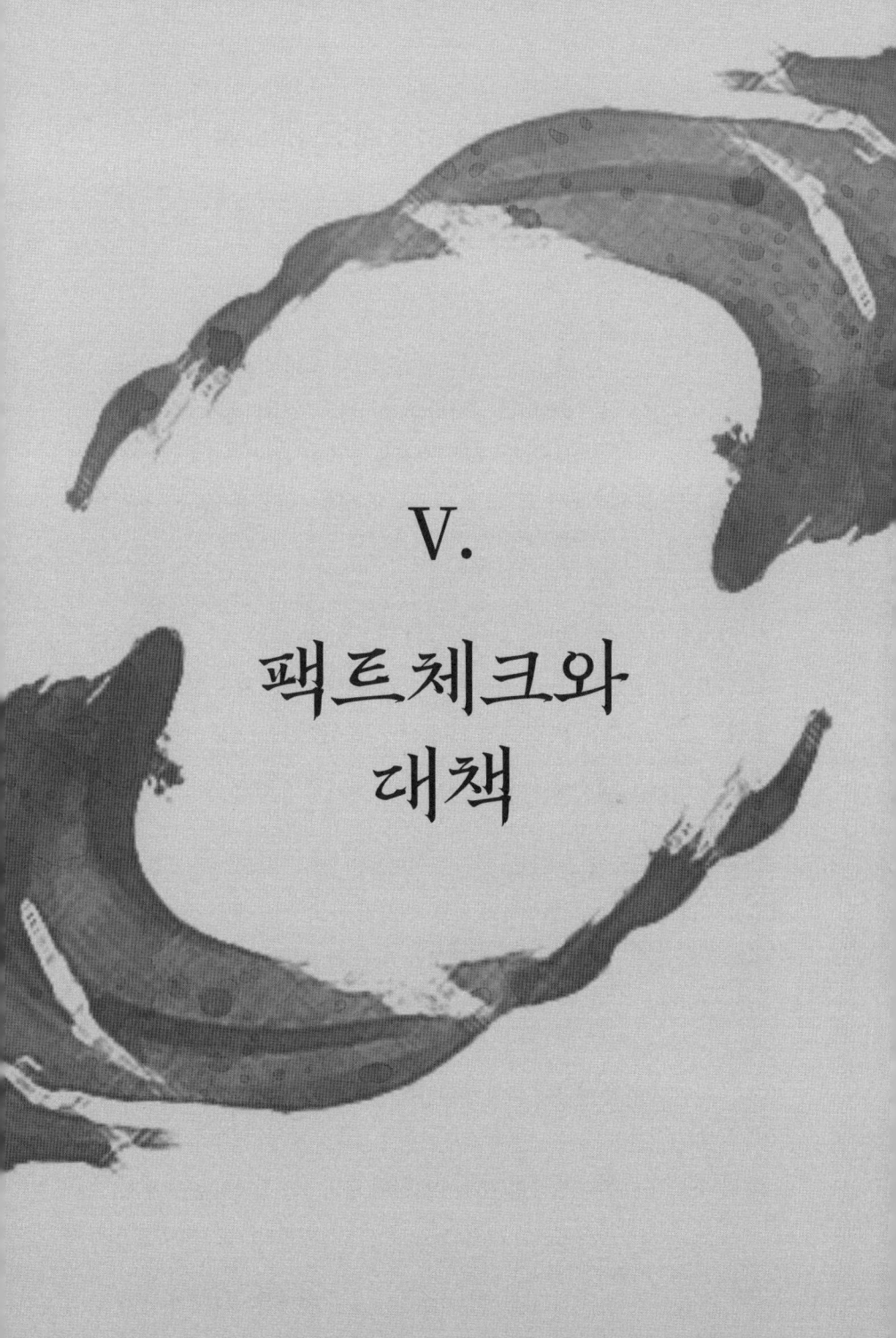

1. 한일간의 바다 이름에 대한 논쟁

대한민국 외교부의 주장

1. 역사적으로 볼 때 동해는 한국인이 2,000년 이상 사용해 온 명칭이며 19세기까지는 일본해뿐만 아니라, 한국해, 조선해, 동양해 등 다양한 명칭이 사용되어 온 역사적인 사실을 고려할 때 지난 100년간의 역사를 근거로 일본해가 국제적으로 확립된 명칭이라고 주장하는 것은 부적절하다.

2. 현재 한국민 5천만 및 북한 주민 2천만, 7천만의 인구가 사용하고 있는 명칭을 적절히 고려하지 않는다는 것은 해당 지역의 주민들이 사용하는 명칭을 우선 고려한다는 지도 제작의 일반 원칙에도 어긋나는 것이다.

3. 대한민국이 "한국해Sea of Korea" 표기를 동해의 영문 명칭으로 주장하지 않는 이유는 대한민국과 일본, 러시아 등 수 개국에 인접한 동해 지역을 일국의 국호를 따라서 명명하는 것이 적절치 않다는 판단에 근거한 것이다.

4. 동해 지역의 명칭에 대해 한일간에 분쟁이 있는 것이 확실하므로 지명 분쟁에 관한 국제 규범인 유엔지명표준화회의 및 국제 수로 기구의 결의에 의거, 한일 양국이 공통의 명칭에 합의하기 전까지는 두 명칭

을 함께 사용하는 것이 가장 바람직한 방안이다.

일본 외무성의 주장

1. 현재 일본해는 이미 국제적으로 확립된 표기로서 전 세계 지도의 95%에서 사용되고 있는 명칭이므로 현 단계에서 명칭을 변경하는 것은 불필요한 혼란만 초래할 수 있으므로 바람직하지 않을 뿐만 아니라, 이미 국제적으로 확립된 명칭에 관해 대한민국 측이 지명 분쟁이 있다고 주장하는 것은 적절치 않다고 주장한다.

2. 일본해는 18세기 말부터 19세기 초 서양에 의해 확립된 명칭으로서 대한민국이 주장하는 것처럼 19세기 말 일본의 국제적인 영향력이 확대되면서 일본이 동 명칭의 사용을 의도적으로 강제하여 현재와 같은 일본해의 세계적인 확립이 이루어진 것은 아니다.

3. 일본해는 태평양을 일본 열도가 분할하고 있는 지리적 특성을 감안하여 붙여진 명칭이며 일본의 소유권을 주장하여 붙여진 명칭은 아니다.

4. 대한민국이 동해 명칭 사용을 주장하는 것은 정치적 고려에 의한 것이며 지명 표준화와 관련된 기술적인 문제를 다루는 유엔 기구 등에서 동해 표기 문제를 다루는 것은 적절하지 않다.

논쟁의 추이

이 해역이 일본해로 굳어진 계기는 1929년 국제수로기구(IHO)의 『대양과 바다의 경계』 제1판에서 국제수로기구 창립 회원국이었던 일본의 주장에 따라 일본해로 표기하면서부터이다. 당시 한국은 일본에 국권을 피탈당한 상태였다. 한국은 1957년 국제수로기구에 가입하였고, 1992년부터 일본해 명칭에 이의를 제기했다. 1974년 국제수로기구는 특정 바다의 인접국 간에 명칭 합의가 없는 경우, 당사국 모두의 명칭을 병기하도록 하는 기술적인 권고를 하였으나, 일본은 이것은 만이나 해협 등을 대상으로 한 것이지 공해에 적용되는 것은 아니라는 입장이다.

한국은 1992년 제6차 유엔지명 표준화회의(United Nations Conference on the Standardization of Geographical Names, UNCSGN)에서 최초로 '일본해Sea of Japan'에 대하여 정부 차원에서 국제 사회에 공식적으로 이의를 제기하여 명칭 시정을 공식 요구했다. 이후에도 한국 정부는 유엔 지명 표준화 회의 및 국제수로기구(IHO)에 '동해EAST SEA'를 '일본해'와 병기해줄 것을 줄기차게 요청해왔다. 그러나 일본 정부는 이러한 한국 정부의 요청을 묵살하면서 일본해가 국제적으로 공인된 유일한 지명이라고만 주장했다.

1998년의 제7차 유엔지명표준화회의에서는 한국과 북한이 한 목소리로 일본에 공동 대응하는 모습을 보였고, 일본은 이 문제를 쟁점화하는 것을 꺼려, 한국 측의 협상 요구를 번번이 거절했다. 2002년 제8차 유엔지명표준화회의에서는 남한과 북한 대표단이 과도기적 조치로서 일본해와 동해(북한은 조선동해)의 명칭 병기를 요구했으나, 일본은 이를 일축하며 한국 측 요구를 저지하기 위한 치열한 로비를 벌여 자국의 입장을 관철시켰다.

2002년 총회에서 한국은 동해 명칭 문제를 의제 상정하려고 시도하였으나 일본의 로비로 무산되었고, 2007년 총회에서는 총회 의장에 의해 동해 부분을 제외한 나머지 부분의 우선 발간이 제안되었다. 2012년 총회에서도 동해와 일본해의 병기 문제는 끝내 결정되지 못했다. 2017년 4월 모나코 국제수로기구 IHO 본부에서 열린 총회에선《대양과 바다의 경계》를 개정해 동해와 일본해를 병기하자는 한국 측의 요구가 받아들여졌다. 사무국이 참여하는 가운데 일본이 개정을 요구하는 한국과 협의를 하고 그 결과를 사무국이 정리해 3년 뒤인 2020년 총회에 보고한다는 방침이 결정됐다.

3. 국제 기구의 입장

명칭 분쟁에 참여한 주요 두 국제 기구는 국제수로기구(IHO)와 유엔지명표준화회의(UNCSGN)이다.

국제수로기구(IHO)

국제수로기구는 수로 문제를 두고 회원국과 협력하는 조직이다. 조직의 기능 중 하나는 해상 지역의 묘사를 표준화하는 것이다. 1929년에 이 조직(당시 국제수로국)은 "IHO 특별 간행물 23"(IHO SP 23) - 『대양과 바다의 경계』 제1판을 출판했다. 여기에는 한반도와 일본 사이의 해역 한계가 포함되어 있다. 당시 한국은 일본의 통치하에 있었기 때문에 IHO에 참가할 수 없었다. 일본해라는 이름은 1953년에 출판된 S-23 최신판 3에 남아 있다. 한국은 1957년에 공식적으로 IHO에 가입하고 1974년에 IHO는 기술결의안 A.4.2.6을 발표했다.

이 결의안의 내용은 다음과 같다.

두 개 이상의 국가가 특정 지리적 특징(예: 만, 해협, 수로 또는 군도)을 서로 다른 이름으로 공유하는 경우 해당 기능에 대한 단일 이름에 합의하도록 노력해야 한다. 공식 언어가 다르고 공통 명칭 형식에 동의할 수 없는 경우 기술적인 이유로 소규모 해도에서 이러한 실행을 방해하지 않는 한 문제의 각 언어의 명칭 형식을 해도와 출판물에 허용하는 것이 좋다.

한국은 이 결의안이 한일간의 바다 이름에 관한 논쟁과 관련이 있으며 두 가지 명칭이 모두 사용되어야 함을 암시한다고 주장해 왔다. 그러나 일본은 그 결의안이 특정 해역을 명시하지 않고, 둘 이상의 국가가 주권을 공유하는 지리적 지형에만 적용되기 때문에 해당 바다에는 적용되지 않는다고 주장했다.

2002년 국제수로기구는 두 개 이상의 국가가 특정 지리적 특징을 서로 다른 이름으로 각 언어의 명칭 형식을 허용하는 IHO기술결의안 A4.2.6과 프랑스 정부의 요청에 따라 2002년 "IHO 특별 간행물 23"(IHO SP 23) 『대양과 바다의 한계』(2002년 개정판)에서 1953년판의 영국 해협 단독 표기를 라망슈 해협과 명기 / 라망슈 해협(English Channel / La Manche 프랑스어로 풍차의 소매라는 뜻의 고유 지명)1953년 도버해협 단독표기를 도버 해협 / 파 드 칼레(Dover Strait / Pas de Calais 프랑스 쪽 지명)로 병기했다. 이에 IHO회원국은 이견이 없었으나 한국 측의 병기 요구 동해(EAST SEA)는 특정 해역을 명시할 수 없다는 이유로 개정판 채택을 최종 거부했다. 그 결과 S-23에는 계속해서 '일본해'만 등장했다.

IHO는 2011년에 이용 가능한 증거에 대한 조사를 실시하기로 합의했다. 이전에 한국은 IHO에 동해라는 용어만 사용하도록 권장했지만, 2011년 5월 2일에 이제는 두 가지 명칭을 모두 사용하는 점진적인 접근 방식을 선호한다고 발표했다.[230]

2012년 4월 26일, IHO 회원국은 1953년판 S-23 『대양과 바다의 한계』를 개정하기 위해 수년에 걸쳐 여러 차례 시도한 끝에 개정판을 진행하는 것이 불가능하다고 결정했다. 그 결과 S-23에는 계속해서 '일본해'만 등장했다.[231] 2020년 9월 IHO는 "S-130"이라고도 알려진 새로운 수치 시스템을 채택할 것이라고 발표했다. 2020년 11월에는 1953년 제작된 해도의 이전 버전인 S-23이 IHO 간행물로 공개되어 아날로그에서 디지털 시대로의 진화 과정이다. IHO는 새로운 공식 항해도 제안을 승인했다. 새 차트에는 이름 없이 숫자 식별자가 표시되는 것으로 결정했다.[232]

유엔지명표준화회의(UNCSGN)

1977년 제3차 유엔지명표준화회의(UNCSGN)에서는 "단일 주권을 넘어서는 지형의 이름"이라는 제목의 결의안 III/20을 채택했다. 결의

---

230) Moon Gwang-lip (2 May 2011). "Gov't goes easy on East Sea renaming demand". Korea Joongang Daily.
231) "IHO decides to resume discussion on S. Korea's Sea name proposal". Yonhap News Agency. 28 April 2017.
232) "2nd Session of the IHO Assembly". IHO international hydrographic organization.

안은 "특정 지리적 특징을 공유하는 국가들이 공통 명칭에 합의하지 않는 경우에는 해당 국가 각각이 사용하는 명칭을 인정하는 것이 지도 제작의 일반 원칙이어야 한다."라고 하나 또는 일부만 인정하는 정책을 권고했다. IHO 기술 결의안 A.4.2.6과 마찬가지로, 한국과 일본은 이 정책이 적용되는지 여부에 대해 의견이 일치하지 않는다.[233]

1992년 제6차 UNCSGN 회의에서 일본 대표는 일본해(Sea of Japan)라는 명칭이 이미 전 세계적으로 받아들여지고 있으며 어떤 변화가 생기면 혼란을 초래할 것이라고 주장했다. 회의는 당사자들이 회의 외부의 문제에 대해 협력할 것을 권고했다.[234]

1998년 한국은 제7차 UNCSGN에서 이 문제를 다시 제기했다. 그러나 일본은 한국 정부가 제안한 방식에 대해 "적절한 절차를 따르지 않았다"며 반대했다. 약간의 논쟁 끝에 한국은 이 문제를 철회하고 대신 유엔지명전문가그룹이 제8차 UNSCGN 회의에 결의안을 제출할 수 있도록 노력할 것을 권고했다. 회의 의장은 일본, 한국, 북한이 상호 수용 가능한 합의를 향해 노력할 것을 촉구했다.[235]

2004년 4월 23일, 유엔은 일본 정부에 서면 문서[236]를 통해 공식 문서에서 일본해라는 명칭을 계속 사용할 것임을 확인했으나[237] 추가 논의를 위해 주제를 공개하는 데 동의했다. 한국에 보낸 서한에서 유엔은

---

233) "Sea of Japan" (PDF). Ministry of Foreign Affairs of Japan. February 2009
234) Report of the Sixth UNCSGN Conference, United Nations, 1993, pp. 21-22, United Nations Publication E.93.I.23
235) "Eighth UNCSGN Conference Report" (PDF). United Nations. 27 August – 5 September 2002. pp. 29-30.
236) "The Policy of the United Nations Concerning the Naming of 'Sea of Japan'". Ministry of Foreign Affairs of Japan.
237) "UN and U.S. use "Sea of Japan"". Ministry of Foreign Affairs of Japan.

어느 쪽의 명칭에 대해서도 타당성을 판단하지 않고 양측이 의견 차이를 해결할 때까지 가장 널리 사용되는 용어를 사용하기를 원한다고 설명했다. 서신에는 "사무국이 관행에 따라 항소를 사용하는 것은 이해당사자 간의 협상이나 합의를 침해하지 않으며 어느 당사자의 입장을 옹호하거나 지지하는 것으로 해석되어서는 안 되며 어떤 식으로든 원용될 수 없다. 그러나 해당 문제에 대한 특정 입장을 지지하는 모든 당사자에 의해 결정된다."고 명시했다.[238]

2012년 8월 6일 남북한 대표는 제10차 UNCSGN회의에서 바다에 '동해'와 '일본해'를 동시에 표기할 것을 요청했다. 회의 의장인 페르잔 오메링은 유엔지명표준화회의가 이 문제를 결정할 권한이 없다고 응답하고 관련 국가들이 이름에 대한 차이점을 스스로 해결할 것을 요구했다.[239]

세계 현황

러시아는 이 바다를 "일본해Японское море"라고 부른다. 일본은 위에서 언급한 것처럼 러시아가 이 이름을 국제적으로 확립하는 데 중요한 역할을 했다고 믿고 있다.[240] 중국 정부 웹사이트에서는 日本海(riběnhēi)라는 이름만 사용한다.[241] 2003년 프랑스 국방부는 일본해와

---

238) "The Practice of the Secretariat of the United Nations Concerning the Naming of the Sea Area between Korea and Japan, The Ministry of Foreign Affairs and Trade of South Korea". South Korea Ministry of Foreign Affairs and Trade. Archived from the original

239) Jiji Press, "Genba stands firm on Senkakus; Koreas in 'East Sea' push Archived 4 January 2016 at the Wayback Machine", Japan Times, 8 August 2012, p. 2.

240) "Seas of the USSR" (in Russian). A. D. Dobrovolsky, BS Zalogin. Univ. Press, 1982.

241) 韓国国会議員,「日本海」呼称廃止を中国に求める〈A South Korean lawmaker

동해라는 용어를 모두 포함하는 항해 지도를 발행했다.[242] 그러나 2004년 발행된 지도에서는 단일 명칭으로 일본해로 복귀했다.[243] 영국과 독일은 공식적으로 일본해를 사용하고 있다.[244]

미국지명위원회(BGN)는 미국 정부 간행물에서 조건 없이 일본해를 사용할 것을 계속해서 옹호하고 있다. 미중앙정보국(CIA)이 발행한 월드 팩트북은 BGN의 지침을 따르고 있다.[245] 2011년 8월 8일, 미국 국무부 대변인은 미국지명위원회가 바다의 공식 명칭을 "일본해"로 간주했다고 밝혔다. 한국 연합뉴스에 따르면 미국은 IHO에 바다의 공식 명칭을 '일본해'로 유지하라고 공식 권고했다. 이러한 한국 캠페인의 실패에 대해 김성환 외무부 장관은 "한국해Sea of Korea"와 같은 다른 역사적 명칭을 옹호할 것을 제안했다.[246]

2011년 버지니아주 국회의원 데이비드 W. 마스든David W. Marsden은 한인 유권자들을 대표하여 공립학교 교과서에 '일본해'와 '동해'를 모두 포함하도록 요구하는 법안을 버지니아 상원 교육위원회에 제출했

---

calls on China to abolish the name of the "Sea of Japan"〉(in Japanese). Japanese. China.org.cn. 20 April 2011.

242) "Q&A on the Issue of the Name "Sea of Japan"". Ministry of Foreign Affairs of Japan. February 2003.

243) フランス海軍海洋情報部刊行の海図目録 -「日本海」単独標記に- (PDF) (in Japanese). Japan Coast Guard. 13 July.

244) "The Issue of the Name of the Sea of Japan". Ministry of Foreign Affairs of Japan.

245) "FAQ". Central Intelligence Agency. 2010. Archived from the original on 12 June 2007

246) "이제 '동해'가 가라앉았는데, '한국해'는 헤엄칠 수 있을까?". 조선일보. 2011년 8월 15일. 언론 브리핑에서 김성환 외교부 장관은 동해의 또 다른 명칭을 고려할 것이냐는 질문에 "잃어버린 역사적 명칭인 '한국해'를 되찾는 등 다양한 방법을 생각해 볼 수 있다"고 말했다.

으나 패널은 2012년 1월 26일 8대 7로 법안을 거부했다.[247]

2012년 6월 29일, 커트 M. 캠벨Kurt M. Campbell 국무부 동아시아 태평양 차관은 "일본해" 사용에 관한 We the People 청원에 대해 백악관 웹사이트에 게시된 답변에서 BGN의 입장을 확인했다. 그는 "각 바다 또는 해양을 단일 이름으로 지칭하는 것은 미국의 오랜 정책이다. 이 정책은 그러한 수역에 대해 각각 고유한 이름을 가질 수 있는 여러 국가와 국경을 접하고 있는 바다를 포함하여 모든 바다에 적용된다. 일본 열도와 한반도 사이의 수역과 관련하여 미국의 오랜 정책은 이를 '일본해'라고 부르는 것이다.[248] 그는 또한 "우리는 대한민국이 일본해를 동해로 지칭한다는 것을 알고 있다. 미국은 한국에 명칭 변경을 요구하지 않고 있다. 미국의 '일본해' 사용은 주권과 관련된 문제에 대한 의견을 암시하지 않는다."[249]

2023년 2월 22일 미국의 인도 태평양사령부는 독도 인근 공해상에서 열린 한미일의 미사일 방어훈련과 관련해 훈련 장소를 '일본해Sea of Japan'로 표기했다. 한국 측은 정례브리핑에서 "미 인도태평양사령부의 '일본해' 질문에 한국은 미 측에 그러한 사실을 수정해 달라고 요구했다"고 답했다.

한국의 JTBC 보도에 따르면 미국은 앞으로 동해상에서 훈련할 때 일본해 명칭을 고수할 것으로 확인됐다.

미 국방부에 앞으로 동해의 명칭을 어떻게 쓸지 문의하자 "'일본해'가 공식 표기가 맞다"며 "'일본해'라고 쓰는 건 미 국방부 뿐 아니라 미

---

247) Jiji Press, "Virginia sinks Sea-renaming plan", Japan Times.
248) Kyodo News, "U.S. to keep Sea of Japan on books Japan Times, 2012.7.4. p.2.
249) "Response to We the People Petition on the Sea of Japan Naming Issue". whitehouse.gov. 2012.12.

국 정부 기관들의 정책"이라고 답했다.[250]

아베 신조 총리, 노무현 대통령 제안 거부

2006년 11월 18일 하노이 APEC 정상회담에서 한국의 노무현 대통령은 아베 신조 일본 총리에게 이 바다를 '평화의 바다' 또는 '우정의 바다'로 부르자고 비공식 제안했으나 아베는 이를 거부했다. 2007년 1월 시오자키 야스히사 관방장관은 일본해 명칭을 바꿀 필요가 없다며 반대했다.[251]

세계 언론과 출판사의 반응

내셔널 지오그래픽 협회(National Geographic Society)의 스타일 매뉴얼(Manual of Style of the National Geographic Society)에서는 공해 또는 두 개 이상의 국가가 공동으로 관리하는 지명에 대해 먼저 기존 이름을 사용하고 괄호 안에 다른 이름을 사용해야 한다고 명시하고 있다.[252] 따라서 이 바다에 대한 그들의 정책은 "국제적으로 통용되는 명칭은 일본해이지만 한국은 동해를 선호한다. 규모가 허락하는 한 지리지도에서는 일본해 뒤에 괄호 안에 동해를 대체 명칭으로 표시한다"고 명시하고 있다.[253]

2006년에 구글은 한국 해안 근처의 동해East Sea와 일본 해안 근처의 일본해Sea of Japan를 사용하여 Google Earth에 두 이름을 모두 넣

---

250) JTBC 2023.08.15.보도
251) "No need to change name of Sea of Japan". The Japan Times. 2007. 1.17.
252) "Place-Names". National Geographic Society
253) "Sea of Japan (East Sea)". National Geographic Society.

었다.[254] 브리태니커 백과 사전 2007년판 일본 및 기타 아시아 지도에서는 일본해Sea of Japan가 1차 라벨로 표시되고 동해East Sea가 괄호 안에 2차 라벨로 표시되었다.[255]

2012년 프랑스 백과사전 출판사 라루스Larousse는 한국 지도에서 'Mer du Japon(일본해)'를 'Mer de L'est'로 바꿨다.[256] 그러나 아시아, 중국, 일본, 러시아 등 다른 지도에서는 계속해서 "일본해Mer du Japon"을 사용하고 있다.[257]

미국의 일본해 표기

2023년 2월 22일 미국은, 동한국해 해상에서 한미일 훈련을 실시하며, 훈련 장소를 '동해East Sea'가 아닌 '일본해Sea of Japan'로 표기했다.

한국은 미국 측에 그러한 사실을 수정해줄 것을 요구해왔지만 훈련이 끝날 때까지 한국 입장은 반영되지 않았다. 야당 대표와 각 사회단체는 일

NEWS | Feb. 22, 2023
U.S., Japan, Republic of Korea Conduct Trilateral Ballistic Missile Defense Exercise

U.S. Indo-Pacific Command Public Affairs

The Arleigh Burke-class guided-missile destroyer, USS Barry (DDG 52) conducted a trilateral ballistic missile defense exercise in the Sea of Japan, Feb. 21, alongside Japan Maritime Self-Defense Force Atago-class guided missile destroyer JS Atago (DDG 177), and Republic of Korea Navy destroyer ROKS Sejong the Great (DDG 991).

This exercise enhances the interoperability of our collective forces and demonstrates the strength of the trilateral relationship with our Japan and Republic of Korea allies. This trilateral cooperation is reflective of our shared values and resolve against those who challenge regional stability.

We remain committed to peace and prosperity in the region to uphold a free and open Indo-Pacific.

▲ 미 인도작전사령부 홈페이지에서 캡처

---

254) Cho, Jin-Seo (2 August 2006). "Google asked to identify Korea correctly". Korea Times.
255) 유사 시스템을 사용하는 출판사의 다른 예로는 Microsoft Encarta, Columbia Electronic Encyclopedia, About.com 등이 있다.
256) Le Petit Larousse illustré 2012. Laurier Books Ltd. 2011
257) "Asie"(Asia), "Chine"(China), "Japon"(Japan), "Russie"(Russia)

본해를 동해로 수정해달라고 요구해왔다.[258]

2023년 8월 15일 JTBC가 명칭을 어떻게 쓸지 문의하자 미 국방부는 "'일본해'가 공식 표기가 맞다"며 "'일본해'라고 쓰는 건 미 국방부뿐 아니라 미국 정부 기관들의 정책"이라고 답했다.

미 국방부가 '일본해'란 표현을 쓰겠다고 공식 입장을 밝힌 건 처음이다.

미국은 2022년 10월 첫 한미일 훈련에서 '일본해'로 표기했다가 한국 측이 항의하자 '한국과 일본 사이 수역'으로 변경했다. 반대로 9월엔 일본의 항의로 동해를 '한반도 동쪽 수역'으로 바꿨다.

전에는 상황에 따라 그때그때 표현을 달리했던 것을, 앞으로는 '일본해'로 통일하겠다는 것이다.[259]

<한일간 바다 명칭에 관한 한일 정부간 논쟁점>

		한국	일본
1	기본 입장	일본해와 동해를 병기할 것을 요구하고 있음	일본해는 국제적으로 확립된 유일한 호칭임
2	동해가 2,000년간 사용된 근거	2,000년간 한민족이 사용한 지명임 『삼국사기』 동명왕편, 광개토대왕비, 〈팔도총도〉, 〈아국총도〉(18세기 후반)을 비롯한 다양한 사료와 고지도가 존재함	한국은 증거를 제시하고 있지 않음

---

258) https://www.news1.kr/articles/4962254
259) https://news.jtbc.co.kr/2023.08.16

		한국	일본
3	서양 고지도에 기재된 지명 표기 조사	1. 16세기에서 19세기 초까지 만들어진 서양 고지도에는 조선해, 한국해, 동양해, 중국해, 일본해 등 다양한 명칭이 사용됨 2. 16~18세기 초까지는 한국 관련 명칭이 빈번히 사용되었고, 18세기 말~19세기 초부터는 일본해가 빈번히 사용됨 3. 19세기 발간 서양 고지도 중 상당수는 동해수역에 명칭을 표시하지 않았으므로 어느 명칭도 확립된 것이 아니라는 것	일본해는 19세기 초부터 압도적으로 사용되었기에 팽창주의나 식민 지배 결과로 확산된 것이 아님 18세기까지 미국 및 유럽의 지도에서는 일본해 이외에 '조선해'(Sea of Korea), 동양해(Oriental Sea) 중국해(Sea of China) 등 다양한 명칭이 사용됨
4	한국이 한국해 표기를 주장하지 않는 이유	한국과 일본, 러시아 등 수개국에 인접한 동해지역을 일국의 국호를 따라서 명명하는 것이 적절치 않다는 판단에 근거한 것임	언급 없음
5	지명 부여 원칙	해양 명칭을 정하는 일반적 방법론은 관련 해역의 왼쪽에 위치하는 대륙의 명칭을 따른다. 유라시아 대륙의 동쪽에 위치하는 바다라는 의미에서 동해가 중립적이고 적절한 명칭임 동해의 경우 한반도만이 아니라 유라시아 대륙의 동쪽에 위치하는 바다라는 의미로 동해의 사용을 주장하고 있음	대양에서 분리된 바다의 명칭을 부여하는 방식에는 해역을 분리하는 열도 명칭이나 반도명과 관련된 것이 많음 일본해는 일본 열도에 의해 북태평양으로부터 지리적 형상에 따른 명칭임

		한국	일본
6	국제 기구의 병기 권고 해당 유무	동해는 4개국의 영해 및 배타적 경제 수역으로 이루어진 반폐쇄형 해역임 두 개국 이상이 공유하는 지형물의 명칭은 각 국가간 합의가 이루어지지 않으면 병기하는 것이 IHO 및 유엔 지명 표준화 회의에서 채택된 결의임 동해는 국제 기구 병기권고에 해당 되는 지형이라 동해와 일본해를 병기해야 함	일본해는 공해(公海)이므로 병기 권고에 해당하지 않는 지형임
7	유엔의 일본해 단독 표기	유엔의 입장이 아니라 유엔 사무국의 편의적 관행임	유엔이 일본해 단독 표기를 승인
8	일본해의 국제적 확립 여부	지난 100년간의 역사를 근거로 일본해가 국제적으로 확립된 명칭이라고 주장하는 것은 부적절함	국제적으로 확립된 유일한 호칭임

▲ 필자가 대한민국 외교부, 국립해양조사원, 국토지리정보원 홈페이지와 일본 외무성, 일본 해양보안청 홈페이지를 참고로 직접 작성

2. 한국 외교부가 한국해로 주장하지 않는 이유

1) 수 개국에 인접한 해역을 1국의 국호를 따라 명명하는 것이 적절치 않다?

한국 외교부는 홈페이지에 "한국해Sea of Korea" 표기를 주장하지 않는 이유를 한국과 일본, 러시아 등 수 개국에 인접한 동해 지역을 일국의 국호를 따라서 명명하는 것이 적절치 않다는 판단에 근거한다는 것이라고 밝히고 있다.

한국 외교부의 입장과 어떤 유부녀가 자기 아이의 성을 한韓씨 남편 성을 따르지 않고 동東씨로 출생 신고하려는 이유를 동쪽 이웃에 유부남들이 여럿 있기에 1개 남자만의 성을 따라 작명하는 것이 적절치 않다는 판단에 근거한 것이라는 해명과 뭣이 다른가?

▲ 외교부 홈페이지 동해 스캔　　　▲ 한국 위키피디아 백과 동해 이름에 대한 논쟁 스캔

V. 팩트체크와 대책

영국의 식민 지배를 수백 년간 받았던 아일랜드도 자국의 동쪽 바다를 아일랜드해Irish Sea로 칭하고 칭해진다

스페인과 미국의 식민지였으며 2차 세계 대전 시 일본의 지배를 받았던 필리핀의 동쪽 바다는 미국령 괌과 팔라우, 인도네시아, 대만, 오키나와(일본) 등 7개국과 인접한 해역을 1개국의 국호 필리핀에 따라 필리핀해Philippine Sea라고 한다.

오랜 세월 덴마크와 스웨덴의 침략을 받고 대영제국과 해역을 접한 노르웨이의 서쪽 바다는 아이슬란드, 영국, 그린란드(덴마크령) 등 4개국과 인접한 해역을 1개국의 국호 노르웨이에 따라 노르웨이해 Norwegian Sea라고 한다.

따라서 동한국해가 수 개국에 인접한 해역이므로 한 나라의 국호 즉 한국해로 명명하는 것은 옳지 않다는 한국 외교부의 주장은 눈과 귀를 의심하게 하는 어불성설이다.

▲ 아일랜드해 IRISH Sea 영국의 식민지배를 수백년간 받았던 아일랜드도 자국의 동쪽 바다를 동해라고 읽지 않는다. 아일랜드해(Irish Sea)로 칭하고 칭해진다.

▲ 필리핀해는 7개국과 인접한 해역이지만 필리핀해로 칭한다.

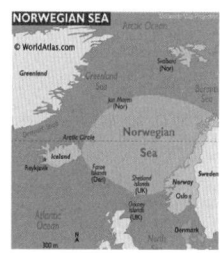
▲ 노르웨이해는 아이슬란드, 영국 그린란드(덴마크령)과 겹치고 있다. 서해라고 하지 않는다.

나아가 필리핀 정부는 필리핀해(국제공인바다 명칭)에 만족하지 않고 2012년 9월 베그니노 아키노 3세 필리핀 대통령은 남중국해를 서필리핀해(West Philippine Sea)로 부르도록 의무화하는 행정명령을 내렸다.[260]

필리핀 대기지구물리천문청(PAGASA) 등 필리핀 각 관련기관에서는 필리핀 서쪽 바다는 서필리핀해, 필리핀 동쪽 바다는 계속해서 필리핀해를 사용할 것을 천명했다.[261]

2) 국가의 이름으로 해양의 명칭을 정하는 것이 적절하지 않을까?

국제수로기구(IHO) "대양과 바다의 한계"가 동서남북 방위만 붙인 국제적으로 허용된 바다 이름은 유럽대륙의 북쪽 바다 '북해North Sea'가 유일무이하다.

---

260) Quismundo, Tarra (2011-06-13). "South China Sea renamed in the Philippines". Philippine Daily Inquirer.
261) West Philippine Sea Limited To Exclusive Economic Zone September 14, 2012, International Business Times

반면에 아일랜드해Irish Sea, 일본해Japan Sea, 노르웨이해Norwegian Sea, 필리핀해Philippine Sea, 남중국해South China Sea(남해Nan Hai), 동중국해(Eastern China Sea. 동해Tung Hai), 기니만Gulf of Guinea, 멕시코만Gulf of Mexico, 오만만Gulf of Oman, 이란만Gulf of Iran, 타이만 Gulf of Thailand, 핀란드만Gulf of Finland, 영국 해협English Channel, 스코틀랜드 서해안 내해Inner Seas off the West Coast of Scotland, 인도양Indian Ocean, 모잠비크 해협Mozambique Channel, 싱가포르 해협 Singapore Strait, 그레이트 오스트레일리아 만Great Australian Bight 등 나라 이름이 붙은 해역이 18개나 된다. 이들 특정 나라 이름이 붙은 해역은 그 특정 국가가 해역 내의 거의 모든 도서와 영해와 배타적 경제수역, 대륙붕 등에 우월적 지위를 차지하고 있다.[262]

3) 여러 이름으로 불리던 북해가 방위 기준으로 이름을 고치기로 하였을까?

'북해North Sea'는 프랑스, 벨기에, 네덜란드, 독일, 노르웨이, 덴마크 북쪽에 위치해 있다. 이들 나라들이 국제통용명칭으로는 북해로 불러왔으며 이들 나라 간 해양명칭과 해양 경계선에 대한 별다른 분쟁이 없다.

원래 북해는 고대 로마에서 로

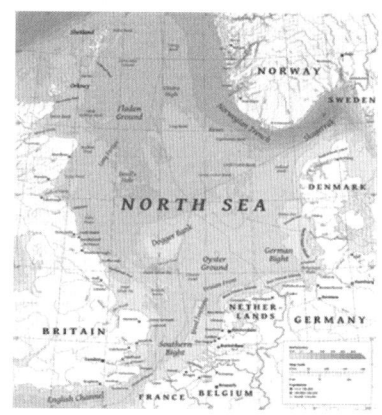

▲ **북해:** 덴마크, 독일, 네덜란드, 벨기에 프랑스 5개국의 북쪽에 위치해 있다. 덴마크에선 오늘날에도 서해(Vesterhavet)와 북해(Nordsøen)가 병용된다.

---

262) https://iho.int/uploads/user/pubs/standards/s-23/S-23_Ed3_1953_EN.pdf

마의 북쪽에 있기에 로마인들이 명명한 Septentrionalis Oceanus(북해)라는 명칭을 현재까지 그대로 사용하고 있다.

지리상의 발견 이전 국가 간에 교류가 거의 없던 중세 시대까지 프리지아해Mare Frisicum, 게르만해Oceanum 또는 Mare Germanicum라는 이름도 쓰였다. 덴마크에선 국내적으로 오늘날에도 서해Vesterhavet라 하지만 국제적으로는 북해Nordsøen가 병용되고 있다.[263]

북해라는 세계에서 유일하게 방위 표시만 붙어 있는 바다 명칭은 모든 길은 로마로 통하고 유럽이 세계의 전부라는 유럽 우월 사관에서 연원한다. 프랑스, 벨기에, 네덜란드, 독일, 덴마크, 노르웨이의 북해는 동일한 해역이지만 동아시아, 한국, 중국, 일본, 베트남의 동해는 각각 다른 해역이다. 북해라 하면 유럽 쪽 바다로 특정되나 동해라 하면 한국의 동쪽 바다로 특정되는 것은 근본적으로 불가능하다. 따라서 유럽의 북해와 동아시아의 동해의 상황과 처지는 전혀 다르기에 북해를 들어 동해 명칭에 타당성과 정당성이 부여되기에는 매우 어렵다.

4) 해양 지명은 관련 해역의 왼쪽에 위치하는 대륙 명칭을 따르는 것이 관례인가?

해양 지명은 관련 해역의 왼쪽 즉 서쪽에 위치하는 대륙 명칭을 따르는 것이 관례라고 하는데, 도대체 그런 관례가 어디 있

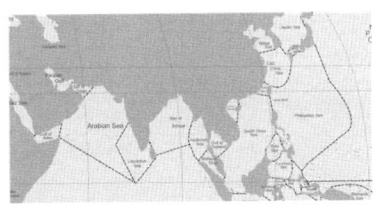

▲https://en.wikipedia.org/wiki/List_of_Seas#/media/File:Oceans_and_Seas_boundaries_map-en.svg

---

263) Thoen, Erik, Rural history in the North Sea area: a state of the art (Middle Ages – beginning 20th century). Turnhout: Brepols. 2007, pp.155-158.

는가? 북대서양의 라브라도해Labrador Sea는 왼쪽에 위치하는 대륙이 북미 대륙인데 왜 대륙 명칭을 따르지 않고 라브라도해라 하는가? 카리브해Caribbean Sea 왼쪽에 위치하는 대륙이 중남미 대륙인데 왜 카리브해인가?

남태평양의 타스만해Tasman Sea 왼쪽에 위치하는 대륙은 오스트레일리아 대륙인데 왜 대륙 이름을 따르지 않고 타스만해인가?

또한 유럽의 노르웨이해, 발틱해, 보스니아해는 왼쪽이 아닌 오른쪽에 위치하는 대륙이 유럽 대륙이다.

해양 지명은 관련 해역의 왼쪽에 위치하는 대륙의 명칭을 따르는 것이 관례라 해서 눈을 씻고 또 씻고 찾아보아도 찾을 수 없다. 완전한 잠꼬대다.

3. 창해와 청해가 한국해의 대안인가?

한국에서는 창해 청해로 불러졌다.

일부 한국측 견해로는 역사적 연원과 바다의 특성을 고려해서 여러 학자들은 "청해"(靑海, Blue Sea), "녹해"(綠海, Green Sea), "창해"(滄海, Navy Sea), "태평해"(太平海, Pacific Sea) 같은 중립적인 이름을 거명하기도 한다.

– 한국어판 위키백과 동해 바다 명칭에 관한 논쟁

'창해'는 20세기 일제 [내선일체론] 표지 지도

동해의 옛 이름은 '창해'…고지도 발견
부산외대 김문길 교수 국제수로기구(IHO) 총회서 공개[264]

'동해'의 명칭을 결정하는 국제수로기구(IHO) 총회가 7일 모나코에서 개막된 가운데 '동해'의 원래 명칭이 '창해'(滄海)였다는 주장이 제기돼 관심을 모으고 있다.

김문길 교수는 일제 강점기에 한국학을 가르쳤던 육당 최남선이 펴낸 '조선역사지도'에 수록된 고지도 가운데 고려중기 이후 '동해'를 '창해'로 표기한 지도를 발견, 이날 공개했다.

친일 문인인 최남선이 직접 제작한 '조선역사지도'는 모두 16쪽으로 조선총독부의 승인을 받아 편찬돼 고등학교 지리교과서로 사용됐으며 수차례 재발행되면서 해방 이후까지 사용됐다고 김 교수는 설명했다. 그는 또 일본 육

---
264) 연합뉴스 2007.05.07

군성이 러.일전쟁을 앞두고 1904년 출판한 고대반도부근지형도(古代半島附近地形圖)'에도 동해를 '창해'로 명명했다며 고지도를 추가로 공개했다. 2천년 내지 1천 년 전까지 동해가 창해로 불렸다는 것을 이 고지도들을 통해 알수 있다고 김 교수는 강조했다.

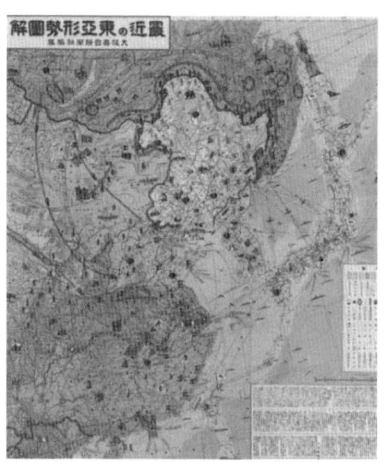

▲ 1936년 3월 5일, 대판매일경제신보의 최근 동북아 형세도. 원산함흥 앞바다에 '창해'로 표기되어 있다.

2012년 7월 24일 김태우 통일연구원장은 "독도바다의 명칭을 '동해'와 '일본해'로 싸울 것이 아니라 보다 중립적인 명칭, 예를 들어 '창해(滄海·Blue Sea)' 같은 것을 검토해 볼 수 있다"[265]고 말했다.

---

265) 연합뉴스 2012년 7월 24일

과연 그럴까?

20세기 일제 제작 지도가 고지도인가?

20세기 일제와 친일매국노의 『내선일체론』 표지 지도가 2천 년내지 1천 년까지 동해가 창해로 불렸다는 증거인가?

이걸 증거랍시고 '동해'의 명칭을 결정하는 국제수로기구(IHO) 총회가 열리는 모나코에서 '동해'의 원래 명칭이 '창해'(滄海)였다는 주장을 하다니.

미국, 영국, 프랑스, 독일, 네덜란드, 이탈리아, 러시아, 아일랜드, 포르투갈, 체코 등에서 19세기 말엽까지 발행된 232점이나 되는 한국해 COREA SEA 지도, 한일간의 바다를 한국의 내해로 간주한 86점이나 되는 한국만 COREA GULF 지도엔 완전 맹인 행세하면서 말이다.

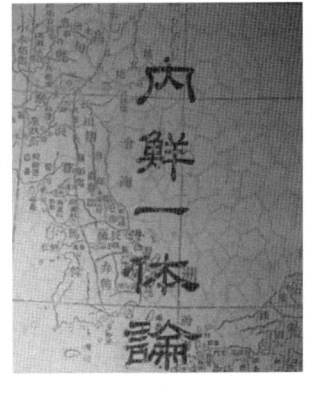
▲ 1939년 최남선 등 『내선일체론』 국민평론사

창해는 1939년 일본 군국주의 극성기에 친일매국노 최남선 등이 펴낸 『내선일체론』 표지에 있는 바다 이름이다. 이러한 바다 이름을 멀리 모나코 국제수로기구 IHO총회까지 가서 표기해달라고 호소했는가?

청해(BULE SEA)는 19세기 미국의 청나라 바다(동중국해) 표기

2002년 8월 20일 아사히신문에 일본인 교사가 '일본해'를 '청해'로 부르자고 제안한 이후 국내 국회의원 비롯 고관대작 석학, 대가, 전문가들은 20년 넘도록 '동해'를 '청해'로 바꾸자 목소리를 높이고 있다.

지면 관계상 5건만 예시한다.

1. 2002년 8월 20일 동해도 일본해도 아닌 '青海'라고 부르자" - 일본 아사히신문 제안 '파랗고 아름다운 바다란 뜻'

동해를 둘러싼 호칭문제로 한일 양국이 갈등을 겪고 있는 가운데 일본 아사히신문이 지난 20일 동해도 일본해도 아닌 '청해(青海)'로 부르자고 제안해 주목을 끈다.

아사히신문은 20일 한 일본어 교사(寶道 圭子, 48세)가 기고한 '한일을 연결하는 바다, '청해(青海)'도 하나의 안' 제하의 기사에서 "'동해'는 한국으로부터 본 바다의 위치로 일본으로부터 보면 '서해'가 될 것이다. 그러나 한국의 입장에서 생각하면 '일본해'는 국가의 이름을 사용하고 있어 참기 어려울 것"이라고 지적하고 "파랗고 아름다운 바다라는 의미를 가진 '청해(青海)'는 하나의 제안"이라고 보도했다.

– 프레시안 2002. 08. 22.

위 기사가 게재된 지 단 6일 후에 동북아 평화연대 윤갑구 이사 또한 청해 명칭을 제안했다.

2. 2002년 8월 28일 동북아평화연대 윤갑구 이사 〈동해-일본해 대신 '青海' 표기 제안〉

한국과 일본 사이의 바다에 대한 명칭을 동해나 일본해가 아닌 '청해(青海.

Blue Sea)'로 하자는 제안을 민간단체가 내놓았다. 동북아평화연대의 윤갑구 이사는 28일 "일본과 우리 사이의 입장이 팽팽히 맞서 합의가 이뤄지기 힘든 상황에서 양쪽이 함께 받아들일 수 있는 명칭으로 '청해'를 생각하게 됐다"고 말했다.

- 연합뉴스 2002. 08. 28.

3. 2006년 6월 17일 남상민, 유엔 아태경제사회위원회 환경담당관

역사적 연원과 바다의 특성을 고려해서 국내의 여러 학자들은 '청해(Blue Sea)' 같은 중립적인 이름을 거명하기도 했다. 이 이름은 유엔환경계획의 지역해양환경 프로그램으로서 남·북한, 중국, 일본, 러시아가 1994년에 발족한 북서태평양실천계획이 대상 해역인 동해/일본해의 명칭 문제로 난관에 처해 있을 때 한국 쪽에서 대안으로 언급하기도 했다.

- 한겨레 신문 2006-07-17

4. 2019년 1월 23일 최찬식 청구대 교수, 동해를 청해로

최찬식 전 청구대 교수는 동해나 일본해가 아닌 '청해(靑海)'로 하자고 제안한다. 서쪽의 황해(黃海)와 대칭이 되고 남쪽의 현해(玄海)와도 색깔 이름으로 묘미가 있으며, 무엇보다 정서적으로 어느 쪽에도 치우지지 않는 객관성을 확보할 수 있다는 것이다. '한국해'가 가장 좋긴 하지만 '청해'도 좋은 명칭인 것 같다.

- 영남일보 2019-01-23 제31면

5. 2020년 10월 27일 與 이용선 "방위적 개념인 '동해' 표기 대신 '청해' 어떤가"

7일 국회 외교통일위원회 외교부 국정감사에서는 방위적 개념인 '동해' 대신 한일 양국이 모두 수용할 수 있는 중립적 명칭인 청해를 사용하자는 제안이 나왔다.

– 뉴시스 2020.10.27.

과연 그럴까?

'청해'는 푸른 바다로 인식되는 표현으로 황해(黃海.Yellow Sea)와 동서 조화를 이루는 명칭이라서 솔깃하는 사람도 적지 않다. 그러나 19세기 미국은 코리아의 동쪽 바다를 한국해(SEA OF COREA)로, 청나라의 동쪽 바다, 오늘날 동중국해를 청해(BLUE SEA)로 표기했다. 청나라의 동쪽 바다라서 그렇다.

1808년 일본 제작 〈염부제도부일궁도〉는 한국과 일본 사이의 바다를 조선해朝鮮海로, 중국(淸) 동쪽 바다를 대청해大淸海로 표기했다.

1615~1873년 영국 프랑스 미국 등 서구열강의 한국해(SEA OF KOREA) 232점, 한국만(GULF OF COREA) 86점, 합 318점. 1805~1910년 일본의 조선해朝鮮海, 한해韓海 표기 지도 27점, 1897~1908년 대한제국의 대한해大韓海 표기지도 2점에 대해서는 철저

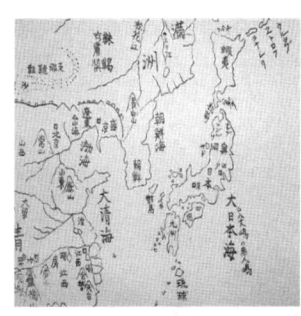
▲ 1808년 염부제도부일궁도

히 외면하고, 일제 강점기 일제와 친일파 내선일체론의 창해滄海와 19세기 미국의 동중국해 표기 청해(靑海)를 동해(東海)의 대안으로 주장하는 그 동기와 목적을 즈믄 밤을 새워 고민해봐도 도무지 모르겠다. 한국(KOREA)이 그렇게도 싫은가?

V. 팩트체크와 대책

4. 동해 버리고 한국해로 불러야만 할 이유

원래 이름이란 날 때부터의 권리와 마찬가지로 자기 것이어야 한다.

― E. 프롬

이름을 통해서 우리는 모든 존재를 파악한다. 그래서 사물이 있고 이름이 있는 것이 아니라 이름이 있고 사물이 있다는 역설도 가능하다. 특히 바다 이름이 그렇다.

다시 말하지만 한일간의 바다 이름에 관한 분쟁은 양측이 국내에서 사용하는 명칭에 관한 것이 아니라, 국제적으로 통용되는 표준 명칭에 관한 것이다.

동서남북 방위가 붙은 바다는 지리적으로 방위를 나타내는 용어가 사용된 바다를 의미하며 구체적인 국가 이름을 지칭하는 것은 아니다. 이와 대조적으로, 특정 국가의 이름이 붙은 바다는 해당 국가와 연관된 바다 지역을 가리키는 것이다. 이 둘은 서로 다른 개념이며 각각 다른 의미와 용도를 가지고 있다.

동서남북 방위가 붙은 바다는 지리적 위치 또는 특정 방위(동, 서, 남, 북)를 나타내는 용어가 사용된 바다를 가리킨다.

이는 주로 지리학, 항해 및 항로, 지도 등에서 사용되며, 특정 국가의 영토를 나타내는 것은 아니다. 각 방위가 붙은 바다는 해당 방위의 위치에 있는 바다를 일반적으로 나타내는 표현이다. 이 방위가 붙은 바다의 결정적 단점은 혼동 가능성이다.

동서남북 방위 이름은 지역에 따라 다를 수 있으며, 언어와 문화에 따라 다른 표현이 사용될 수 있다. 이로 인해 혼동이 발생한다.

또한 동서남북 방위 이름은 상대적인 방향을 나타내기 때문에 구체적인 위치 정보를 전달하기 어렵다.

동서남북 방위 이름은 주로 국내 연안 바다나 국내 호수나 특정 지역에 적용된다. 이로 인해 타국에서는 사용하기 어렵다.

반면에 특정 국가의 이름이 붙은 바다는 해당 국가와 직접적으로 연결되어 있는 바다를 나타낸다. 이는 해당 국가의 영토적인 관여, 경제적 가치, 문화적 연관성 등을 반영하며, 특정 지역과 국가 간의 밀접한 관계를 보여준다. 이러한 바다는 해당 국가에 대한 지리적, 문화적, 경제적인 의미를 갖는다.

따라서, 동서남북 방위가 붙은 바다와 특정 국가 이름이 붙은 바다는 서로 다른 개념이며, 각각 다른 의미와 용도를 가지고 있다.

국제수로기구(IHO) 『대양과 바다의 한계』에 등재된 특정 국가의 국호가 앞에 나오는 바다Sea는 모두 6개다. 필리핀해, 노르웨이해, 아일랜드해, 동중국해, 남중국해, 일본해로서 그 해역 내의 주도적 지위를 차지하고 있다.

전체 해역면적 570만㎢ 필리핀해는 세계에서 가장 큰 바다이다. 필리핀은 필리핀해의 영해와 배타적경제수역(EEZ) 322만㎢의 약 58%를 지배하고 있다. 필리핀해라는 이름 덕분이다.[266]

노르웨이는 노르웨이해의 52%인 71만 ㎢, 아일랜드는 아일랜드해의 약 53%인 2.4만㎢, 중국은 남중국해의 57%, 동중국해의 62%의 관할권

---

266) https://www.britannica.com/place/Philippine-Sea

을 차지하고 있다. 일본은 일본해(동한국해)의 61%인 63만 ㎢의 관할권을 차지하고 있다. 모두 자국의 국호가 붙은 바다 이름 덕분이다.[267]

국제수로기구(IHO) EMDWO '국호+SEA' 6개 해역 일람표

국호국 배타적경제수역(EEZ) 점유비율

	전체면적 만㎢	해역면적 만㎢	국호국 EEZ 점유 비율	연안국
필리핀해	570	322	58%	필리핀, 미국령괌, 팔라우, 대만, 일본, 인도네시아
노르웨이해	138	71	52%	노르웨이, 아이슬란드, 덴마크, 그린란드, 영국
아일랜드해	4.7	2.4	53%	아일랜드, 영국
남중국해	350	189	54%	중국, 베트남, 필리핀, 말레이시아, 캄보디아, 싱가포르
동중국해	125	77	62%	중국, 한국, 일본, 대만
일본해	**105**	**63**	**61%**	**일본, 한국, 북한, 러시아**

Region	EEZ Area (km²)	EEZ Area (sq mi)
Ryukyu Islands	1,394,676	538,486
Pacific Ocean (Japan)	1,162,334	448,780
Nanpō Islands	862,782	333,122
Sea of Japan	630,721	243,523
Minami-Tori-shima	428,875	165,590
Sea of Okhotsk	235	91
Daitō Islands	44	17
Senkaku Islands	7	2.7
Total	4,479,674	1,729,612

South Korean exclusive economic zone:
■ Korean EEZ
■ EEZ claimed by Republic of Korea and Japan
■ Joint regime with Japan
Area: 300,851 (225,214) km²

Japan's exclusive economic zones:
■ Japan's EEZ
■ Joint regime with the Republic of Korea
■ EEZ claimed by Japan, disputed by others

Interactive map at MarineRegions.org
https://www.marineregions.org/eezmapper.php
https://www.seaaroundus.org/data/#/eez를 참조하여 필자가 작성

 부동산은 등기로써, 동산은 인도로써, 바다는 그 나라의 이름을 붙임으로써 물권 변동의 효력이 발생한다. 마치 명인 방법과 비슷하다. 나무에다가 껍질을 벗기고 이름을 새기면 이름을 새긴 자의 소유인 것과 같은 이치다. 바다 이름에 나라 이름이 붙어야 할 이유이다. 우리가 동해를 버리고 한국해로 불러야만 할 이유이다.

---

267) https://www.marineregions.org/eezmapper.php,
 https://www.marineregions.org/eezmapper.php

5. 황해 이름은 황해도에서 유래되었다

황해 이름은 황하가 아닌 황해도에서 유래되었다.

키 100미터 이상인 사람은 인천에서 황해를 도보로 건너서 중국을 갈 수 있다. 황해는 평균 수심이 44m에 불과하고, 최대 수심이 100m를 넘지 않는 얕은 바다이기 때문이다.

황해는 조수간만의 차가 심해서 갯벌이 발달해 있다. 평균 수심 1,570m의 깊은 바다에다가 조수간만의 차가 거의 없는 동한국해와 완전 반대이다. 국제 수로기구(IHO)는 황해의 경계를 다음과 같이 정의한다.

▲ https://www.britannica.com/place/Yellow-Sea

황해는 전라남도 해남 반도 남쪽 끝부터 제주도까지를 경계로 일본해(한국해)와 나뉘고, 제주도 서쪽 끝부터 장강(양쯔 강) 하구까지를 경계로 동중국해와 나뉜다. 황해 면적은 약 38만 ㎢(남한 육지면적의 3.8배)이다.[268]

국제통용명칭은 황해(黃海, Yellow Sea)이다. 황하의 토사가 유입되어 바다의 색깔이 누런빛을 띠었다는 것에서 황해가 유래되었다고, 중국에서 전통적으로 불러왔던 이름으로 대개 인식하고 있다. 중국의 황하에서 따온 바다 이름이자, 당연히 중국이 명명하지 않았겠느냐는 막

---

268) https://www.britannica.com/place/Yellow-Sea

연한 추측이 정설처럼 굳어져 있다.

이는 사실과 전혀 다르다. 황해는 우리나라의 황해도黃海道에서 연유된 이름이다. 실제로 19세기 말 이전 동양의 어떤 문헌에서도 황해라는 바다 이름은 등장하지 않는다.

옛 중국에서는 황해를 '흑수양'으로 불렀다.

송나라와 원나라 이후에서 19세기 말까지 중국에서는 현재의 황해를 각각 황수양黃水洋, 청수양青水洋, 흑수양黑水洋이라고 불렀다. 장강 하구 이북에서 회하까지 해수면은 모래가 많고 물이 노랗게 변하여 황수양이라 했다. 대략 북위 34°, 동경 122° 부근의 해수면은 얕아 녹색을 띠고 있다. 북위 32°~36°, 동경 123° 부근을 청수양이라고 하며, 황해 동쪽 한반도 쪽 수심이 깊고 푸른 물이 있는 곳을 흑수양이라고 했다.[269]

한국은 1961년에 국립지리원(현 국토지리정보원)에서 황해로 고시했다. 한국 정부도 바다 이름을 황해로 고시했는데 일제의 창지개명을 답습하여 황해를 서해로 부르고 있다.

---

269) 渤海：勃海, 北海 黃海：黃水洋, 青水洋, 黑水洋
東海：东海 明朝时 大明海 南海：朱崖海渚, 涨海, 沸海, 朱崖海, 石塘海, 琼洋, 琼海
https://www.zhiname.com/xingming/1620925281753450.html

국적없는 서해 버리고 한국적인 바다이름 황해로 부르자

황해라는 바다 명칭은 프랑스의 왕실지도학자 당빌(d'Anville)이 1732년 〈중국령달단전도(Carte generale de la Tartarie Chinoise)〉를 작성할 때 최초로 "Hoang Hai ou Mer Jaune(황해 또는 노란 바다)"이라고 했는데 그는 조선 팔도의 황해黃海를 바다 명칭으로 이용했다. 황해도는 황주黃州와 해주海州가 있는 도(道)라 해서 1417년 생긴 이름인데 당빌이 바다 명칭으로 만들었다. 〈중국령달단전도〉는 1732년 작성되었지만 1735년 책으로 발행되었으며 1737년 당빌의 지도첩으로도 나와서 더욱 널리 알려졌다. 1735년 발행된 Du Halde의 중국지中國誌 제4권에 나온 〈중국령달단전도〉에 최초로 한반도 서쪽 바다가 황해 Hoang Hai ou Mer Jaune로 나타난다.[270]

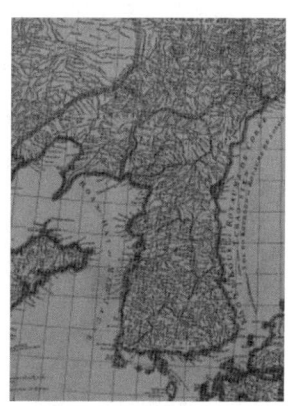

▲ 황해 또는 노란바다 "Hoang Hai ou Mer Jaune" 1732년 프랑스 유명 지도 제작가 당빌 d'Anville 제작

이처럼 황해는 중국적인 바다 이름이 아니라 한국적인 바다 이름이다. 그러니 국적 없는 바다 이름 서해 버리고 한국적인 황해로 바로 불러야 하지 않겠는가!

---

270) 한상복, "황해의 명칭에 대한 고찰", 황해연구(5), 1993. pp.1-4.

6. 세계는 대한해협, 한국에서만 남해

한반도 남쪽 바다의 국제통용명칭은 예나 지금이나 대한해협(Korea Strait)이다. 다음은 영문 위키백과의 남해 설명이다.

남해는 대한민국에서 한반도의 남쪽에 있는 바다를 지칭하는 말로, 한국 밖에서는 알려지지도, 사용되지도 않는다.(The name is not known and used outside Korea.)[271] 일반적으로는 서쪽으로 전라남도 진도부터 동쪽으로 부산광역시 해운대구까지의 바다를 가리킨다. 국제적으로 이 해역의 대부분(전라남도 해남군 남쪽 끝~부산광역시)은 대한해협에 속하고, 나머지는 황해에 속한다.

남해 역시 국제적으로 통용되는 바다 명칭이 아닌 육지를 중심으로 남쪽에 있는 바다를 가리키는 지리적 명칭으로, 아직까지 이른바 남해란 바다 지명을 고시한 적은 없다. 또한 일제 강점기인 1928년에 전 세계 해양과 바다 명칭을 관장하고 있는 국제수로기구에서 간행한 『대양과 바다의 경계』 특별간행물 S-23 제1판에서부터 지금까지 남해 영역이 한국해 영역에 포함되어 있다. 이처럼 공식적으로 한국해 영역은 국제적으로 보통 국내 연구자들이 생각하는 동해보다 더 넓은 범위이며, 국제 사회에서 남해란 공간의 바다와 그 지명은 통용되지 않는다.

지금까지 국제사회에서는 우리가 남해로 부르는 공간을 지리적으로

---

271) https://en.wikipedia.org/wiki/Namhae_(Sea)

황해와 동중국해, 한국해(일본해)를 연결하는 좁은 수로로 인식해 왔으며, 이 바다 공간을 한국해(일본해)에 포함시켜 왔다. 1997년 당시 해양수산부는 동해의 경계를 한국의 울산과 일본의 이즈모시를 연결하는 쓰시마해협 상의 직선으로 했다. 또한 황해와 남해의 경계를 진도 서단과 차귀도의 직선으로 하고 동중국해와의 경계를 제주 우도와 후쿠에섬의 남단을 연결하는 직선으로 했다. 이는 국립수산진흥원(현 국립수산과학원)이 1979년 '한국해양편람'에 표준으로 이미 사용되었다.[272]

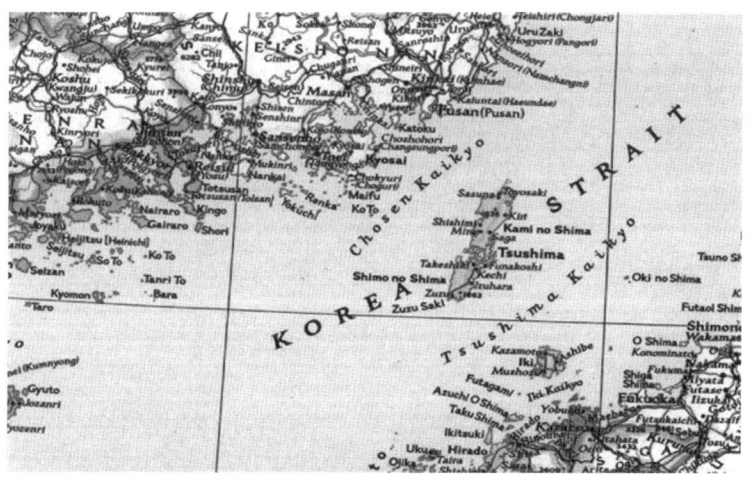

▲ **한국해협** KOREA STRAIT 1945년 미국 워싱턴 National Geographic 제작 「Map of Korea and Japan」. 대마도가 한국영토로 표기되었다. 바다이름이 남해가 아니라 한국해협(KOREA STRAIT)이기 때문이다.

---

272) "The Republic of Korea's Maritime Boundaries, p.18.

대마도는 경상도에 예속되었으니 모든 보고나 문의할 일이 있으면, 반드시 경상도 관찰사에게 보고를 하여, 그를 통하여 보고하게 하고 직접 본조(예조: 외교부)에 올리지 말라.

『세종실록』, 1420년(세종 2년) 2월 15일

▲ 동아일보 1949. 1. 8. 1면, 이승만 초대 대통령 "대마도반환 요구"

▲ 대마도가 해답이다. 서울신문 2008.6.19. 필자가 언론 매체 칼럼으로는 한국 최초로 '대마도 반환 요구' 카드를 제기한 지 1개월이 채 안 된 시점에 한나라당 부산지역 국회의원 11인은 '대마도 역사연구회'를 결성 (2008. 7. 17.)하고, 국회는 '대마도는 한국영토, 즉시 반환 요구' 결의안을 발의(2008. 7. 21.)했다.

7. 일제강점기 이전 우리나라 남해는 동중국해

일제 강점기 이전 우리나라 남해는 한반도 남쪽과 제주도 북쪽 사이의 좁은 바다가 아니라 제주도 남쪽 바다에서 출발, 대만 북쪽에 이르는 광활한 바다 즉 동중국해였다(면적 125만㎢, 남한 육지 영토의 12배 이상).

그 오만가지 증거 중 단 2가지만 들겠다.

동중국해를 한국은 남해로 불렀다. -중문 위키백과 사전

중화인민공화국은 동중국해를 이렇게 설명한다.

동해(東海)는 또 동중국해, 남해南海, 유구해(琉球海)로 칭해진다. 장강하구 이남 아시아 유럽대륙이동 망망대해, 태평양서부와 연육하는 (필리핀해역) 남으로는 타이완해협, 북으로는 한국의 제주도와 연선을 경계로 동으로는 태평양과 큐슈와 류큐군도에 임하는 광활한 해역을 말한다.

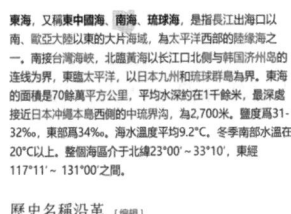 

▲ https://zh.wikipedia.org/wiki/东海 스캔

동중국해를 중국은 동해로, 한국은 남해로, 옛 유구는 유구해로 불렀다(中國稱東海, 韓國稱南海, 昔琉球尚氏稱琉球海。).[273]

▲ 유구왕국의 삼태극기 삼한의 후예임을 상징, 유구왕국의 슈리궁전 정전에 걸린 유구만국진량종 새겨진 명문, 유구는 남해에 있는 나라로 삼한의 빼어남을 모아놓았다 琉球国者, 南海勝地而钟三韩之秀.

유구(오키나와)는 삼한(한국)의 남해에 있는 나라- 유구왕국

유구는 독립왕국(12세기~1879년)이었다. 12세기경에 200여 개의 크고 작은 섬들이 점점이 흩어진 유구 제도의 최대 섬인 오키나와에서

---

273) 海, 又稱東中國海、南海、琉球海, 是指長江出海口以南, 歐亞大陸以東的大片海域, 為太平洋西部的陸缘海之一。南接台灣海峽, 北臨黃海以长江口北侧与韩国济州岛的连线为界, 東臨太平洋, 以日本九州和琉球群島為界。

유구왕국이 탄생했다. 유구왕국은 당시 명나라와의 무역독점권을 획득하고, 조선과 중국과 일본을 비롯한 동남아시아 여러 국가들과 활발한 중개무역을 통해 400여 년간 융성했던 해상중개무역의 요충지였다.

지금 오키나와 현립 박물관에는 슈리 왕궁의 정전에 걸려 있던 '유구 만국진량(琉球萬國津梁·유구 만국의 가교)' 동종이 전시되어 있다. 거기에는 이런 명문이 새겨져 있다.

"유구는 남해(南海)에 있는 나라로 삼한(三韓·한국)의 빼어남을 모아 놓았고, 대명(大明·중국)과 밀접한 보차(輔車·광대뼈와 턱)관계에 있으면서 일역(日域·일본)과도 떨어질 수 없는 순치(脣齒· 입술과 치아) 관계이다. 유구는 이 한가운데 솟아난 봉래도(蓬萊島·낙원)이다. 선박을 항행하여 만국의 가교가 되고 외국의 산물과 보배는 온 나라에 가득하다."[274]

유구는 일본에서 보면 서쪽에, 중국에서 보면 동쪽에 있다. 한반도에서 봐야 정남쪽에 있는데 동종의 명문에 자신들을 '남해의 나라'로 규정한 것을 보면 유구의 정체성이 한국이라는 사실을 선언한 것이며, 또한 동중국해가 한국의 남해였음을 확인한 것이다. 동종의 명문이 한-중-일 동북아 삼국 중에서도 한국을 가장 먼저 언급하고 남해에 있다고 선언한 데에서 유구는 조선에 대하여 각별한 친근감을 가지고 있었던 것으로 보인다.

홍길동 연구의 권위학자, 설성경 교수는 허균의 『홍길동전』의 홍길동은 연산군에 의해 비밀리에 석방되었으며 홍길동이 진출한 율도국이 지금의 유구라고 주장했다. 설 교수는 유구 왕국의 혁명 선구자의

---

274) 琉球国者, 南海勝地而钟三韩之秀, 以大明为辅车, 以日域为唇齿, 在此二中间涌出之蓬萊岛也, 以舟楫为萬国之津梁, 異产至寶

아카하치(赤峰)의 별명은 홍가와라(洪家王)인데 그가 바로 홍길동이라는 논지를 펼치고 있다.(설성경, 『홍길동전의 비밀』, 서울대학교출판부, 2004 참조)

한국과 유구는 비슷한 부분이 많다. 일례로 유구어로 엄마는 '움마'라고 한다. 일본은 돼지고기를 구워먹는 문화가 없지만 유구는 한국과 같이 삼겹살 구이를 좋아하고 일본의 가부키는 얼굴에 화장을 하고 춤을 추지만 유구는 우리의 안동 하회탈과 유사한 탈을 쓰고 추는 탈춤을 즐긴다. 그리고 고려시대의 삼별초가 제주도를 탈출, 오키나와 본섬의 남쪽 우라소에성(浦添城)으로 가서 유구왕국을 세운 기초를 다졌다는 연구도 있다.[275]

2009년 12월1일 오키나와 시립극장에서는 '고국의 고려전사 삼별초'가 공연됐다. 실제로 유구에서는 고려의 기와 양식과 문양이 동일한 기와가 발견되고 있고, 조선식 산성과 초가집, 칠기, 도자기 등 유적과 유물들이 다수 발견되고 있다.[276]

---

275) 〈KBS 역사추적〉'삼별초 오키나와로 갔는가', 2009-04-20.
276) 강효백, 『중국의 습격』,휴먼앤북스, 2012. pp.51-60.

8. 주권국 대한민국 바다 이름: 한국해, 황해, 대한해협

일본 별칭 동해를 버리고 한국해로 불러야 하는 현실적 핵심이유는 다음 두 가지다. 첫째, 남한 육지 영토 면적의 10배에 해당하는 대한민국 해양영토 주권을 회복할 수 있다. 둘째, 국제해양법에 근거하여 독도 동쪽 200해리까지 한국의 영해와 배타적경제수역을 주장할 수 있어 독도 문제를 진취적으로 해결할 수 있다.

바다 명칭 문제를 정리하면 아래와 같다.

동해: 16세기부터 1910년 한일병탄 직전까지 한국해KOERA SEA 또는 한국만COREA GULF으로 국제적으로 통용되어온 바다 명칭(서양 지도 318점, 일본 지도 27점)인데 한국 정부가 주도하여 동서고금 유례가 없는 동해EAST SEA로 불러달라고 주장하고 있다.

서해: 예나 지금이나 국제적 통용되는 바다 명칭이자 한국 정부도 황해로 고시한바 있는데 한국인만 서해로 부르고 있다.

남해: 예나 지금이나 국제적으로 통용되는 바다 명칭 대한해협이자 한국 정부도 남해로 고시한바 없는데도 한국인만 남해로 부르고 있다.

동해 서해 남해 명칭의 대안으로 동해는 한국해(KOREA SEA 또는 대한해협과 운을 맞추기 위해 '대한해')로 원상회복하고,

서해는 한국 정부도 고시한 바 있는 황해(Yellow Sea)로 똑바로 부르고, 남해는 한국 정부도 고시한 바 없는 남해 대신 국제적으로 널리 통용되어 온 대한해협(Korea Strait)으로 똑바로 부르고 표기해야만 대한민국의 미래가 있다.

한일 양국간에 진정한 협력을 위해서는 한일간의 바다 명칭 문제가 해결되어야 한다. 협력은 분쟁이 없음을 전제로 한다. 협력 대상 지역의 명칭에 대해 관계국들간에 이견이 있는 경우에는 진정한 협력은 불가능하다. 국제법적으로 역사적으로 합리적인 해결할 방안을 모색하여야 한다.

한국해 명칭 수호는 단순한 국제 표기를 둘러싼 외교적 문제로 볼 일이 아니다. 해양을 제패한 백제와 발해제국, 신라말 고려제국 같은 해양대국을 건설했던 한반도 역사를 계승하는 국가 자존에 관한 문제다. 면면이 이어져 내려오는 우리 영해의 이름조차 지켜내지 못하면서 '21세기 해양강국'을 외치는 건 공허한 구호에 지나지 않는다.

한국해 명칭 회복은 국가 자존과 역사를 계승하는 중요한 문제이다.

국제사회에 통용되는 명칭은 반드시 우리가 사용하는 명칭으로 표기되지는 않는다. 우리나라를 우리는 '대한민국(또는 한국)'이라 부르지만 외국인들은 '코리아KOREA'라 부른다.

한국해(Korea Sea), 일본해(Japan Sea) 병기 지도

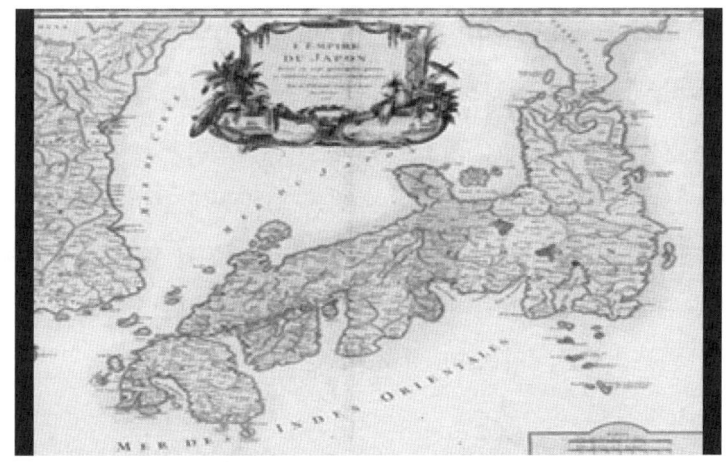

▲ 1750년 유명한 프랑스 지도 제작자 보곤디 R. Vogondy가 제작한 일본 행정 지역도. 한국 연안은 한국해(Mer de Corée), 일본 연안은 일본해(Mer du Japam)로 표기하였다. 이러한 표기 방식을 채택하면 한일간의 바다는 자연스럽게 한국해와 일본해로 병기된 명칭을 가지게 된다.

한일 양국간의 진정한 협력을 위해서는 한일간의 바다 명칭을 이전과 완전히 다른 접근 방법을 모색하여야 한다.

현실적으로 19세기 후반까지 국제통용 해양명칭인 한국해 또는 한국만으로 원상회복은 어렵다. 따라서 협상 과정에는 한국해(Sea of Korea) 또는 한국만(Korea Gulf) 단독 표기를 강력주장하면서 협상의 궁극 목표이자 마지노선, 동한국해EASTERN KOREA SEA 또는 한국해 Sea of Korea와 일본해Sea of Japan 병기를 관철할 것을 제안한다. 이를 통해 한일 양국간의 진정한 협력이 더욱 강화될 수 있기를 희망한다.

마크 밀리 전 미국 합참의장, '일본해(동해)'를 '한국해'로 바로잡아야

2024년 1월 17일 20시경 나의 페이스북 팔로워인 마크 알렉산더 밀리(Mark Alexander Milley, 1958년 6월 20일 윈체스터에서 출생) 미국 제20대 합참의장(2019년 10월 1일~2023년 9월 30일 역임)에게 '일본해' 또는 '일본해(동해)'를 '한국해'로 바로잡아야 한다는 견해에 동의 여부를 묻는 페이스북 메일을 주고받았다.

Q: 친애하는 나의 팔로워, Mark Milley 미합중국 제20대 합참의장, 귀하는 한일간의 바다 이름- '일본해' 또는 '일본해(동해)'를 '한국해'로 바로잡아야 한다는 나의 사실 적시에 찬성하는가? 즉시 진지한 답신 주기 바란다.

My dear follower, Mark Milley, 20th Chairman of the Joint Chiefs of Staff of the United States, do you agree with my fact that the name of the sea between Korea and Japan – 'Sea of Japan' or 'Sea of Japan (East Sea)' should be changed to 'Sea of Korea'? Please give me a serious reply immediately.

A: 그렇다, 존경하는 형제님의 의견에 동의한다. 일본해는 한국해로 바뀌어야 한다.
Yes, I agree with You My Respected Brother,
the Sea of Japan should change to Sea of Korea.

▲ 마크밀리 전 미국합참의장: 일본해는 한국해로 바뀌어야 한다.

▲ 마크 밀리는 해군전쟁대학(해군사관학교) 출신으로 특히 동북아 해양에 관심이 각별하다고 필자에게 밝혔음.

▲ 필자의 본인 증명 요청에 따라 마크 밀리 미국 전합참의장이 보내온 여권 컬러 사본(생년월일, 출신지 등 일치), 그의 요청대로 일련번호는 블라인드 처리 공개함.

V. 팩트체크와 대책　　　　　　　　　　　　　313

참고 문헌

한국 문헌

강효백, 『중국의 습격-류큐로 보는 한·중·일 해양 삼국지』, Human&Books, 2012.
　─, 『동양스승 서양제자』, 예전사, 1992.
　─, 『차이니즈 나이트1』, 한길사, 2000.
　─, 『중국인의 상술』, 한길사, 2002.
　─, 『G2시대 중국법 연구』, 한국학술정보(주), 2010.
　─, 『창제』, 이담북스, 2010.
　─, 『애국가는 없다』, 지식공감, 2021.
　─, 『신경세유표』, 메이킹북스, 2022.
　─, 『정사로만 입증한 고려제국사』, 말벗, 2023.
　─, 한중해양 경계획정 문제-이어도를 중심으로 동북아논총(50), 2009.
　─, "한·중 배타적 경제수역·대륙붕법제 비교연구-대륙붕법 입법을 겸론", 동북아논총 (72), 2014.
　─, "중국의 해양공세와 이어도 문제" 이어도저널(13), 2017.
　─, "이어도와 중국의 군사기지화 인공섬들" 이어도저널 (15), 2018.
　─, "동해를 한국해로 부르자", 〈강효백의 신경세유표-51〉 아주경제, 2021.
근대한국외교문서편찬위원회, 『근대외교문서 제4권』, 동북아역사재단, 2012.
김남균, "19세기 미국의 포경업, 태평양, 그리고 아시아" 미국학논집 45. 2013.

김 신, "동해표기의 역사적 과정", 경영사학, 16(3), 2001.

김덕주, "동해표기의 국제적 논의에 대한 고찰" 서울국제법연구 6(2), 1999.

김병로 "고려 혹은 대한조선: 통일국가의 명칭에 관하여", 통일정책연구29(1), 2020.

김순배, "동해 지명의 의미 '들'과 영역 '들'의 변화," 문화역사지리 25(3), 2013.

김승 "한말,·일제하 울산군 장생포의 포경업과 사회상", 역사와 세계(33), 2008.

김영진, "전통 동아시아 국제질서 개념으로서 조공체제에 대한 비판적 고찰", 정치외교사학회(38), 2016

김영훈·홍정은·이상균, "외국 언론매체의 동해인식과 동해명칭", 한국지역지리학회지, 2018.

김재승, "조선해역에서 영국의 해상활동과 한영관계", 해운물류연구(23) 1996.

김종근, "동해표기문제에 대한 한일양국의 입장 및 논쟁점 분석", 문화역사지리(32), 2020.

김현수, 『해양법총론』, 청록출판사, 2010.

김호동, "일본 외무성의 '일본해' 홍보 사이트에 대한 비판적 검토," 영토해양연구, 2011.

―, "일제의 한국침략에 따른 '일본해' 명칭의 의미 변화", 한국고지도연구 8(2), 2016.

박찬호·김한택, 『국제해양법(제2판)』, 도서출판 서울경제경영, 2009.

서정철, "서양 고지도를 통하여 본 동해명칭을 둘러싼 한일간의 경쟁", 한국고지도연구 5(2), 2013.

서정철·김인환,『동해는 누구의 바다인가』, 김영사, 2014.

송병기·박용옥·서병한·박한설,『한말근대법령자료집IX』, 국회도서관, 1972.

심정보, "일본고지도에 표기된 동해 해역의 지명", 한국고지도연구 5(2), 2013.

안옥규,『詞源辭典』, 연길: 동북조선민족출판사, 1989.

양보경, "조선시대 고지도에 표현된 동해 지명, "문화역사지리16(1), 2004.

오일환, "서양고지도의 '동해(Sea of Korea)'표기와 유형의 변화, "국제지역연구8(2), 2004.

윤광운·김재승,『근대조선해관연구』, 부경대학교출판부, 2007.

이진명,『독도, 지리상의 재발견』, 삼인, 2005.

이 찬, "한국의 고지도에서 본 동해", 지리학 47, 1992.

이기석, "발견시대 전후 동해의 인식," 지리학 48, 1992.

—, "동해 지리명칭의 역사와 국제적 표준화를 위한 방안," 대한지리학회지 33(4), 1998.

이영학, "통감부의 어업이민 장려와 어업법제정", 한국학연구31(1), 2019.

이용희, "역사적 만제도와 중국 발해만의 법적 지위에 관한 고찰", 해사법 연구 7, 2005.

이유수,『울산지명사』, 울산문화원, 1986.

이종학, "동해는 방위개념, 조선해가 고유명칭" 독도박물관 연구자료총서, 2002.

이찬, "한국 고지도에서 본 동해," 지리학 27(2), 1992.

임덕순, "정치지리학적 시각으로 본 동해지명," 지리학 27(3), 1992.

정인철, "프랑스 포경선 리앙쿠르호의 독도 발견에 관한 연구", 영토해양연구, 2012.

―, "프랑스 국립도서관 소장 서양 고지도에 나타난 동해 지명", 한국지도학회, 2010.

주성재, "동해 표기의 최근 논의 동향과 지리학", 문화역사지리 32(3), 2012.

한상복, "해양학적 측면에서 본 동해의 고유명칭," 지리학 27(3), 1982.

―, "황해의 명칭에 대한 고찰", 황해연구(5), 1993.

한창화, 『우리말 어원의 일본어 단어』, 좋은땅, 2022.

황수영·문명대, 『반구대』, 동국대학교, 1984.

일본·중국 문헌

岡田俊裕, 『日本地理學人物事典〔近世編〕』, 原書房, 2011.

高瀨重雄, 『日本海文化の形成』, 名著出版, 1984.

高文德, 『中国少数民族史大辞典』. 吉林教育出版社, 1995.

谷治正孝, 『日本における「日本海」名の受容と定着』, 東洋出版, 2011.

祁怀高, 『中国与邻国的海洋事务研究』, 世界知识出版社, 2022.

金钟, 『濮与中华民族』, 廣州出版社, 2012.

大西俊輝, 『日本海と竹島-日韓領土問題』東洋出版, 1984.

東海市企画部秘書課, 『東海市 : 上野·横須賀2町合併の記録』, 東海市, 1970.

馬英杰·田其云, 『海洋資源法律研究』, 中國海洋大學出版社, 2006.

紆野義夫, 『日本海の謎』, 築地書館, 1975.

刘信君, "中国历史文献中有关日本海(鲸海)名称考辨" 社会科学辑刊 2012(4).

末地文夫, "東海"の歴史的変遷と政策的役割 綜合政策(1-3), 1999.

安虎森 陈才, "中国历史文献中的日本海地名溯源考", 东北师大学报, 1996.

杨雨蕾, 『韩国的历史与文化』, 中山大学出版社. 2011.

吴千石, 郭美英 "浅谈明朝倭寇问题", 延边教育学院学报, 2013

瀧音能之, 『古代出雲を知る事典』, 東京堂, 2010.

宇仁義和, "戦前期日本の沿岸捕鯨の実態解明と文化的影響"－1890-1940年代の近代沿岸 捕鯨" 東京農業大学 博士學位 論文, 2012.

日本外務省海外広報課 日本海呼称問題, 仏国立図書館所蔵の地図に関する調査, 2004.

長岡正利, 日本海 呼稱の變遷と最近の係爭問題 古地圖研究, 2003.

张新军, "国际法上的争端和钓鱼诸岛问题", 中国法学, 2011.3.

丁义诚, 张国庆, 崔重庆, 『常用字音·形·义·用』国防工业出版社, 1998.

张雷, "大庆长垣以东地区扶余油层油气运移与富集", 东北石油大学, 2010.

田邉裕, 『地名の政治地理学』, 古今書院, 2020.

帝京大學地名研究會, 『地名の發生と機能-日本海』, 2010.

織田武雄, 『地圖の歷史』, 講談社, 1974.

서양 문헌

Amalie M. Kass, *"Boston's Historic Smallpox Epidemic."* Massachusetts Historical Review 14, 2012.

Bennett, Charles E. *New Latin Grammar (2nd ed.).* Project Gutenberg, 2005.

Bloom, Allan. *Giants and Dwarfs: An Outline of Gulliver's Travels.* New York: Simon and Schuster, 1999.

Caughey, John Walton. *The California Gold Rush.* University of California Press, 1975.

Case, Arthur E. *"The Geography and Chronology of Gulliver's Travels".* Four Essays on Gulliver's Travels. Princeton: Princeton University Press, 1945.

Cho, Sungdai;Whitman,John. *Korean: A Linguistic Introduction.* Cambridge University Press, 2019.

Chang, Chun-shu. *The Rise of the Chinese Empire: Nation, State, and Imperialism in Early China, ca. 1600 B.C. – A.D. 8.* University of Michigan Press, 2007.

Conley, Tom. *The Self-Made Map: Cartographic Writing in Early Modern France.* Minneapolis: University of Minnesota Press, 1996.

Collingridge, Vanessa, *Captain Cook: The Life, Death and Legacy of History's Greatest Explorer.* Ebury Press, 2003.

Dick Russel, Eye of the Whale, New York: Simon & Schuster, 2001.

Dobrovolsky, A.D.*"Seas of the USSR" (in Russian).* BS Zalogin. Univ. Press, 1982.

Dolin, Eric Jay. *Leviathan: The History of Whaling in America.* New York: W.W.Norton, 2007.

Douglas M. Johnston, *The theory and history of ocean boundary-making,* McGill-Queen's University Press, 1988.

Foner, Eric Give Me Liberty: *An American History. Vol. 1.* New York –

London: W.W. Norton, 2020.

Gibson, James , *Boston Ships, and China Goods: The Maritime Fur Trade of the Northwest Coast, 1785-1841*. Seattle, University of Washington Press, 1991.

Griffis,W.E.,*COREA: The Hermit Nation*, New York: Charles Scribner's Sons, 1911.

Kasuya, T. *Japanese whaling in Encyclopedia of Marine Mammals*. San Diego: Academic Press, 2002.

Keyan Zou, *Law of the Sea in East Asia: issues and prospects*. London/ New York: Rutledge Curzon, 2005.

McOmie, W, *Foreign Images and Experiences of Japan. Volume I:First Century AD1841* , Folkestone: Global Oriental, 2005.

Mawer, Granville Allen, *Ahab's Trade: The Saga of South Sea Whaling*. New York: St. Martin, 1999.

McLeod, John, *Voyage of His Majesty's ship Alceste, along the coast of Corea*, London, J. Murray, 1818.

Melville, Herman. *Moby-Dick, or the Whale*. Foreword by Nathaniel Philbrick. New York: Penguin Books, 2001.

Ministry of Foreign Affairs of Japan, *The One and Only Name Familiar to International Community,* Sea of Japan, 2009.

Needham, Joseph, The Shorter Science and Civilisation in China, Volume 3. Cambridge University Press, 1986.

Nelson, Sarah M. *The Archaeology of Korea*. Cambridge University Press, Cambridge, 1993.

Philbrick, Nathaniel. *In the Heart of the Sea: The Tragedy of the Whalesh* Essex. New York: Penguin Books, 2000.

Sondhaus, L. Navies in Modern World History. London: Reaktion Books, 2004.

Starbuck, Alexander. *History of the American Whale Fishery.* Secaucus, New Jersey: Castle Books, 1989.

Stone, Jeffrey C. *"Imperialism, Colonialism and Cartography".* Transactions of the Institute of British Geographers, N.S. 1988.

Swartz L.S.. Leatherwood S. *The Gray Whale: Eschrichtius Robustus.* Academic Press, 2017.

Swift, Jonathan. DeMaria, Robert(ed.) *Gulliver's Travels.* Penguin, 2004.

Thoen, Erik, *Rural history in the North Sea area: a state of the art (Middle Ages – beginning 20th century).* Turnhout: Brepols, 2007.

Tompson, Richard S.). Great Britain: a reference guide from the Renaissance to the present. New York: Facts on File, 2003.

UNGEGN, *Glossary of Terms for the Standardization of Geographical Names,* United Nation, 2002.

Zachary Michael Radford, *The Whale and the World in Melville's Moby-Dick: Early American Empire and Globalization,* The University of Montana, 2016.

<인터넷 사이트>

구글지도 https://www.google.co.kr/maps/

국제수로기구 https://iho.int/

국제연합 https://www.un.org/en/

국제포경위원회 https://iwc.int/home

네이버 지도 https://map.naver.com/

뉴베드포드 포경 박물관 https://www.nps.gov/nebe/index.htm

대한민국 국가지도집 http://nationalatlas.ngii.go.kr

대한민국 국립해양박물관 https://www.mmk.or.kr/

대한민국 국립해양조사원 http://eastSea.khoa.go.kr

대한민국 국토지리정보원 http://map.ngii.go.kr/world

대한민국 외교부 http://www.mofa.go.kr

독도본부 www.dokdocenter.org

동북아역사재단 http://www.historyfoundation.or.kr

문화재청 국가문화유산포털 https://www.heritage.go.kr/heri/cul/

미국의회도서관 https://www.loc.gov/

미국 중앙정보국 월드팩트북 https://www.cia.gov/the-world-factbook/

미국 지명위원회 지명 데이터베이스 https://geonames.nga.mil/

바이두백과 https://www.baidu.com/

브리태니커 백과사전 https://www.britannica.com/

생물다양성유산박물관 https://archive.org/details/biodiversity

야후재팬 https://www.yahoo.co.jp/

영국 왕립 그리니치 박물관 https://www.rmg.co.uk/

영문 위키피디아 http://en.wikipedia.org/wiki/

예일대학도서관 https://collections.library.yale.edu/

일본 외무성 https://www.mofa.go.jp/

일본 해상보안청 해양정보부 (https://www1.kaiho.mlit.go.jp/

일본궁내청공문서서관 https://shoryobu.kunaicho.go.jp/Kobunsho/

일본수산회 https://suisankai.or.jp/

캐나다 백과사전 https://www.thecanadianencyclopedia.ca/en/article/basques

한국고전번역원 https://db.itkc.or.kr/

한국사 데이터베이스 https://db.history.go.kr/